新一代信息技术系列教材

现代移动通信技术与系统

（第 3 版）

主 编　张　敏　李崇鞅

西南交通大学出版社

·成　都·

图书在版编目（CIP）数据

现代移动通信技术与系统 / 张敏，李崇鞅主编.
3 版. -- 成都：西南交通大学出版社，2024. 11.
（新一代信息技术系列教材）. -- ISBN 978-7-5774-0239-
0

Ⅰ. TN929.5

中国国家版本馆 CIP 数据核字第 202496SL30 号

新一代信息技术系列教材

Xiandai Yidong Tongxin Jishu yu Xitong（Di 3 Ban）

现代移动通信技术与系统（第 3 版）

主编　张　敏　李崇鞅

策 划 编 辑	秦　薇
责 任 编 辑	穆　丰
责 任 校 对	谢玮倩
封 面 设 计	何东琳设计工作室
出 版 发 行	西南交通大学出版社 （四川省成都市金牛区二环路北一段 111 号 西南交通大学创新大厦 21 楼）
营销部电话	028-87600564　028-87600533
邮 政 编 码	610031
网　　　址	https://www.xnjdcbs.com
印　　　刷	四川煤田地质制图印务有限责任公司
成 品 尺 寸	185 mm × 260 mm
印　　　张	18.25
字　　　数	461 千
版　　　次	2010 年 8 月第 1 版 2018 年 1 月第 2 版 2024 年 11 月第 3 版
印　　　次	2024 年 11 月第 10 次
书　　　号	ISBN 978-7-5774-0239-0
定　　　价	49.80 元

第 3 版前言

自 2019 年 6 月 5G（第五代移动通信技术）牌照发放以来，中国 5G 建设实现跨越式发展，建成了全球规模最大、技术领先的 5G 网络。2024 年是中国 5G 产业商用的第 5 个年头，也是 5G-A（5G 网络的演进和增强版本）商用元年。未来，5G 网络将更加广泛地连接千家万户，充分赋能千行百业，为经济社会各领域的数字化转型、智能化升级以及融合创新提供支撑。

新兴技术的快速发展往往伴随着新兴应用领域的出现，技术的迭代更新对人才的专业技术能力和综合素质提出了新的要求。为了培养能够适应现代移动通信技术发展的高素质技术技能型专业人才，我们在总结多年教学实践经验的基础上，组织专业教师和企业专家共同编写了本书。

本书以国家教学标准为指导，融入信息通信行业的课程思政元素，依据新一代移动通信网络"规—建—维—优—营"岗位群各岗位职业能力系统分析，归纳提炼出岗位对移动通信方向知识与能力的基本共性要求，遵循学生的认知和心理发展规律，坚持"以就业为导向，以能力为本位"的教学理念，按照"目标导向、任务驱动"的原则，重构为 6 个模块：模块 1 为移动通信认知；模块 2 为移动通信关键技术；模块 3 为移动通信工程技术；模块 4 为移动性管理；模块 5 为 4G 移动通信系统；模块 6 为 5G 移动通信系统，共计 30 个学习任务。第 3 版完成内容全面升级到 5G，并同步更新了湖南省职业教育精品在线开放课程的配套微课视频、题库、课件等数字资源，打造成模块任务式新形态教材。本书的参考课时为 48～64 课时，建议配套线上资源开展课程教学。

本书由湖南邮电职业技术学院信息通信学院张敏教授、李崇軮副教授主编，任莉、周润两位老师与浙江华为高级培训师沈丹萍共同参与编写，湖南省通信职业教育教学指导委员会秘书长、湖南邮电职业技术学院教学副校长宋燕辉教授审阅全书。本书可作为大专、本科院校的教材或教学参考书，也可作为信息通信企业的培训教材。

编　者

2024 年 9 月

第 2 版前言

移动通信是当今通信领域发展的热点技术之一，尤其是随着 4G 移动通信网络商用以来，移动通信网络更加宽带化、智能化，拓宽了移动通信业务的应用范围，提高了移动通信网络的服务质量，带来了移动用户数量的快速增长。

为了培养适应现代移动通信技术发展的高素质、技术技能型专业人才，保证公众移动通信系统技术的优质、高效应用，促进电信行业的高速发展，我们在总结多年教学实践经验的基础上，组织专业教师和专家编写了本书。

本书为基于工作过程的系统化配套教材，采用"项目+任务"的结构，全面介绍了现代移动通信技术与系统应用。全书分为八个项目：项目一简要介绍了移动通信的基本知识，项目二介绍移动通信基础技术，项目三介绍移动通信工程技术，项目四介绍移动通信特有的控制技术，项目五介绍 GSM 移动通信系统，项目六介绍 CDMA2000 移动通信系统，项目七介绍 WCDMA 移动通信系统，项目八介绍 LTE 移动通信系统。本书在编写过程中，坚持"以就业为导向，以能力为本位"的基本思想，以岗位知识技能为基础，注重实践应用，按照信号处理流程与系统商用的编写思路，较好地体现了"理论简化够用，突出能力本位，面向应用性技能型人才培养"的职业教育特色。本书作为信息通信类专业教材，可根据专业需要选择相关项目，建议课时为60~90课时。各项目后附有过关训练，以客观题为主，便于 MOOC（大型开放式网络课程）课程教学。本书可作为大专院校的教材或教学参考书，也可作为通信企业的培训教材。

本书由湖南邮电职业技术学院移动通信系李崇鞅老师主编，并负责项目三、四、八的编写与全书统稿；廖海洲副教授负责项目一的编写与全书审阅；欧红玉副教授负责项目二的编写；龙林德老师参与编写项目四；宋燕辉副教授负责项目五、六、七的编写；深圳中兴通讯工程师兰剑参与编写项目八。在本书的编写和审稿过程中，我们得到中兴通讯公司、中国移动湖南公司和中国电信湖南公司技术专家们的大力支持和热心帮助，并提出了很多有益的意见。本书的素材参考了部分文献，特此向相关作者致谢。

由于编者水平有限，书中难免存在不妥和疏漏之处，敬请广大读者批评指正。

编　者

2017 年 9 月

前　言

移动通信是当今通信领域发展的热点技术之一，尤其是电信行业的再次重组和 3G 移动通信系统的商用，拓宽了移动通信业务的应用范围，带来了移动用户的快速增长，推进了 2G 移动网络的完善和 3G 移动网络的建设步伐，提高了网络的服务质量。

为了培养适应现代移动通信技术发展的高素质、高技能、应用型专业人才，保证公众移动通信系统技术的优质、高效应用，促进电信行业的高速发展，我们在总结多年教学实践经验的基础上，组织专业教师和专家编写了《现代移动通信技术与系统》一书。

本书为基于工作过程的系统化配套教材，采用模块-任务式的结构，全面介绍了现代移动通信技术与系统应用，全书分为九个模块模块一简要介绍对移动通信的认知，模块二介绍移动通信编码与调制，模块三重点介绍移动通信组网技术，模块四重点介绍移动通信特有的控制技术，模块五重点介绍 GSM 移动通信网络，模块六重点介绍 CDMA 移动通信网络，模块七重点介绍 WCDMA 移动通信网络，模块八重点介绍 TD-SCDMA 移动通信网络，模块九重点介绍移动通信网络工程技术应用。

本书在编写过程中，坚持"以就业为导向，以能力为本位"的基本思想，以岗位知识技能为基础，引入实践任务，按照信号处理流程与系统商用的编写思路，较好地体现了"理论简化够用，突出能力本位，面向应用性技能型人才培养"的职业教育特色。本书作为信息通信类专业教材，可根据专业需要选择相关模块，建议课时为 60～90 课时。各模块后附有过关训练，便于自学。本书可作为大专院校的教材或教学参考书，也可作为通信企业的职工培训教材。

本书由湖南邮电职业技术学院移动通信系廖海洲副教授主编，并由他负责模块一、三、九的编写及全书审阅；高级通信工程师宋燕辉负责模块五、七、八的编写；龙林德编写模块二，并负责全书统稿；模块四由欧红玉编写；模块六由张敏编写。在本书的编写和审稿过程中，得到中国移动长沙公司技术专家们的大力支持和热心帮助，并提出了很多有益的意见。本书的素材来自大量的参考文献和应用经验，特此向相关作者致谢。

由于编者水平有限，书中难免存在不妥和疏漏之处，敬请广大读者批评指正。

编　者

2010 年 9 月

数字资源目录

序号	二维码名称	资源类型	页码
1.1.1	任务 1.1 资源	在线平台	P1
1.1.2	扫码获取答案	文档	P1
1.1.3	扫码获取答案	文档	P3
1.1.4	扫码获取答案	文档	P7
1.1.5	扫码获取答案	文档	P9
1.2.1	任务 1.2 资源	在线平台	P11
1.2.2	扫码获取答案	文档	P14
1.3.1	任务 1.3 资源	在线平台	P15
1.3.2	扫码获取答案	文档	P19
1.3.3	扫码获取答案	文档	P23
1.4.1	任务 1.4 资源	在线平台	P27
2.1.1	任务 2.1 资源	在线平台	P39
2.1.2	扫码获取答案	文档	P41
2.1.3	扫码获取答案	文档	P44
2.2.1	任务 2.2 资源	在线平台	P46
2.2.2	扫码获取答案	文档	P56
2.3.1	任务 2.3 资源	在线平台	P58
2.3.2	扫码获取答案	文档	P58
2.3.3	扫码获取答案	文档	P59
2.3.4	扫码获取答案	文档	P61
2.3.5	扫码获取答案	文档	P64
2.3.6	扫码获取答案	文档	P66
2.4.1	任务 2.4 资源	在线平台	P67
2.4.2	扫码获取答案	文档	P70
2.5.1	任务 2.5 资源	在线平台	P76
2.5.2	扫码获取答案	文档	P77
2.5.3	扫码获取答案	文档	P82
2.5.4	扫码获取答案	文档	P83

序号	二维码名称	资源类型	页码
2.6.1	任务 2.6 资源	在线平台	P85
2.6.2	扫码获取答案	文档	P88
2.6.3	扫码获取答案	文档	P90
3.1.1	任务 3.1 资源	在线平台	P93
3.1.2	扫码获取答案	文档	P101
3.1.3	扫码获取答案	文档	P103
3.2.1	任务 3.2 资源	在线平台	P105
3.2.2	扫码获取答案	文档	P108
3.2.3	扫码获取答案	文档	P111
3.3.1	任务 3.3 资源	在线平台	P118
3.4.1	任务 3.4 资源	在线平台	P133
3.4.2	扫码获取答案	文档	P135
3.4.3	扫码获取答案	文档	P136
3.5.1	任务 3.5 资源	在线平台	P142
3.6.1	任务 3.6 资源	在线平台	P147
3.6.2	扫码获取答案	文档	P149
3.7.1	任务 3.7 资源	在线平台	P152
4.1.1	任务 4.1 资源	在线平台	P158
4.1.2	扫码获取答案	文档	P159
4.1.3	扫码获取答案	文档	P160
4.1.4	扫码获取答案	文档	P162
4.1.5	扫码获取答案	文档	P163
4.2.1	任务 4.2 资源	在线平台	P164
4.2.2	扫码获取答案	文档	P164
4.2.3	扫码获取答案	文档	P165
4.2.4	扫码获取答案	文档	P167
4.2.5	扫码获取答案	文档	P168
4.3.1	任务 4.3 资源	在线平台	P171
4.3.2	扫码获取答案	文档	P173
4.3.3	扫码获取答案	文档	P174
4.4.1	任务 4.4 资源	在线平台	P177

目　录

移动通信认知

任务 1.1　移动通信的概念

 学习任务单

任务名称	移动通信的概念	建议课时	2 课时
知识目标： 掌握移动通信定义、特点、组成、通信过程。			
能力目标： 能够画出移动通信系统的组成结构。			
素质目标： 了解我国移动通信的发展历程，树立民族自豪感。			
任务资源：			

1.1.1　任务 1.1 资源

知识链接1 **什么是移动通信？**

移动通信是通信中的一方或双方均处于移动状态的通信方式。它是一种有线与无线相结合的通信网络融合，包括移动体和移动体之间的通信、移动体和固定体之间的通信，如图 1-1-1 所示。

移动通信的移动性包括终端移动性和用户的移动性。

【想一想】移动通信的终极目标是什么？

_____

_____

_____

1.1.2　扫码获取答案

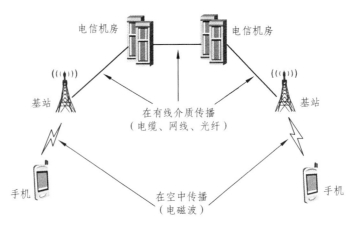

图 1-1-1　移动通信示意

 移动通信的特点

相对于固定通信，移动通信具有采用无线传输方式、电波传播环境复杂、频率资源宝贵、工作在强干扰下、组网技术复杂、终端性能要求高等特点。

1. 采用无线传输方式

固定通信采用有线传输方式进行通信，而移动通信必须采用无线通信方式实现，使用无线电波传输信息，以实现移动台的移动性。

2. 电波传播环境复杂

移动通信的工作频率从几十兆赫兹（MHz）到几十吉赫兹（GHz），电波的传播方式以直接波和反射波为主，因此地形、地物、地质以及地球的曲率半径等都会对电波的传播造成影响。我国幅员辽阔，地形复杂多样，许多地方为山区和半山区，即使在平原地区的大城市中，高楼林立也使电波传播环境变得十分复杂，复杂的地形和地面形状、大小、相互位置、密度、材料等各异的各种地物都会对电波的传播产生反射、折射、绕射等不同程度的影响，形成了多径效应、阴影效应、多普勒效应和远近效应四大效应。

【知识拓展】5G 的频率范围

根据 3GPP Release 17 规范，5G NR 包括 Frequency Range 1（FR1）和 Frequency Range 2（FR2）两大频谱范围。FR1 频率范围为 410 MHz~7 125 MHz，FR2-1 频率范围为 24.25 GHz~52.6 GHz，FR2-2 频率范围为 52.6 GHz~71 GHz。

3. 频率是移动通信最宝贵的资源

频率资源直接决定了无线网络的建设成本和网络容量，对通信、广播、信息网络等领域极其重要。无线电频率是一种有限的资源，对移动通信而言，它是极度珍贵的。移动通信技术的发展历程，都离不开对频率资源的合理利用和高效管理。频率资源的分配和使用，直接影响到通信系统的性能和用户体验。例如，国家通过分配特定的频率范围给运营商，规定这些频率用于特定的移动通信系统，如 LTE（长期演进）系统。如果运营商想要改变频率的使用，需要重新申请并获得批准，这体现了频率资源的宝贵和管理的严格性。

【想一想】为什么说频率是移动通信最宝贵的资源？

1.1.3 扫码获取答案

4. 在强干扰条件下工作

在移动通信环境中，通信者成千上万，他们之间会互相干扰，此外还有各种工业干扰、人为干扰、天气变化产生的干扰以及同频电台之间的干扰等，归纳起来分为同频干扰、互调干扰、杂散干扰等，这些干扰将严重影响到通信的质量。这就要求移动通信系统具有很强的抗干扰和抗噪声能力。

5. 移动通信组网技术复杂

移动通信系统采用蜂窝式结构进行组网，移动终端在服务区域内任意移动，要实现可靠的呼叫与通信，必须对其进行移动性管理。移动通信组网技术的复杂性源于其逐步的架构演进、物理定律（如香农定律）的限制、超密集组网技术带来的挑战以及技术创新与应用的需求。这些因素共同作用，使得移动通信组网技术成为一个高度复杂且需要不断创新的领域。

6. 移动终端的性能要求高

由于移动台是用户随身携带的通信终端，因此要求具有适应移动的特点：性能好、体积小、质量轻、抗震动、操作简单、防水、成本低。移动终端设备需要满足频段支持、安全性、以及特定应用场景的技术要求，以确保其性能、安全性和兼容性。

知识链接3 **移动通信的四大效应**

相对于固定通信，移动通信必须采用无线电波通信方式实现信息传输，否则无法实现移动台的移动。电波传播环境复杂，受其影响产生了四大效应：多径效应、阴影效应、多普勒效应和远近效应。

1. 多径效应

1）多径效应产生机制与定义

如图 1-1-2 所示，基站信号被或远或近的建筑物反射，通过 3 条不同路径到达终端。通过不同的路径到达接收端的信号，无论是在信号的幅度，还是在到达接收端的时间以及载波相位上，都不尽相同。

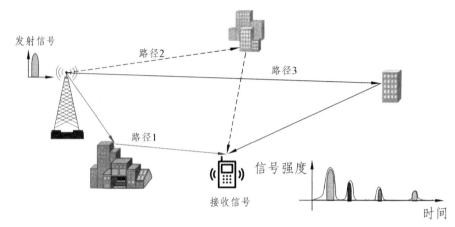

图 1-1-2　多径效应示意

在移动通信系统中，电波传播因受到高大建筑物的反射、阻挡以及电离层的散射，移动台所收到的信号是从许多路径来的电波的组合，此现象称为多径效应。

2）多径效应对移动通信的影响

如图 1-1-3 所示，代数和是指简单地进行加法运算，只考虑正、负数的数值和，多条路径的代数和一定会增加接收端信号强度。矢量和也称"几何和"，除了相加数的数值大小，还要考虑数之间的方向。多条路径的矢量和可能导致接收端信号强度不升反降。

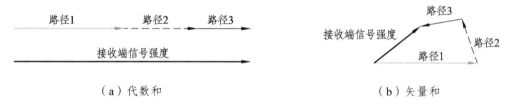

（a）代数和　　　　　　　　　　　　　　　　　　　（b）矢量和

图 1-1-3　代数和与矢量和

多径效应会导致信号的衰落和相移，产生信号间干扰进而影响到信号传输的质量。这种由多径效应带来的影响，我们称之为多径衰落。各种不同路径反射矢量和的结果，使接收信号场强随地点不同而呈驻波分布，场强包络的变化服从瑞利分布，所以多径衰落又称之为瑞利衰落。多径效应使合成信号的幅度、相位和到达时间都在随机快速变化，故又名为快衰落。

3）多径效应的应对策略

策略 1：正交频分复用（OFDM）技术。将数据流分解成若干个独立的低速比特流，从频域上分成多个子载波并行发送，可以有效地降低在高速传输时由于多径传输而带来的码间干扰。

策略 2：时域均衡技术。使用横向滤波器在延迟时间内利用当前接收到的编码序列判断下一个编码序列，去除判断规则之外的错误编码，从而消除编码中存在的错误，减小码间干扰。

策略 3：RAKE 接收技术。一种多径分集接收技术，可以在时间上分辨出细微的多径信号，对这些分辨出来的多径信号分别进行加权调整，使之复合成加强的信号。

在不同的系统中，多径效应的应对策略不一样。如在 4G、5G 系统中，我们主要应用了策略 1，即正交频分复用技术。

2. 阴影效应

1）阴影效应定义

由于高大建筑物的阻挡及地形变化而引起的移动台接收点场强中值的起伏变化，称为阴影效应，如图 1-1-4 所示。

图 1-1-4　阴影效应示意图

2）阴影效应对移动通信的影响

在移动信道中，场强中值随着地理位置变化呈现慢变化，因此这种由于阴影效应带来的变化被称为慢衰落或地形衰落。

由于高大建筑物的阻挡及地形变化，移动台进入这些特定区域，因电波被吸收或反射而收不到信号，从而产生电磁场阴影效应。将这些区域称为阴影区/盲区/半盲区。

3）阴影效应的应对策略

策略 1：直放站。其作用是将信号放大并传输给特定区域，以改善信号覆盖和提高信号质量，提供更好的通信服务。

策略 2：无线室内覆盖系统（用于改善建筑物室内信号环境的一种解决方案）。无线室内覆盖系统将移动通信基站的信号均匀分布在建筑物各个区域，从而保证室内区域拥有良好的信号覆盖。

在 4G、5G 系统中，因为室外小区覆盖半径小，主要阴影效应集中在室内，所以主要应用了策略 2。

3. 多普勒效应

1）多普勒效应产生机制与定义

红移和蓝移都是多普勒效应（Doppler Effect）的可观测现象。当一个波源离你远去时，你接收到它的频率降低的现象叫红移。相对的当它向你靠近时，接收到的频率升高的现象叫蓝移。大自然七色光中频率最低的光是红光，频率最高的光是蓝紫光，所以叫"红移"和"蓝移"，如图 1-1-5 所示。

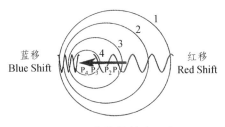

图 1-1-5　多普勒效应示意图

多普勒效应是波源和观察者有相对运动时，观察者接收到波的频率与波源发出的频率并不相同的现象。远方疾驰过来的汽车鸣笛声变得尖细（即频率变高，波长变短），而离我们而去的汽车鸣笛声变得低沉（即频率变低，波长变长），就是多普勒效应的现象。

【知识拓展】蓝移与红移

多普勒效应（Doppler Effect）是为纪念奥地利物理学家及数学家克里斯琴·约翰·多普勒（Christian Johann Doppler）而命名的，他于 1842 年首先提出了这一理论。主要内容为物体辐射的波长因为波源和观测者的相对运动而产生变化。在运动的波源前面，波被压缩，波长变得较短，频率变得较高（蓝移，Blue Shift）；在运动的波源后面时，会产生相反的效应，波长变得较长，频率变得较低（红移，Red Shift）；波源的速度越高，所产生的效应越大。根据波红移或蓝移的程度，可以计算出波源循着观测方向运动的速度。

2）多普勒效应对移动通信的影响

在移动通信中，当移动台移向基站时，频率变高，远离基站时，频率变低，所以我们在移动通信中要充分考虑多普勒效应。

多普勒频偏：由于多普勒效应的存在，信号的频率与接收设备预期的频率不一致，会导致信号频偏现象。当频偏超出接收设备的频偏隐藏能力时，可能导致信号无法正确解调，从而导致通信中断或严重的信号质量下降。

移动性限制：由于多普勒效应的存在，移动通信系统需要对移动速度有限制。当移动速度过快时，多普勒效应会导致信号频偏过大，从而无法正确解码信号。在高速移动场景下，移动通信系统需要采取额外的措施来解决多普勒效应引起的问题。

3）多普勒效应的应对策略

策略 1：频偏补偿。接收设备可以通过对接收信号进行频偏补偿来解决多普勒效应导致的频偏问题。频偏补偿的方法包括数字信号处理和物理电路补偿等。

策略 2：信道估计。高速移动场景下的多普勒效应可以通过信道估计的方法来解决。通过对移动信道特性的不断估计和调整，可以适应多普勒频率偏移，从而保证信号的正确解码和通信质量。

4. 远近效应

1）远近效应定义

远近效应是由于移动用户在通信过程中的随机移动性和基站发射功率固定的情况下，导致到达基站的信号强度在不同移动用户之间发生变化的现象，如图 1-1-6 所示。

2）远近效应对移动通信的影响

远近效应对移动通信的影响主要表现为干扰。当一个移动用户靠近基站时，它的信号会比远离基站的用户的信号更强，从而可能导致后者受到较强的干扰，甚至无法正常通信。

3）远近效应的应对策略

主要应对策略为自动功率控制技术。如图 1-1-7 所示，采用自动功率控制技术后，使得离基站远的移动台发射功率大些，离基站近的移动台发射功率小些，总之，无论远近，使得移动台的发射功率到达基站后，刚好达到基站接收机接收灵敏度要求，不对其他移动台产生干扰。

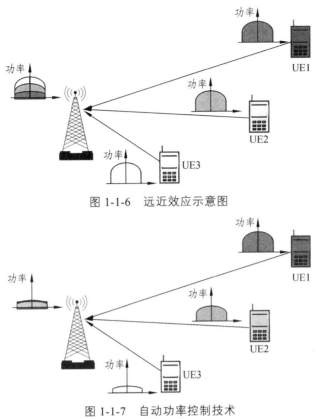

图 1-1-6　远近效应示意图

图 1-1-7　自动功率控制技术

【想一想】远近效应发生在上行还是下行链路上？应对措施是什么？

1.1.4　扫码获取答案

知识链接4　移动通信过程

1. 通信系统的基本模型

通信系统的基本模型如图 1-1-8 所示，6 个组成部分包括信源、变换器、信道、反变换器、信宿和噪声源。

图 1-1-8　通信系统的基本模型

（1）信源是信息的发出者，可以是任何产生信息的事物或个人，它的作用是产生各种信息。

（2）变换器负责将信源发出的信息转换成适合在信道上传输的信号。例如，在电话通信系统中，变换器就是送话器，它将语声转换成电信号。

（3）信道是信号传输的媒介，可以是有线或无线的，有线信道中电磁信号或光电信号被约束在某种传输线上，而无线信道中电磁信号沿空间传输。

（4）反变换器的作用是将从信道上接收的信号变换成信息接收者可以接收的信息。

（5）信宿即信息的接收者，是信息传输的终点。

（6）噪声源表示系统内的各种干扰，这些干扰可能来自发送、传输和接收端的各种设备，以及传输信道中的各种电磁感应。

这些组成部分共同作用，使得信息能够从信源有效地传输到信宿，同时考虑到各种可能的干扰因素，确保通信的可靠性和效率。

2. 移动通信的信息收发过程

移动通信的信息收发主要由发射部分、移动信道、接收部分组成。通常把完成发送功能的物理设备称为发射机，完成接收功能的物理设备称为接收机，具体处理过程如图 1-1-9 所示。

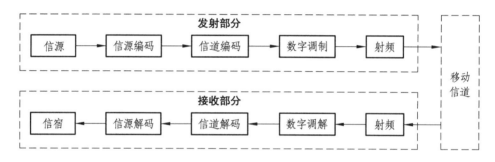

图 1-1-9　数字移动通信的信息收/发方框图

（1）移动信道属于无线信道，对信息的传输方式为采用电磁波在空间进行传播。

（2）信源是信息的发送者，主要有语音、图像、视频和数据等信息。信宿是信息的接收者，通过一系列的接收处理之后，获得信源发送的信息。

（3）信源编码的主要作用是将信源送出的模拟信号取样、量化、编码，并对编码后的信号去掉冗余，以实现压缩信源信息率，降低信号的传输速率，缩小信号带宽，从而提高通信的有效性。常用的信源编码方法有波形编码、参量编码和混合编码三种。

信源解码是信源编码的逆过程。

（4）信道编码主要包括纠错编码和交织技术，主要目的是提高通信的可靠性。纠错编码的作用是通过对信源编码的数据增加一些冗余数据来对信源编码的数据进行监督，以便在接收时能从接收的数据中检出由于传送过程中引起的差错从而进行纠正。交织技术的作用是通过将纠错编码后的数据分散，以应对在传输过程中产生的各种连续干扰。

信道解码是信道编码的逆过程。

（5）数字调制的主要作用：一是为了使传送信息的基带信号搬移至相应频段的信道上进行传输，以解决信源信号通过天线转化为电磁波发动到自由空间的问题；二是为了进一步提高通信的有效性和可靠性。数字调制在实现时可分为两步：先是将含有信息的基带信号载荷调制至某一载波上，再通过上变频搬移至适合某信道传输的射频频段。上述两步也可一步完成。

数字解调是数字调制的逆过程。

【知识拓展】什么是上行信道和下行信道？

基站到终端是下行信道，又称为前向信道；终端到基站是上行信道，又称为反向信道。可以这样简单理解，基站铁塔比人高，从手机终端到铁塔上，是向上走，所以是上行信道；从铁塔向手机发送消息，是向下走，所以是下行信道。

3. 移动通信的语音呼叫过程

（1）主叫用户拨打被叫用户号码，通过对被叫用户号码的分析，可以确定 UDM（User Data Management，用户数据管理）所在地。例如，有号码 1530840××××，分析确定该号码是湖南长沙的电信用户。

【知识拓展】在 5G 系统中，用户的位置信息存放在哪里？

在 5G 系统中，用户位置信息存放在 UDM 中。在 5G 网络架构中，UDM 的功能主要由 UDM 网元承担。UDM 负责存储和管理用户订阅数据，包括用户的位置信息。这些数据对于网络运营商来说是至关重要的，因为它们能够帮助运营商提供个性化的服务，同时确保用户的位置信息得到保护和管理。

（2）在 UDM 中，用户可以查询到用户当前的位置信息（因为用户进行了位置更新管理），然后根据位置信息找到用户所在跟踪区。

（3）在所在跟踪区的所有小区下发寻呼消息，用户接收到寻呼后进行响应。

【想一想】在移动通信系统中，网络能否根据位置信息找到用户所在小区？

1.1.5　扫码获取答案

【动一动】能够画出学校的 4G/5G 移动通信系统的组成结构。

1. 选择题

（1）移动通信是一种（　　　）。（单选）

    A. 有线通信　　　　　　　　　　　B. 无线通信

    C. 有线与无线相结合的通信融合网络　　D. 以上都对

（2）移动通信环境电波传播特性有（　　　）。（多选）

    A. 远近效应　　　　　　　　　　　B. 阴影效应

    C. 多径效应　　　　　　　　　　　D. 多普勒效应

（3）移动通信的信息收发，主要由哪几部分组成？（　　　）（多选）

    A. 发射部分　　　　　　　　　　　B. 移动信道

    C. 传输部分　　　　　　　　　　　D. 接收部分

2. 判断题

（1）移动信道是自由空间，移动信道上的信号是无线电波。（　　　）

（2）移动台快速移动时，传播信号频率确实会发生偏移，这种现象被称为多普勒效应。

（　　　）

任务 1.2 移动通信的工作方式

学习任务单

任务名称	移动通信的工作方式	建议课时	1 课时
知识目标： （1）了解单工、半双工方式的概念及应用。 （2）掌握双工方式的概念及应用。			
能力目标： 会识别各种不同网络的工作方式。			
素质目标： （1）培养精益求精、严谨细致的工匠精神。 （2）树立岗位认同感。			
任务资源：  1.2.1 任务 1.2 资源			

 **通信工作方式**

对于点对点之间的通信，按照消息传送的方向与时间关系，通信方式可分为单工通信、半双工通信及全双工通信三种，如图 1-2-1 所示。

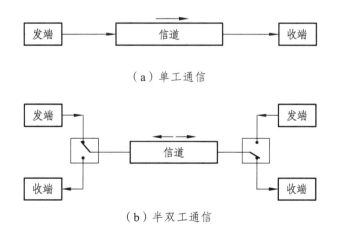

（a）单工通信

（b）半双工通信

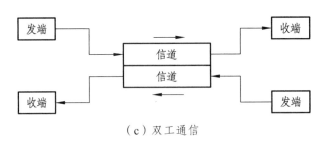

（c）双工通信

图 1-2-1　通信工作方式

 **单工通信方式**

单工通信（Simplex Communication）是指消息只能单方向传输的工作方式。在单工通信中，通信的信道是单向的，发送端与接收端也是固定的，即发送端只能发送信息，不能接收信息；接收端只能接收信息，不能发送信息。基于这种情况，数据信号从一端传送到另外一端，信号流是单方向的。

例如，生活中的广播就是一种单工通信的工作方式。广播站是发送端，听众是接收端，广播站向听众发送信息，听众接收获取信息。广播站不能作为接收端获取到听众的信息，听众也无法作为发送端向广播站发送信号。

通信双方采用"按—讲"（Push To Talk，PTT）的单工通信属于点到点的通信。根据收发频率的异同，单工通信可分为同频通信和异频通信。

 **半双工通信方式**

半双工通信（Half-duplex Communication）可以实现双向的通信，但不能在两个方向上同时进行，必须轮流交替地进行。在这种工作方式下，发送端可以转变为接收端；相应地，接收端也可以转变为发送端。但是在同一个时刻，信息只能在一个方向上传输。因此，也可以将半双工通信理解为一种切换方向的单工通信。异频半双工通信方式如图 1-2-2 所示。

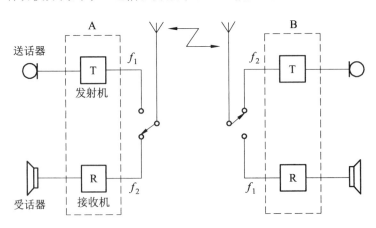

图 1-2-2　异频半双工通信方式

例如，对讲机是日常生活中最为常见的一种半双工通信方式通信机，手持对讲机的双方可以互相通信，但在同一个时刻，只能由一方讲话。

知识链接4 双工通信方式

双工通信（Duplex Communication）允许在两个方向上同时进行通信，即发送和接收可以同时进行。这种通信方式在电话通信中最为常见，允许通话双方同时进行讲话和听取对方的话语。双工通信方式如图 1-2-3 所示。

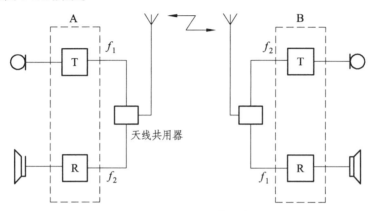

图 1-2-3　双工通信方式

目前，双工通信方式在移动通信系统中获得了广泛的应用。据收、发频率的异同，又可分为频分双工（FDD）和时分双工（TDD），如图 1-2-4 所示。

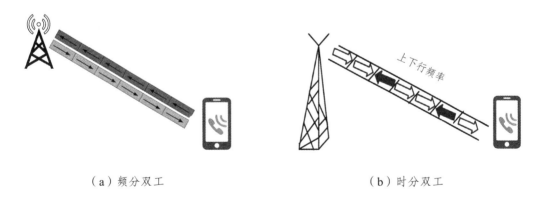

（a）频分双工　　　　　　　　　　　　（b）时分双工

图 1-2-4　FDD 和 TDD

FDD（Frequency-Division Duplex，频分双工）采用两个对称的频率信道进行接收和发送，通过保护频段来分离接收和发送信道。这种方式必须采用成对的频率，依靠频率来区分上下行链路，其单方向的资源在时间上是连续的。

TDD（Time-Division Duplex，时分双工）用一个通道来进行接收和发送，通过时间来分离接收和发送信道。在 TDD 方式的移动通信系统中，接收和发送使用同一频率载波的不同时隙作为信道的承载，对时间资源在两个方向上进行了分配。

【想一想】FDD 与 TDD，哪个更好?

_____

_____

_____

1.2.2 扫码获取答案

【动一动】识别各种不同网络的工作方式。

过关训练

1. 选择题

（1）以下哪种双工方式是 TD-LTE 所采用的? （   ）（单选）

    A. TDD　　　　　　B. H-TDD　　　　　　C. FDD　　　　　　D. H-FDD

（2）对讲机采用的是哪种双工方式? （   ）（单选）

    A. 全双工方式　　B. 双工方式　　　　C. 半双工方式　　　D. 单工方式

2. 判断题

（1）双工制指通信双方的收发信机均同时工作。（   ）

（2）单工制指通信双方的收发信机均同时工作。（   ）

（3）LTE 移动通信系统，既支持 FDD、又支持 TDD 两种双工方式。（   ）

（4）5G 移动通信系统，C 波段采用的是 FDD 双工方式。（   ）

任务 1.3　移动通信的频率分配

学习任务单

任务名称	移动通信的频率分配	建议课时	2 课时
知识目标： （1）掌握移动通信网络的频率划分。 （2）了解国内各大移动运营商的频率资源使用情况。			
能力目标： 会识别当前手机网络的工作频段。			
素质目标： 培养精益求精、严谨细致的工匠精神。			
任务资源： 1.3.1　任务 1.3 资源			

 **移动通信中的电磁波**

在移动通信系统中，用户的信息在经过信源编码、信道编码和射频调制之后，要将其转换成电磁波，才能发送到空中的无线信道中进行传播。电磁波就是承载移动用户信息的信号。

1. 电磁波的概念

电磁波（Electromagnetic Wave）是由同相振荡且互相垂直的电场与磁场在空间中衍生发射的振荡粒子波，即以波动的形式传播的电磁场，具有波粒二象性，其粒子形态称为光子。电磁波传播方向垂直于电场与磁场构成的平面，传播速度与光速相等。电磁波的行进还伴随着功率的输送。

电磁波的传播方式如图 1-3-1 所示。电磁波伴随的电场方向、磁场方向、传播方向三者互相垂直，因此电磁波是横波。电磁波实际上分为电波和磁波，是二者的总称，但由于电场和磁场总是同时出现，同时消失，并相互转换，所以通常将二者合称为电磁波，有时可直接简称为电波。

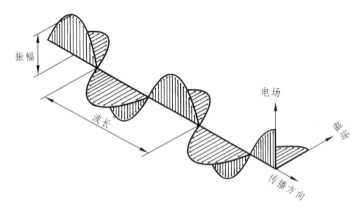

图 1-3-1　电磁波的传播方式

2. 电磁波的产生

1）电磁波产生原理

变化的电场会产生磁场（即电流会产生磁场），变化的磁场则会产生电场。变化的电场和变化的磁场构成了一个不可分离的统一的场，这就是电磁场，而变化的电磁场在空间的传播形成了电磁波。无线电波（电磁波）是一种信号和能量的传播形式，在传播过程中，电场和磁场在空间中相互垂直，且都垂直于传播方向。用于移动通信的无线电波由天线振子产生。

2）电磁波辐射原理

如图 1-3-2 所示，如果两个导线平行而且距离很近，电场会被束缚在两道线之间，此时辐射很微弱。如果两导线张开，电场就会被散播到周围空间，因而辐射增强。当导线长度 L（指导线张开后的长度）远小于波长时，辐射很微弱；当导线长度 L 增大到可与波长相比拟时，导线上的电流将大大增大，形成较强的辐射。

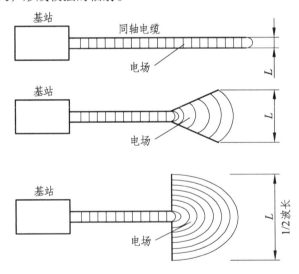

图 1-3-2　天线辐射电磁波的原理

3）电磁波的三个参数：波速、波长和频率

波速：波传播的快慢。电磁波传播的速度等于光速，在真空中电磁波的波速 c 约等于 3×10^8 m/s。

波长：邻近的两个波峰（或波谷）的距离。

频率：在 1 s 内有多少次波峰或波谷通过。频率的单位是赫兹（Hz），常用的单位还有千赫（kHz）、兆赫（MHz）。

这三个参数共同描述了电磁波的性质和特征。

知识链接2　无线电频谱

1. 电磁频谱

电磁频谱包括所有类型的电磁波，如可见光、红外线、紫外线、X 射线和 γ 射线等。在日常生活中，大家通常所说的电磁频谱是指无线电波的频谱，无线电频率划分表的频率划分范围为 0 ~ 3 000 GHz（或 3 THz），无线通信网络常用频段为特高频（0.3 GHz~3 GHz，承载 2G/3G/4G）与超高频（3 GHz~30 GHz，承载 5G），这包括了电视和无线电广播、手机通信等所使用的频率范围。电磁频谱如图 1-3-3 所示。

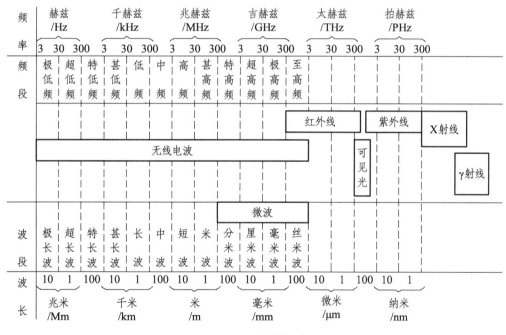

图 1-3-3　电磁频谱

2. 无线电频谱

无线电频谱是电磁频谱的一部分，如图 1-3-4 所示。无线电频谱特指在 3 000 GHz 频率范围内发射无线电波的无线电频率的总称，也作射频电波，或简称射频、射电。无线电技术将声音信号或其他信号经过转换，利用无线电波传播。

无线电可用来进行声音和图像广播、气象预报、导航、无线电通信等业务。根据无线电波传播及使用的特点，国际上将其划分为 12 个频段，通常的无线电通信只使用其中的第 4~12 频段，无线电频率的划分如表 1-3-1 所示。

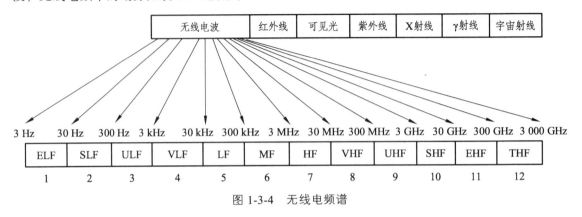

图 1-3-4 无线电频谱

表 1-3-1 无线电频率划分表

频段序号	频段名称	符号	频率范围（含上限，不含下限）	波长范围	波段名称	
1	极低频	ELF	3 Hz~30 Hz	10~100 兆 m	极长波	
2	超低频	SLF	30 Hz~300 Hz	1~10 兆 m	超长波	
3	特低频	ULF	300 Hz~3 000 Hz	10~100 万 m	特长波	
4	甚低频	VLF	3 kHz~30 kHz	1~10 万 m	甚长波	
5	低频	LF	30 kHz~300 kHz	1~10 km	长波	
6	中频	MF	300 kHz~3 000 kHz	1~10 hm	中波	
7	高频	HF	3 MHz~30 MHz	10~100 m	短波	
8	甚高频	VHF	30 MHz~300 MHz	1~10 m	米波	
9	特高频	UHF	300 MHz~3 000 MHz	1~10 dm	分米波	
10	超高频	SHF	3 GHz~30 GHz	1~10 cm	厘米波	微波
11	极高频	EHF	30 GHz~300 GHz	1~10 mm	毫米波	
12	至高频	THF	300 GHz~3 000 GHz	1~10 dmm	丝米波	

无线电频谱和电磁频谱都是基于电磁波的频率或波长排列形成的谱系。国际电信联盟（ITU）是负责协调和管理无线电频段分配的组织，确保各国之间的通信不会互相干扰。无线电频谱作为电磁频谱中的一个特定部分，专注于无线电通信的使用和管理，而电磁频谱则涵盖了更广泛的电磁波类型和应用。

【知识拓展】毫米波

5G 毫米波（Millimeter Wave）技术是 5G 应用中一项重要的基础技术，其指的是一种特殊电磁波，波长为 1~10 mm，波动频率为 30 GHz~300 GHz。相对于 6 GHz 以下的频段，毫米波具有大带宽、低空口时延和灵活弹性空口配置等独特优势，可满足未来无线通信对系统容量、传输速率和差异化应用等方面的需求。

【想一想】可见光通信使用的是什么频率？

_____

_____

_____

_____

1.3.2　扫码获取答案

 知识链接3　频率资源的划分

1. LTE 的频段号划分

LTE 的频段划分是按照频率范围进行的，各国或地区根据自己的情况和规定，选择不同的频段进行分配。目前，全球共有 44 个 LTE 频段，每个频段都有特定的使用场景和优点，需要根据实际情况来选择合适的频段。4G 频段号对应的频段范围如表 1-3-2 所示。

表 1-3-2　4G 频段号对应的频段范围

TDD 模式支持频段					
Band	Uplink (UL)		Downlink (DL)		Duplex Mode
	$F_{\text{UL\_low}}$~$F_{\text{UL\_high}}$		$F_{\text{UL\_low}}$~$F_{\text{UL\_high}}$		
33	1 900 MHz	~ 1 920 MHz	1 900 MHz	~ 1 920 MHz	TDD
34	2 010 MHz	~ 2 025 MHz	2 010 MHz	~ 2 025 MHz	TDD
35	1 850 MHz	~ 1 910 MHz	1 850 MHz	~ 1 910 MHz	TDD
36	1 930 MHz	~ 1 990 MHz	1 930 MHz	~ 1 990 MHz	TDD
37	1 910 MHz	~ 1 930 MHz	1 910 MHz	~ 1 930 MHz	TDD
38	2 570 MHz	~ 2 620 MHz	2 570 MHz	~ 2 620 MHz	TDD
39	1 880 MHz	~ 1 920 MHz	1 880 MHz	~ 1 920 MHz	TDD
40	2 300 MHz	~ 2 400 MHz	2 300 MHz	~ 2 400 MHz	TDD
FDD 模式支持频段					
Band	Uplink (UL)		Downlink (DL)		Duplex Mode
	$F_{\text{UL\_low}}$~$F_{\text{UL\_high}}$		$F_{\text{UL\_low}}$~$F_{\text{UL\_high}}$		
1	1 920 MHz	~ 1 980 MHz	2 110 MHz	~ 2 170 MHz	FDD
2	1 850 MHz	~ 1 910 MHz	1 930 MHz	~ 1 990 MHz	FDD
3	1 710 MHz	~ 1 785 MHz	1 805 MHz	~ 1 880 MHz	FDD

FDD 模式支持频段						
Band	Uplink (UL)			Downlink (DL)		Duplex Mode
	$F_{\text{UL\_low}}{\sim}F_{\text{UL\_high}}$			$F_{\text{UL\_low}}{\sim}F_{\text{UL\_high}}$		
4	1 710 MHz	~	1 755 MHz	2 110 MHz	~	2 155 MHz	FDD
5	824 MHz	~	849 MHz	869 MHz	~	894 MHz	FDD
6	830 MHz	~	840 MHz	875 MHz	~	885 MHz	FDD
7	2 500 MHz	~	2 570 MHz	2 620 MHz	~	2 690 MHz	FDD
8	880 MHz	~	915 MHz	925 MHz	~	960 MHz	FDD
9	1 749.9 MHz	~	1 784.9 MHz	1 844.9 MHz	~	1 879.9 MHz	FDD
10	1 710 MHz	~	1 770 MHz	2 110 MHz	~	2170 MHz	FDD
11	1 427.9 MHz	~	1 452.9 MHz	1 475.9 MHz	~	1 500.9 MHz	FDD
12	698 MHz	~	716 MHz	728 MHz	~	746 MHz	FDD
13	777 MHz	~	787 MHz	746 MHz	~	756 MHz	FDD
14	788 MHz	~	798 MHz	758 MHz	~	768 MHz	FDD
…	…			…		…
17	704 MHz	~	716 MHz	734 MHz	~	746 MHz	FDD
…	…			…		…

2. 5G NR 的频段号划分

3GPP Release 17 为 5G NTN（非地面网络）引入了两个频段：L 波段 n255（1 626.5~1 660.5 MHz/1 525~1 559 MHz）和 S 波段 n256（1 980~2 010 MHz/2 170~2 200 MHz）。

1）FR1（Frequency Range 1）

FR1 主要涵盖 410 MHz~7 125 MHz 的频率范围，也被称为 Sub 6 GHz 频段。5G NR 的 FR1 频段号划分如表 1-3-3 所示。

表 1-3-3　5G NR 的 FR1 频段号划分

频段号	上行	下行	双工模式
n1	1 920 MHz~1 980 MHz	2 110 MHz~2 170 MHz	FDD
n2	1 850 MHz~1 910 MHz	1 930 MHz~1 990 MHz	FDD
n3	1 710 MHz~1 785 MHz	1 805 MHz~1 880 MHz	FDD
n5	824 MHz~849 MHz	869 MHz~894 MHz	FDD
n7	2 500 MHz~2 570 MHz	2 620 MHz~2 690 MHz	FDD
n8	880 MHz~915 MHz	925 MHz~960 MHz	FDD

频段号	上行	下行	双工模式
n12	699 MHz~716 MHz	729 MHz~746 MHz	FDD
n13	777 MHz~787 MHz	746 MHz~756 MHz	FDD
n14	788 MHz~798 MHz	758 MHz~768 MHz	FDD
n18	815 MHz~830 MHz	860 MHz~875 MHz	FDD
n20	832 MHz~862 MHz	791 MHz~821 MHz	FDD
n24	1 626.5 MHz~1 660.5 MHz	1 525 MHz~1 559 MHz	FDD
n25	1 850 MHz~1 915 MHz	1 930 MHz~1 995 MHz	FDD
n26	814 MHz~849 MHz	859 MHz~894 MHz	FDD
n28	703 MHz~748 MHz	758 MHz~803 MHz	FDD
n29	N/A	717 MHz~728 MHz	SDL
n30	2 305 MHz~2 315 MHz	2 350 MHz~2 360 MHz	FDD
n34	2 010 MHz~2 025 MHz	2 010 MHz~2 025 MHz	TDD
n38	2 570 MHz~2 620 MHz	2 570 MHz~2 620 MHz	TDD
n39	1 880 MHz~1 920 MHz	1 880 MHz~1 920 MHz	TDD
n40	2 300 MHz~2 400 MHz	2 300 MHz~2 400 MHz	TDD
n41	2 496 MHz~2 690 MHz	2 496 MHz~2 690 MHz	TDD
n46	5 150 MHz~5 925 MHz	5 150 MHz~5 925 MHz	TDD
n48	3 550 MHz~3 700 MHz	3 550 MHz~3 700 MHz	TDD
n50	1 432 MHz~1 517 MHz	1 432 MHz~1 517 MHz	TDD
n51	1 427 MHz~1 432 MHz	1 427 MHz~1 432 MHz	TDD
n53	2 483.5 MHz~2 495 MHz	2 483.5 MHz~2 495 MHz	TDD
n65	1 920 MHz~2 010 MHz	2 110 MHz~2 200 MHz	FDD
n66	1 710 MHz~1 780 MHz	2 110 MHz~2 200 MHz	FDD
n67	N/A	738 MHz~758 MHz	SDL
n70	1 695 MHz~1 710 MHz	1 995 MHz~2 020 MHz	FDD
n71	663 MHz~698 MHz	617 MHz~652 MHz	FDD
n74	1 427 MHz~1 470 MHz	1 475 MHz~1 518 MHz	FDD
n75	N/A	1 432 MHz~1 517 MHz	SDL
n76	N/A	1 427 MHz~1 432 MHz	SDL
n77	3 300 MHz~4 200 MHz	3 300 MHz~4 200 MHz	TDD
n78	3 300 MHz~3 800 MHz	3 300 MHz~3 800 MHz	TDD
n79	4 400 MHz~5 000 MHz	4 400 MHz~5 000 MHz	TDD
n80	1 710 MHz~1 785 MHz	N/A	SUL

频段号	上行	下行	双工模式
n81	880 MHz~915 MHz	N/A	SUL
n82	832 MHz~862 MHz	N/A	SUL
n83	703 MHz~748 MHz	N/A	SUL
n84	1 920 MHz~1 980 MHz	N/A	SUL
n85	698 MHz~716 MHz	728 MHz~746 MHz	FDD
n86	1 710 MHz~1780 MHz	N/A	SUL
n89	824 MHz~849 MHz	N/A	SUL
n90	2 496 MHz~2 690 MHz	2 496 MHz~2 690 MHz	TDD
n91	832 MHz~862 MHz	1 427 MHz~1 432 MHz	FDD
n92	832 MHz~862 MHz	1 432 MHz~1 517 MHz	FDD
n93	880 MHz~915 MHz	1 427 MHz~1 432 MHz	FDD
n94	880 MHz~915 MHz	1 432 MHz~1 517 MHz	FDD
n95	2 010 MHz~2 025 MHz	N/A	SUL
n96	5 925 MHz~7 125 MHz	5 925 MHz~7 125 MHz	TDD
n97	2 300 MHz~2 400 MHz	N/A	SUL
n98	1 880 MHz~1 920 MHz	N/A	SUL
n99	1 626.5 MHz~1 660.5 MHz	N/A	SUL
n100	874.4 MHz~880 MHz	919.4 MHz~925 MHz	FDD
n101	1 900 MHz~1 910 MHz	1 900 MHz~1 910 MHz	TDD
n102	5 925 MHz~6 425 MHz	5 925 MHz~6 425 MHz	TDD
n104	6 425 MHz~7 125 MHz	6 425 MHz~7 125 MHz	TDD
n255	1 626.5 MHz~1 660.5 MHz	1 525 MHz~1 559 MHz	FDD (NTN)
n256	1 980 MHz~2 010 MHz	2 170 MHz~2 200 MHz	FDD (NTN)

FR1 包括 n1、n2、n3 等频段，目前国内外主要使用的是 n1、n3、n28、n41、n77、n78、n79 共 7 个频段。在我国，中国电信和中国联通主要使用 n78 频段，而中国移动则使用 n41 和 n79 频段。

2）FR2（Frequency Range 2）

FR2-1 频率范围为 24.25 GHz~52.6 GHz，FR2-2 频率范围为 52.6 GHz~71 GHz，也被称为毫米波频段。FR2 包括 n257、n258、n259、n260、n261、n262、n263 七个频段。5G NR 的 FR2 频段号划分如表 1-3-4 所示。

表 1-3-4　5G NR 的 FR2 频段号划分

频段号	上行	下行	双工柄式
n257	26 500 MHz~29 500 MHz		TDD
n258	24 250 MHz~27 500 MHz		TDD
n259	39 500 MHz~43 500 MHz		TDD
n260	37 000 MHz~40 000 MHz		TDD
n261	27 500 MHz~28 350 MHz		TDD
n262	47 200 MHz~48 200 MHz		TDD
n263	57 000 MHz~71 000 MHz		TDD

此外，5G NR 还支持 16CC 载波聚合，定义了灵活的子载波间隔，以适应不同的频率范围。与 LTE 不同，5G NR 的频段号标识以"n"开头，如 LTE 的 B20（Band 20），在 5G NR 中称为 n20。目前，全球最有可能优先部署的 5G 频段为 n77、n78、n79、n257、n258 和 n260，就是 3.3 GHz~4.2 GHz、4.4 GHz~5.0 GHz 和毫米波频段 26 GHz/28 GHz/39 GHz。

【知识拓展】什么是频率重耕技术？

　　频率重耕技术是指将原有的频率资源重新分配给新的网络技术，以提高频谱利用率。这项技术可以应用于 2G、3G、4G、5G 等多种网络技术中，通过频率规划、频率分配、干扰协调等技术手段，提高网络容量，降低网络成本，从而提高网络性能。

　　频率重耕的目的是解决频率资源短缺的问题，通过优化频率资源的分配，满足日益增长的通信需求，同时降低运营商的成本，促进移动通信行业的技术创新和产业发展。此外，频率重耕还可以视为数字中国建设持续向纵深拓展的细节举措之一，对于提升乡村网络覆盖质量，增加 5G 运营市场的竞争性，为下游应用场景拓展提供良好基础具有重要意义。

【想一想】为什么移动通信频率会越来越高呢？

1.3.3　扫码获取答案

 **国内运营商频率资源分配**

国内运营商频率资源分配如图 1-3-5 所示。

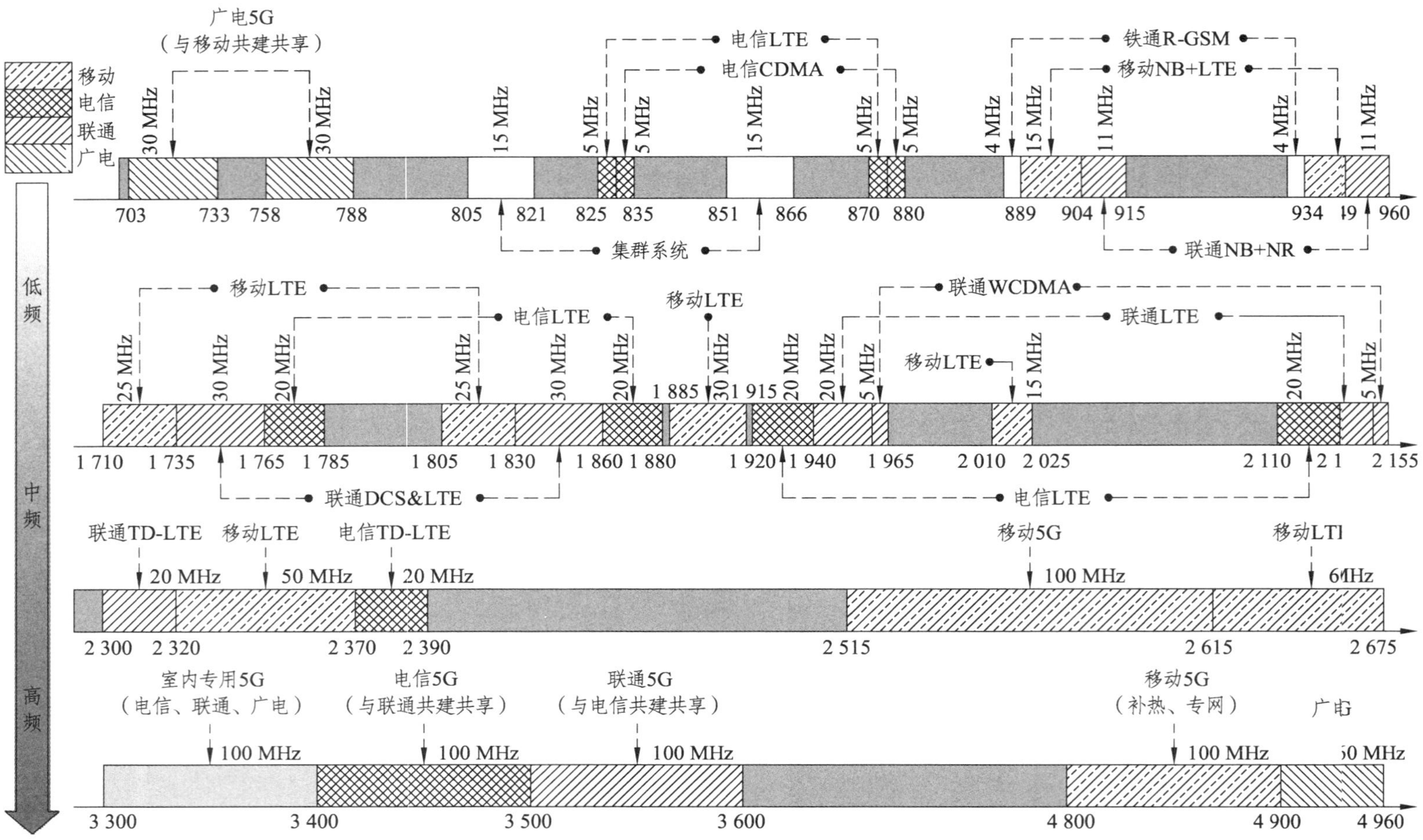

图 1-3-5 国内运营商频率资源分配

1. 中国移动的频率资源

中国移动的频率资源如表 1-3-5 所示。

表 1-3-5　中国移动的频率资源

频率范围	带宽	Band	说　明
上行 889~904 MHz	15 MHz	Band8	2G/NB-IoT/4G，移动 4G 打底频段
下行 934~949 MHz	15 MHz		
上行 1 710~1 735 MHz	25 MHz	Band3	GSM 使用 1 730~1 735/1 825~1 830 MHz，已腾出；
下行 1 805~1 830 MHz	25 MHz		LTE FDD 使用 1 710~1 730/1 805~1 825 MHz
1 885~1 915 MHz	30 MHz	Band39	4G（TD-LTE），1880~1885 腾退给电信（2019 年）
2 010~2 025 MHz	15 MHz	Band34	4G（TD-LTE），补热
2 320~2 370 MHz	50 MHz	Band40	4G（TD-LTE），仅用于室内
2 515~2 615 MHz	100 MHz	n41	5G
2 615~2 675 MHz	60 MHz	Band41	4G（TD-LTE）
2 555~2 575 MHz	20 MHz	Band41	2019 年由中国联通→中国移动
2 635~2 655 MHz	20 MHz	Band41	2019 年由中国电信→中国移动

2. 中国电信的频率资源

中国电信的频率资源如表 1-3-6 所示。

表 1-3-6　中国电信的频率资源

频率范围	带宽	Band	说　明
上行 825~835 MHz	10 MHz	Band5	3G（关闭）/4G（LTE FDD），广覆盖
下行 870~880 MHz	10 MHz		
上行 1 765~1 785 MHz	20 MHz	Band3	4G（FDD LTE），主力频段
下行 1 860~1 880 MHz	20 MHz		
上行 1 920~1 940 MHz	20 MHz	Band1，n1	4G（FDD LTE），重耕，有意与联通 5G 共建共享，2.1G/3.5G 双频协同
下行 2 110~2 130 MHz	20 MHz		
2 370~2 390 MHz	20 MHz	Band40	4G（TD-LTE）
3 300~3 400 MHz	100 MHz	n77	5G 室内覆盖专用频段，广、电、联共用
3 400~3 500 MHz	100 MHz	n78	5G，与联通共建共享

3. 中国联通的频率资源

中国联通的频率资源如表 1-3-7 所示。

表 1-3-7　中国联通的频率资源

频率范围	带宽	Band	说　明
上行 904~915 MHz	11 MHz	Band8	2G/NB-IoT/3G/4G，904-909、949-954 来自移动
下行 949~960 MHz	11 MHz		
上行 1 735~1 765 MHz	30 MHz	Band3	4G（FDD LTE），主力频段
下行 1 830~1 860 MHz	30 MHz		
上行 1 940~1 965 MHz	25 MHz	Band1, n1	4G（FDD LTE），重耕，有意与电信 5G 共建共享，2.1G/3.5G 双频协同
下行 2 130~2 155 MHz	25 MHz		
2 300~2 320 MHz	20 MHz	Band40	4G（TD-LTE），仅用于室内
3 300~3 400 MHz	100 MHz	n77	5G 室内覆盖专用频段，广、电、联共用
3 500~3 600 MHz	100 MHz	n78	5G，与电信共建共享

4. 中国广电的频率资源

中国广电的频率资源如表 1-3-8 所示。

表 1-3-8　中国广电的频率资源

频率范围	带宽	**Band**	说　明
上行 703~733 MHz	30 MHz	Band28，n28	5G，广覆盖，与移动共建共享
上行 758~788 MHz	30 MHz		
4 900~4 960 MHz	60 MHz	n79	5G，容量覆盖，暂未使用

【动一动】识别当前手机网络的工作频段。

过关训练

（1）中国电信的 5G 室分频段是（　　　）。（单选）

　　A. 800 MHz~900 MHz　　　　　　　　B. 2.3 GHz~2.6 GHz

　　C. 3.3 GHz~3.4 GHz　　　　　　　　D. 5 GHz

（2）中国电信、中国联通、中国广电三家 5G 运营商共享室内频段是（　　　）。（单选）

　　A. 700 MHz~800 MHz　　　　　　　B. 1700 MHz~1800 MHz

　　C. 3300 MHz~3400 MHz　　　　　　D. 4900 MHz~5000 MHz

（3）我国运营商频率资源分配方式是（　　　）。（单选）

　　A. 由我国工信部进行指定分配　　　B. 运营商之间购买所得　　　C. 随意使用

（4）划分 SUL 频段的意义是（　　　）。（单选）

　　A. 增大上行数据传输速率

　　B. 增大下行数据传输速率

　　C. 与 3.5 GHz 搭配使用，补充上行覆盖范围

　　D. 与 5 GHz 搭配使用，补充下行覆盖范围

（5）结合电磁波特性，以下哪一段频率覆盖最好？（　　　）。（单选）

　　A. 700 MHz　　　　　　　　　　　B. 2.6 GHz

　　C. 3.5 GHz　　　　　　　　　　　D. 4.9 GHz

任务 1.4 移动通信的发展历程

任务名称	移动通信的发展历程	建议课时	2 课时
知识目标： （1）掌握移动通信的发展历程。 （2）理解移动通信产业链的组成。			
能力目标： 能根据网络信息，捕捉分析出产业链中的岗位需求变化。			
素质目标： 培养爱国情感和增强民族自豪感。			
任务资源： 1.4.1　任务 1.4 资源			

 **知识链接1** **移动通信技术的发展**

19 世纪德国科学家赫兹的电磁波辐射试验，使人们认识到电磁波和电磁能量是可以控制发射的。意大利马克尼的跨大西洋无线电通信证实了电波携带信息的能力。理论基础由麦克斯韦的电磁波方程组奠定。这些关键事件标志着现代无线通信技术的起源和发展，为后来的移动通信技术奠定了基础。

1. 早期移动通信技术的发展

早期移动通信技术经历了从专用移动通信系统到公用移动通信业务的过渡，再到大区制移动通信系统的完善，为后续的移动通信技术发展奠定了基础，如表 1-4-1 所示。

早期移动通信技术的发展可以追溯到 20 世纪 20 年代至 40 年代，这一时期主要是现代移动通信的起步阶段。在这个阶段，首先在短波几个频段上开发出专用移动通信系统，例如美国底特律市警察使用的车载无线电系统，工作频率较低，可以认为是现代移动通信的雏形。到了 20 世纪 40 年代中期至 60 年代初期，公用移动通信业务开始问世，1946 年，贝尔系统在圣路易斯城建立了世界上第一个公用汽车电话网，标志着专用移动网向公用移动网过渡的开始。随后，美国推出了改进型移动电话系统（IMTS），使用 150 MHz 和 450 MHz 频段，实现了无线频道自动选择并能够自动接续到公用电话网，这是移动通信系统改进与完善的阶段。

表 1-4-1　早期移动通信技术的发展

时　期	阶　段	特　点
20 世纪 20 至 40 年代	移动通信的起步阶段	专用网，工作频率较低
20 世纪 40 至 60 年代初期	专用移动网向公用移动网络过渡阶段	实现人工交换与公众电话网的连接，大区制，网络容量较小
20 世纪 60 至 70 年代中期	移动通信系统改进与完善阶段	采用大区制、中小容量，使用 450 MHz 频段，实现了自动选频与自动接续。出现了频率合成器，信道间隔缩小，信道数目增加，系统容量增大

2. 现代移动通信技术的发展

现代移动通信技术发展始于 20 世纪 70 年代末，人们开始对移动通信技术体制进行重新论证，出现了蜂窝式移动通信技术，并获得了快速发展。现代移动通信技术的发展如表 1-4-2 所示。

表 1-4-2　现代移动通信技术的发展

年代	系统	技术时代	主流技术制式与典型业务
20 世纪 80 年代	1G	模拟时代	AMPS（北美）、TACS（英国）、NMT（北欧），语音，速率：2.4 kb/s
20 世纪 90 年代	2G	数字时代	GSM（欧洲）、IS-95（北美）、PDC（日本），语音、短信，速率＞9.6 kb/s
2000 年	3G	移动互联网时代	IMT-2000：WCDMA、CDMA2000、TD-SCDMA，上网、社交应用等，速率＞384 kb/s
2010 年	4G	移动互联网时代	IMT-Advanced：TD-LTE、FDD LTE，在线游戏、视频、直播等，速率：100 Mb/s
2020 年	5G	移动物联网时代	IMT-2020，虚拟现实、增强现实、物联网、自动驾驶等，速率＞1 Gb/s
预计 2030 年	6G	移动智联网时代	IMT-2030，沉浸式云 XR、全息通信、感官互联、数字孪生、机器控制、智慧交互、智能互联、多维感知等，速率＞10 Gb/s

第一代移动通信技术（1G）发展到第二代移动通信技术（2G），实现了从模拟电路到数字电路的变迁；2G 发展到第三代移动通信技术（3G），实现了从语音通信到数据通信的飞跃；第四代移动通信技术（4G）将互联网等技术用于移动通信，大大提高了带宽的使用率；4G 发展到第五代移动通信技术（5G），实现了有线互联网和移动互联网的融合。移动通信技术的演进历程如图 1-4-1 所描绘，展现了从第一代（1G）到第五代（5G）的显著发展。在这个过程中，3GPP（3rd Generation Partnership Project，第三代合作伙伴计划）通过不同的协议版本号，如 R99、R7、R8、R14、R15 和 R17，推动了技术的不断进步。随着多址方式的多样化、调制技术的先进化、信道带宽的扩展，以及各种创新技术的涌现，移动通信领域呈现出"百花齐放"的繁荣景象。这些技术的发展不仅丰富了主要应用，还促进了网络融合的持续发展。如今，我们正满怀期待地迎接第六代移动通信技术（6G）的到来，它预示着一个更加互联和智能化的未来。

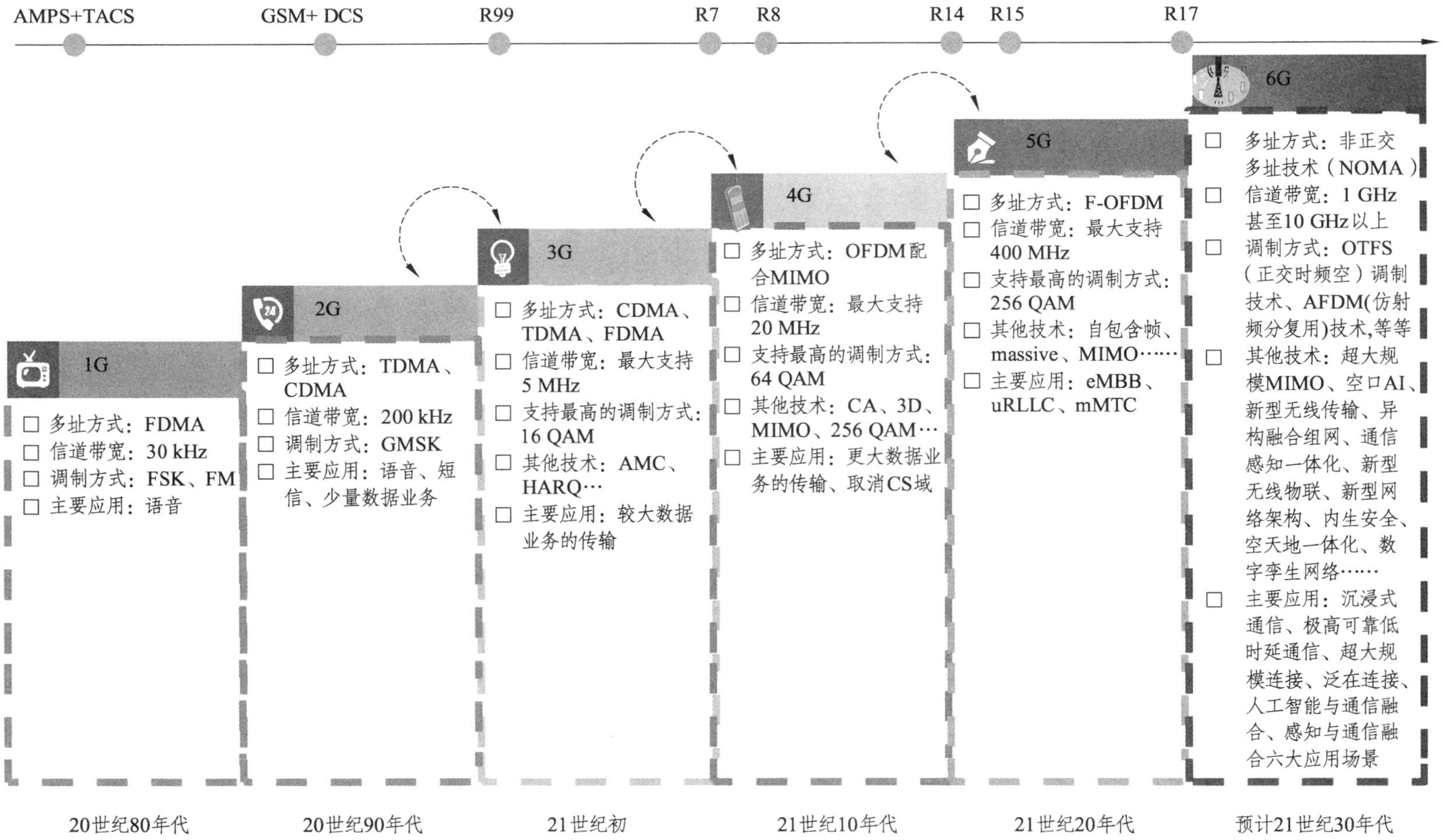

AMPS+TACS　　GSM+DCS　　R99　　R7　R8　　R14　R15　　R17

1G
- □ 多址方式：FDMA
- □ 信道带宽：30 kHz
- □ 调制方式：FSK、FM
- □ 主要应用：语音

20世纪80年代

2G
- □ 多址方式：TDMA、CDMA
- □ 信道带宽：200 kHz
- □ 调制方式：GMSK
- □ 主要应用：语音、短信、少量数据业务

20世纪90年代

3G
- □ 多址方式：CDMA、TDMA、FDMA
- □ 信道带宽：最大支持5 MHz
- □ 支持最高的调制方式：16 QAM
- □ 其他技术：AMC、HARQ……
- □ 主要应用：较大数据业务的传输

21世纪初

4G
- □ 多址方式：OFDM配合MIMO
- □ 信道带宽：最大支持20 MHz
- □ 支持最高的调制方式：64 QAM
- □ 其他技术：CA、3D、MIMO、256 QAM……
- □ 主要应用：更大数据传输，取消CS域

21世纪10年代

5G
- □ 多址方式：F-OFDM
- □ 信道带宽：最大支持400 MHz
- □ 支持最高的调制方式：256 QAM
- □ 其他技术：自包含帧、massive、MIMO……
- □ 主要应用：eMBB、uRLLC、mMTC

21世纪20年代

6G
- □ 多址方式：非正交多址技术（NOMA）
- □ 信道带宽：1 GHz甚至10 GHz以上
- □ 调制方式：OTFS（正交时频空）技术、AFDM(仿射频分复用)技术，等等
- □ 其他技术：超大规模MIMO、空口AI、新型无线传输、通信构融合组网、通信感知一体化、新型无线物联、新型网络架构、内生安全、空天地一体化、数字孪生网络……
- □ 主要应用：沉浸式通信、极高可靠低时延通信、超大规模连接、泛在连接、人工智能与通信融合、感知与通信融合六大应用场景

预计21世纪30年代

图 1-4-1　移动通信的演进历程

1）第一代模拟蜂窝移动通信系统（1G）

20 世纪 70 年代发展起来的模拟蜂窝移动电话系统被称为第一代移动通信系统，这是一种采用频率复用、多信道共用技术和全自动接入公共电话网的大区制、小容量蜂窝式移动通信系统，其主要技术是模拟调频、频分多址，主要业务是语音。

第一代模拟蜂窝移动通信系统的代表主要有：① AMPS（Advanced Mobile Phone Service）系统称为先进的移动电话系统，由美国贝尔实验室研制并投入使用；② TACS（Total Access Communications System）系统称为全向接续通信系统，由英国研制并投入使用，属于 AMPS 系统的改进型；③ NMT（Nordic Mobile Telephone）系统称为北欧移动电话，由丹麦、芬兰、挪威、瑞典等研制并投入使用。

模拟系统的主要特点：频谱利用率低，容量有限，系统扩容困难；制式太多，互不兼容，不利于用户实现国际漫游，限制了用户覆盖面；不能与 ISDN 兼容（综合业务数字网），提供的业务种类受限制，不能传输数据信息；保密性差等。基于这些原因，需要对移动通信技术数字化。

2）第二代数字蜂窝移动通信系统（2G）

第二代移动通信系统以数字信号传输、时分多址（TDMA）、码分多址（CDMA）为主体技术，频谱效率提高，系统容量增大，易于实现数字保密以及通信设备的小型化、智能化，标准化程度大大提高。第二代移动通信系统制定了更加完善的呼叫处理和网络管理功能，克服了第一代移动通信系统的不足之处，可与窄带综合业务数字网相兼容，除了传送语音外，还可以传送数据业务，如传真和分组的数据业务等。

（1）时分多址（TDMA）数字蜂窝移动通信系统。为了克服第一代模拟蜂窝移动通信系统的局限性，北美、欧洲和日本自 20 世纪 80 年代中期起相继开发第二代数字蜂窝移动通信系统。各国根据自己的技术条件和特点确定了各自开发目标和任务，制定了各自不同的标准，有欧洲的全球移动通信系统 GSM，北美的 D-AMPS 和日本的个人数字蜂窝系统 PDC，这些都属于 TDMA 系统。由于各国采用的制式不同，所以网络不能相互兼容，从而限制了国际联网和漫游的范围。

（2）码分多址（CDMA）数字蜂窝移动通信系统。1992 年，Qualcomm（高通）公司向 CTIA（美国无线通信和互联网协会）提出了码分多址的数字移动通信系统的建议和标准，该建议于1993 年 7 月被 CTIA 和 TIA（美国电信工业协会）采纳为北美数字蜂窝标准，定名为 IS-95。IS-95 的载波频带宽度为 1.25 MHz，信道承载能力有限，仅能支持声码器话音和话带内的数据传输，被人们称为窄带码分多址（N-CDMA）蜂窝移动通信系统。IS-95 兼容 AMPS 模拟制式的双模标准。1996 年，CDMA 系统投入运营。

3）第三代移动通信系统（3G）

随着信息技术的高速发展，语音、数据及图像相结合的多媒体业务和高速率数据业务大大增加。国际电信联盟（ITU）于 1985 年提出的第三代移动通信方式。当时的命名为未来公众陆地移动电信系统（Future Public Land Mobile Telecommunication System，FPLMTS），于 1996 年正式将第三代移动通信命名为 IMT-2000（International Mobile Telecommunications-2000，国际移动电信 2000），又称为 3G。

IMT-2000 工作在 2 000 MHz 频段，最高业务速率可达 2 000 kb/s，预计在 2000 年左右得到商用，是多功能、多业务和多用途的数字移动通信系统，在全球范围内覆盖和使用。ITU

规定，第三代移动通信无线传输技术的最低要求中，速率必须满足以下要求：快速移动环境，最高速率应达到 144 kb/s；步行环境，最高速率应达到 384 kb/s；室内静止环境最高速率应达到 2 Mb/s。

第三代移动通信系统（IMT-2000）主流制式有 WCDMA、CDMA2000、TD-SCDMA 和 WiMAX 四大标准。其中，WCDMA（Wideband CDMA，宽带码分多址）是基于 GSM（全球移动通信系统）网发展出来的 3G 技术规范，是欧洲提出的宽带 CDMA 技术；CDMA2000 是由窄带 CDMA（CDMA IS-95）技术发展而来的宽带 CDMA 技术，是以北美为主体提出的 3G 标准；TD-SCDMA（Time Division-Synchronous CDMA，时分同步 CDMA）是由中国独自制定的 3G 标准；WiMAX（威迈）是继 WCDMA、CDMA2000 和 TD-SCDMA 之后于 2007 年 10 月被 ITU 通过的第四个全球 3G 标准。

4）第四代移动通信系统（4G）

第四代移动通信系统是宽带大容量的高速蜂窝系统，支持 100～150 Mb/s 下行网络带宽，提供交互多媒体、高质量影像、3D（三维）动画和宽带互联网接入等业务，用户体验最大能达到 20 Mb/s 下行速率。

长期演进技术（Long Term Evolution，LTE）是 3GPP 组织主导的新一代无线通信系统，也称为 E-UTRAN（Evolved Universal Terrestrial Radio Access Network，演进的 UTRAN）研究项目，全面支撑高性能数据业务，能在未来 10 年或者更长时间内保持竞争力。3GPP 的 LTE 标准在无线接入侧分为 LTE FDD（频分双工模式）和 TD-LTE（时分双工模式）。

5）第五代移动通信系统（5G）

2015 年，国际电联无线电通信部门（ITU-R）将 5G 正式命名为 IMT-2020，并推进 5G 研究，随后 5G 成为电信行业主要关注的技术，并在与多行业融合的过程中，得到了产业界的普遍关注。在标准层面，5G 的主要标准组织 3GPP 在 2019 年发布第一个 5G 的完整版本——R15，随后在 2020 年 7 月 3 日，R16 版本发布，2022 年 6 月 9 日，3GPP RAN（3GPP 无线接入网络）第 96 次会议上，宣布 R17 版本发布。至此，5G 的首批 3 个版本标准全部完成。

从 R18 开始的版本被视为 5G 的演进，命名为 5G Advanced。关于 5G Advanced 的标准演进，预计仍然将会有 3 个版本，也就是 R18、R19、R20。与此同时，关于 6G 的前期研究工作也在开展，目前还主要处于需求阶段。按照一年半一个标准版本、十年一代标准的速度，预计 R21 将会成为首个 6G 的标准版本，将在 2028 年左右推出。

2019 年 6 月 6 日，工信部正式向中国电信、中国移动、中国联通、中国广电发放 5G 商用牌照，中国正式进入 5G 商用元年。2019 年 10 月 31 日，三大运营商公布 5G 商用套餐，并于 11 月 1 日正式上线 5G 商用套餐，标志着中国正式进入 5G 商用时代。

5G 技术具备高速率、低时延和大连接的特点，成为新一代宽带移动通信技术。国际电信联盟（ITU）定义了 5G 的三大类应用场景——增强移动宽带（eMBB）、超高可靠低时延通信（uRLLC）和机器类通信（mMTC），以满足多样化的应用需求。5G 的关键性能指标包括用户体验速率达 1 Gb/s，时延低至 1 ms，用户连接能力达 100 万个/km²。

3. 未来移动通信系统的发展

多样化的通信场景对未来网络提出了更多的需求，通信带宽、通信子载波个数、通信资源块分配方案等需要满足不断发展的业务需求。未来网络演进需考虑广泛的覆盖范围、海量的连接数量、"双碳"目标的实现、更强的算力、用户隐私的保护、多样化的业务需求丰富、人工智能的融合以及元宇宙等虚拟技术的集成需求。

1) 中国的 6G 研究进展

2019 年 6 月，中国 IMT-2030（6G）推进组成立。同年 11 月，国家 6G 研发推进工作组和国家 6G 技术研发总体专家组成立。2021 年 6 月，IMT-2030（6G）推进组正式发布《6G 总体愿景与潜在关键技术》白皮书，提到了预计 3GPP 国际标准组织将于 2025 年后启动 6G 国际技术标准研制，大约在 2030 年实现 6G 商用。2022 年 1 月，国务院印发《"十四五"数字经济发展规划》，提到了前瞻布局 6G 技术储备，加大 6G 研发支持力度，积极参与推动 6G 国际标准化工作。2022 年 8 月，在工业和信息化部指导下，IMT-2030（6G）推进组启动 6G 技术试验。2023 年 12 月，中国 6G 推进组组长、中国信息通信研究院副院长王志勤公开表示，6G 商用时间基本在 2030 年左右，标准化制定时间为 2025 年。

2) 国际其他地区的 6G 研究进展

2019 年 3 月，美国联邦通信委员会宣布开放 95 GHz~3 THz 频段作为试验频谱，未来其可能用于 6G 服务。2020 年，美国政府正式批准 6G 实验后，美国电信行业解决方案联盟于同年 10 月成立了专门管理北美 6G 发展的贸易组织的 NextG 联盟（NextG Alliance，NGA），联盟的战略任务主要包含创建 6G 战略路线图、推动制定 6G 相关政策、6G 服务的全球推广等。2021 年 10 月，NGA 向国际电信联盟无线电通信组（ITU-Radio Communications Sector，ITU-R）提交了关于 IMT-2030 愿景的 6G 路线图建议，2021 年末，NGA 宣布与韩国 5G 论坛签署谅解备忘录。同期，三星美国研究中心（SRA）向 FCC（美国联邦通信委员会）申请 6G 试验频率使用许可并获通过。2022 年 1 月，NGA 发布了《6G 路线图：构建北美 6G 领导力基础》，提出了信任、安全性和弹性，优化数字世界体验，分布式云和通信系统等 6G 的愿景。

从全球来看，多数国家与地区于 2019 年正式启动 6G 研究，2020 年为加快推动 6G 研究，各国家与地区加大政策支持和资金投入力度，6G 研究的讨论聚焦在 6G 业务需求、应用愿景与底层无线技术等方向。高应用潜力和高价值关键赋能技术的核心专利预先布局，生态系统构建也是目前 6G 研究的工作重点。

3) 研究标准组织

2018 年 7 月，国际电信联盟电信标准化部门（ITU Telecommunication Standardization Sector，ITU-T）第 13 研究组成立了 Network2030 焦点组（FG NET-2030），旨在探索面向 2030 年及以后的新兴信息通信技术的网络需求，以及 IMT-2020（5G）系统的预期进展。

2020 年 2 月，ITU-R WP5D 的第 34 次会议上，面向 2030 及 6G 的研究工作正式启动。2023 年 6 月，ITU-R WP5D 完成了《IMT 面向 2030 及未来发展的框架和总体目标建议书》（以下简称《建议书》）。《建议书》定义了 6G 的峰值速率、用户体验速率、频谱效率等 15 个能力指标。

4) 6G 发展的发力方向

2023 年 6 月，ITU-R WP5D 工作组完成《IMT 面向 2030 及未来发展的框架和总体目标建议书》。该建议书描绘了 IMT-2030 的 7 个大目标与 9 个大趋势，提出了 IMT-2030 的 6 个典型场景、4 个设计原则及 15 个能力指标体系。7 个大目标包含泛在连接、可持续性、创新性、安全性、隐私性和弹性、标准化和互操作、互通性等。9 个大趋势包含泛在智能、泛在计算、沉浸式多媒体和多感官通信、数字孪生和虚拟世界、智能工业应用、数字健康与福祉、泛在连接、传感和通信融合、可持续性。6 个典型场景在 IMT-2020 的 3 个场景基础上进行了增强和扩展，包含沉浸式通信、超大规模连接、极高可靠低时延、人工智能与通信的融合、感知与通信的融合、泛在连接。4 个设计原则包括但不限于可持续性、安全性/隐私性/弹性、连接未连接的用户、泛在智能。6G 指标体系尚未完全定义，表 1-4-3 所示的 15 个能力指标为 6G 初步指标，只是对部分指标给出了建议的范围或用例，具体指标体系的制定将在 2024 年至 2026 年的《技术性能要求》报告期间完成。

表 1-4-3　IMT-2030 关键能力指标

项　目	IMT-2030 能力指标
峰值数据速率	优于 IMT-2020 的指标
用户体验数据速率	优于 IMT-2020 的指标
空口时延	0.1～1 ms，接近实时处理海量数据时延
区域通信容量	优于 IMT-2020 的指标
连接数密度	最高连接为 1 亿个/km²
移动性	500～1 000 km/h
频谱效率	优于 IMT-2020 的指标
定位精度	1-10 cm
可靠性	99.999%～99.999 99%
可持续性	优于 IMT-2020 的指标
AI 相关能力	网络 AI 达 Level4/5，空口 AI 内生智能
覆盖能力	更广泛的覆盖范围
感知相关能力	广域亚米精度
安全隐私弹性性能	优于 IMT-2020 的指标
互操作性	优于 IMT-2020 的指标

知识链接2 **中国移动通信的发展**

1. 中国移动通信产业发展历程

目前，我国通信行业发展十分迅速，但是过去由于经济实力和技术水平的限制，我国通信行业建设相较于西方国家整体起步较晚。依托 TD-LTE 创新的坚实基础，我国 5G 技术研发试验取得了重要进展，进入全球第一阵营，实现弯道超车走出了一条 1G 空白、2G 跟随、3G 突破、4G 同步、5G 领先的创新之路。

1949 年 11 月，中华人民共和国邮电部（简称邮电部）正式成立，统一管理中华人民共和国的邮政和电信业务，当时全国的电话普及率不到 0.05%，全国的电话总用户数只有 26 万。1969 年，北京长途电信局安装成功中国第一套全自动长途电话设备。1982 年 11 月，我国第一部程控电话交换机 F150 在福州启用，电话业务开始推广普及。

1987 年 11 月，中国的第一代模拟移动通信系统（1G）在广东第六届全运会上开通并正式商用，2001 年 12 月底中国移动关闭模拟移动通信网。

1993 年 9 月，中国建设的第一个 GSM 系统在嘉兴建立并开通，设备由上海贝尔公司和阿尔卡特公司提供，采用了 GSM900M 移动通信系统。目前在全球范围内，多个运营商已经开始关闭 GSM 网络，主要是为了释放无线电频率资源，用于建设 4G 及未来的 5G 网络。

1999 年，我国固定电话用户总数突破 1 亿。2002 年，我国电话用户总数超过 2 亿，电话网总体规模和用户数双双跃居世界第一。

2002 年 1 月 8 日，中国联通正式开通了其"新时空"CDMA 网络，这标志着中国联通成了中国第一个提供 CDMA 服务的运营商。2008 年，中国电信花 1 100 亿元从联通手中收购了已有4 000 万用户的 CDMA 网络。2019 年，中国电信宣布 5G 去除 CDMA 制式。

2009 年 1 月 7 日，中华人民共和国工业和信息化部为中国移动、中国电信和中国联通发放第三代移动通信（3G）牌照，此举标志着我国正式进入 3G 时代。其中，中国移动获得 TD-SCDMA牌照，中国联通获得 WCDMA 牌照，中国电信获得 CDMA2000 牌照。TD-SCDMA 为我国拥有自主产权的 3G 标准。

2013 年 12 月 4 日，工业和信息化部正式向三大运营商发布 4G 牌照，中国移动、中国电信和中国联通均获得 TD-LTE 牌照。

2015 年 2 月 27 日，工业和信息化部向中国电信和中国联通发放"LTE/第四代数字蜂窝移动通信业务（FDD-LTE）"经营许可。

2018 年 4 月 3 日，工业和信息化部向中国移动发放"LTE/第四代数字蜂窝移动通信业务（FDD-LTE）"经营许可。

2019 年 6 月，工业和信息化部正式向中国电信、中国移动、中国联通、中国广电发放 5G商用牌照，中国正式进入 5G 商用元年。

2019 年 6 月，中国 IMT-2030（6G）推进组成立。

2. 中国电信运营商的三个发展阶段

20 世纪 90 年代是中国电信业发展的关键时期。在电子技术和通信技术取得长足进步的背景下，中国电信业也经历着深刻的变革。改革开放后，中国开始实施"邮电分营"，由邮电部统一管理的邮政和电信业务开始分开经营，这标志着中国电信业市场化改革的开端。中国电信行业的重组历程如图 1-4-2 所示。

第一阶段（1994—2001）：政企混业分离，引入市场竞争。1998 年，通信行业进行了政企分离、邮电分营。为了引入竞争，联通、网通、吉通和铁通等相继成立。1999 年，中国电信的寻呼、卫星和移动业务剥离，分拆形成中国电信、中国移动和中国卫通，无线寻呼并入中国联通。2001 年，基本确立了电信、移动、联通、卫通、网通、吉通、铁通七家为主的行业格局。

第二阶段（2002—2008）：2002 年，中国电信按照骨干网进行南北分拆，新中国电信继承南方和西部 21 省业务，北方 10 省业务由网通继承。吉通与网通合并，成立新的网通，电信运营商行业几经分拆、合并，最终形成了电信、网通、移动、联通、铁通和卫通"5+1"格局。

第三阶段（2009 至今）：2008 年，运营商再次重组。联通分拆 CDMA 和 GSM，前者被中国电信收购，后者与网通合并成立新联通；卫通基础电信业务并入中国电信；铁通并入中国移动。2009 年，中国移动、中国电信和联通获得 3 张 3G 牌照，演变为今天三大运营商主导下的、三足鼎立的有限市场竞争格局。

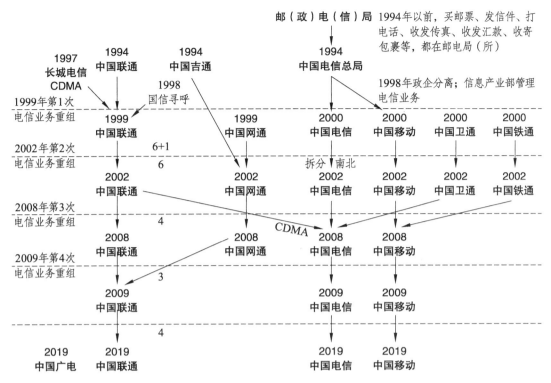

图 1-4-2　中国电信行业的重组历程

知识链接3　移动通信产业链的发展

通信行业的上下游产业链涉及众多领域，形成了一个庞大的生态系统。下面从上游供应商、中游通信设备制造商和下游运营商及用户三个维度进行分析。

1. 移动通信产业的产业链

1）上游供应商

上游供应商主要包括芯片、元器件、材料等生产企业。这些企业为通信设备制造商提供关键零部件和原材料，其技术水平和产品质量直接影响到通信设备的性能和成本。随着通信技术的不断进步，上游供应商需要不断提升研发能力，满足通信设备制造商对高性能、低功耗、高可靠性产品的需求。

2）中游通信设备制造商

中游通信设备制造商是通信产业链的核心环节，负责研发、生产和销售各类通信设备。这些设备包括基站、交换机、路由器、光通信设备等，是实现通信网络建设和运行的关键。通信设备制造商需要具备强大的技术研发能力和生产制造能力，以满足不同运营商和用户的需求。同时，随着市场竞争的加剧，通信设备制造商还需要不断提升产品性能和降低成本，以获得更多的市场份额。

3）下游运营商及用户

下游运营商是通信产业链的重要环节，负责网络的建设、运营和维护，为用户提供通信服务。随着 5G 等新一代通信技术的普及，运营商需要不断升级网络设施，提升服务质量，以满足用户日益增长的数据传输和应用需求。同时，运营商还需要加强与上游供应商和中游设备制造商的合作，共同推动通信行业的创新发展。

用户是通信产业链的最终受益者与消费者，他们的需求和行为对通信行业的发展具有重要影响。随着智能手机的普及和移动互联网的快速发展，用户对通信服务的需求越来越多样化、个性化。通信企业需要密切关注市场动态和用户需求变化，及时调整产品策略和服务模式，以赢得用户的信任和支持。

2. 5G 通信产业链

5G 通信产业链整体可以分为上游材料与设备、中游运营商和下游 5G 场景。

上游材料与设备主要包括芯片、PCB（印制电路板）、射频器件、光模块、网络通信设备、光缆光纤。目前我国的薄弱环节在芯片，主要依赖于进口。但在 5G 技术以及自主可控的推动下，华为、中兴通讯在芯片研发上已显现出一定的优势。

中游运营主要包括中国移动、中国电信、中国联通和中国广电等四大运营商，市场集中度较高，这也是实现 5G 全面覆盖的抓手。在基站建设上，我国投入较大，也拥有了一定的优势。

下游主要为应用层，相对较为分散，贯穿了生活、经济、工业的方方面面，是 5G 与人工智能、大数据、云计算等的结合，包括 5G+工业（物联网）、无人驾驶、5G+医疗（智慧医疗）、5G+游戏、5G+零售等。

3. 移动通信产业链的参与者

1）移动通信运营商

移动通信运营商是指提供移动通信业务的服务部门。国内的三大通信运营商为中国移动，中国联通，中国电信。世界其他国家与地区的知名通信运营商有英国的 Vodafone，法国的 Orange，NTT（日本电话电报公司）旗下的 DoCoMo、德国电信旗下的 T-Mobile、荷兰的 KPN、美国的 Sprint。

2）网络设备提供商

网络设备提供商是指为移动运营商提供通信网络设备的生产商，主要生产基站、核心网等主设备。这个领域的公司有朗讯（美）-阿尔卡特（法）（跨国公司）、北电（加拿大）、爱立信（瑞典）、鼎桥（TD Tech，西门子与华为，北京）、华为、中兴、大唐、普天等。我国 1G 和 2G 的移动通信设备主要靠国外引进，3G、4G 和 5G 移动通信设备的生产，华为、中兴占了比较大的市场份额。

3）工程和优化服务提供商

工程和优化服务提供商可以分成工程服务和优化服务，但是部分公司往往同时从事这两者的工程工作。工程服务包括基站和机房的建设、室内分布系统的建设等，一般的工程公司都和运营商保持密切的合作关系。网络优化服务是一块很大的市场，在国外，运营商的网络维护、优化和管理往往是外包的，但国内运营商因为重视网络质量，所以经常更愿意自己负责。网络优化服务的另外一个市场是直放站、塔顶放大器、干线放大器等无线辅助设备的生产、销售。

4）测试设备和软件提供商

测试设备和软件提供商主要生产专业的测试设备、测试软件、网络规划软件、优化软件等，为运营商、网络设备商、工程和优化服务商提供产品。生产测试设备的佼佼者包括安捷伦、思博伦、泰克、安立等；网络规划软件有 Aircom、ATOLL 等公司，其他主要的网络设备商一般也推出自己的网络规划软件，目前比较知名的有 Actix 等公司。

5）芯片生产商

芯片生产商为各网络设备商和专业设备商生产芯片，这个领域比较著名的厂商有高通公司、华为公司等。

6）OSS 系统开发商

OSS 系统开发商的角色就是为电信运营商开发 OSS 系统，他们实际上从事的工作与系统集成商和软件开发商有些接近。这些厂家对员工的素质要求更接近软件企业，但同时也要求员工能够对移动通信有所了解。业内比较知名的公司包括亚信、神州数码、亿阳信通、创智、联创等，IBM、微软、CA、惠普等著名软件公司。

【知识拓展】OSS（Operational Support System）：**业务运营支撑系统**

各大电信运营商都建设有自己的 OSS 系统，例如中国移动的 BOSS（Business & Operation Support System，业务运营支撑系统）、中国联通的综合营账系统、中国电信的 MBOSS（管理/运营支撑系统）等。OSS 系统主要为运营商完成联机采集、计费、结算、业务、综合账务、客服、系统管理等功能。

7）终端设备提供商

移动终端设备提供商涵盖了从基础通信设备到先进技术应用的广泛领域，包括但不限于移动数据终端、智能手机、智能穿戴设备等。这个领域的巨头主要有苹果、华为、三星、小米、OPPO 等。

8）分销商

分销商是直接面向用户销售手机和手机延伸产品的经营者。

9）移动通信增值业务提供商

移动通信增值业务提供商主要包括服务提供商（SP）和内容提供商（CP）。SP 扮演的角色是面向运营商和用户，建设业务平台，为用户提供内容；而 CP 扮演的角色是为 SP 提供内容。移动通信增值业务提供商主要包括腾讯、中国移动以及其他内容提供商。

【动一动】能根据网络信息，捕捉分析出产业链中的岗位需求变化。

过关训练

1. 选择题

（1）5G 移动通信系统所提供的业务承载最高速率为（　　　）。（单选）

　　A. 64 kb/s　　　　　　　　　B. 2 Mb/s

　　C. 100 Mb/s　　　　　　　　D. 10 Gb/s

（2）中兴、华为等不属于移动通信产业链中的（　　　）。（单选）

　　A. 网络设备提供商　　　　　B. 终端提供商

　　C. 系统开发商　　　　　　　D. 移动通信运营商

（3）5G 移动通信系统的名称是（　　　）。（单选）

　　A. IMT-2000　　　　　　　　B. IMT-Advanced

　　C. IMT-2020　　　　　　　　C. IMT-2030

（4）工业和信息化部经履行法定程序，于 2019 年 6 月 6 日向（　　　）企业颁发了基础电信业务经营许可证，批准这几家企业经营"第五代数字蜂窝移动通信业务"。（多选）

　　A. 中国电信　　　　　　　　B. 中国移动

　　C. 中国联通　　　　　　　　D. 中国广电

2. 判断题

（1）移动通信中的虚拟运营商就是假冒伪劣的运营商。（　　　）

（2）移动运营商，是指能够"架设网络"并提供"网络服务"的供应商；而只能"租用"运营商的网络来提供移动通信业务的公司，只能称其为虚拟运营商。（　　　）

移动通信关键技术

任务 2.1　信源编码技术

任务名称	信源编码技术	建议课时	2 课时
知识目标： （1）掌握 4G、5G 信源编码技术。 （2）了解 2G、3G 信源编码技术。			
能力目标： 能区分不同信源编码技术的应用场景。			
素质目标： （1）树立技术自信和民族自豪感。 （2）树立精益求精的邮电工匠精神。			
任务资源：			

2.1.1　任务 2.1 资源

　　移动通信系统的任务就是将由信源产生的信息通过无线信道有效、可靠地传送到目的地。移动通信的编码技术包括信源编码和信道编码两大部分。

知识链接1　什么是信源编码？

1. 定义

　　信源编码是为了提高信息传输的有效性，对信源信号进行压缩，实现模数（A/D）变换，即将模拟的信源信号转换成适于在信道中传输的数字信号形式的过程。

　　信源编码是一种以提高通信有效性为目的而对信源符号进行的变换，或者说为了减少或消除信源冗余度而进行的信源符号变换。具体说就是针对信源输出符号序列的统计特性来寻找某种方法，把信源输出符号序列变换为最短的码字序列，使后者的各码元所载荷的平均信息量最大，同时又能保证无失真地恢复出原来的符号序列。

2. 信源编码的作用

信源编码的作用有两点：一是数据压缩；二是将信源的模拟信号转化为数字信号，以实现模拟信号的数字化传输。

3. 信源编码的方式

最原始的信源编码就是莫尔斯电码，另外还有 ASCII 码和电报码。但现代通信应用中常见的信源编码方式有 Huffman 编码、算术编码、L-Z 编码，这三种都是无损编码，另外还有一些有损的编码方式。信源编码的目标就是使信源冗余减少，能更加有效、经济地传输，最常见的应用形式就是压缩。另外在数字电视领域，信源编码包括通用的 MPEG-2 编码和 H.264（MPEG-Part10 AVC）编码等。

 **知识链接2　语音编码技术**

在移动通信系统中，信源有语音、图像（如可视移动电话）或离散数据（如短信息服务）之分。这里主要介绍语音编码及其应用。

1. 语音编码的定义

语音编码就是实现语音信号的模数（A/D）变换，即将模拟的语音信号转换成数字的语音信号。语音编码的目的在于减少信源冗余，解除语音信源的相关性，压缩语音编码的码速率，提高信源的有效性。

2. 语音编码的方式

不同的语音编码方式在信号压缩方法上是有区别的，根据信号压缩方式的不同，通常将语音编码分为以下三种：

1）波形编码

波形编码是指将语音模拟信号经过取样、量化、编码而形成数字话音信号的过程。波形编码属于一种高速率（在 16~64 kb/s），高质量的编码方式。典型的波形编码有脉冲编码调制（PCM），如图 2-1-1 所示。

图 2-1-1　脉冲编码调制（PCM）及解调示意图

2）参量编码

参量编码又称为声源编码，它利用人类的发声机制，对语音信号的特征参数进行提取，再进行编码，如图 2-1-2 所示。参量编码是一种低速率（1.2~4.8 kb/s）、低质量的编码方式。参量编码的具体方法包括线性预测编码（LPC）及其各种改进型，这些方法通过对信号中的关键特征进行提取，并以高效的量化方式进行压缩，以达到高质量恢复信号关键信息的目的。

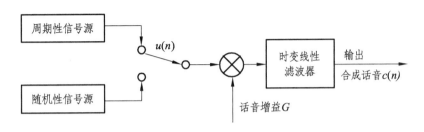

图 2-1-2　参量编码示意

3）混合编码

混合编码是吸取波形编码和参量编码的优点，以参量编码为基础并附加一定的波形编码特征，以实现在可懂度基础上适当改善自然度目的的编码方法。混合编码是一种较低速率（4~16 kb/s）、较好质量的编码方式。典型的混合编码有规则脉冲激励线性预测编码（RPE-LPC）、多脉冲激励线性预测编码（MP-LPC）、码本激励线性预测编码（CE-LP）等。

【想一想】移动通信适合采用哪种语音编码方式？

_____

_____

_____

_____

_____

2.1.2　扫码获取答案

3. 移动通信对语音编码的要求

移动通信对语音编码的要求主要包括以下几点：

（1）编码速率：编码的速率需要适合在移动信道内传输，纯编码速率应低于 16 kb/s。

（2）语音质量：在一定编码速率下，语音质量应尽可能高，解码后的复原语音的保真度要高，主观评分（Mean Opinion Score，MOS）应不低于 3.5 分。

（3）编解码时延：编解码时延要短，总时延不得超过 65 ms。

（4）抗误码性能：编码算法需要具有良好的抗误码性能，以保持较好的语音质量，尤其是在衰落信道传输的情况下。

（5）算法复杂度：算法的复杂程度要适中，应易于大规模电路集成。

（6）适应性强：数字话音编码的处理时延应尽量小，控制在几十毫秒内，并且能够在强噪声干扰环境下正常工作。

（7）硬件和软件要求：数字话音编码器的硬件结构应便于大规模集成，软件算法应具有抗干扰能力。

这些要求之间往往是矛盾的。例如，要求高质量话音，编码速率就应高一些，而这往往又与信道带宽有矛盾，因为信道带宽是有限的，编码速率过高就无法在信道内传输。因此，只能综合考虑对比，选择最佳的编码方案。

从移动通信的要求看，因为分配给移动通信的频谱资源本来就很紧张，所以数字信道的带宽也不能通过变大来实现比较大的容量。高速的语音编码，语音质量高，但占用的带宽大，适用于宽带信道；中速的语音编码，语音质量略低，占用的带宽也小一些；低速编码的语音质量较差，但占用的带宽较小，可用于对语音质量要求不高的窄带信道中。

4. 语音编码质量的评定

在语音编码技术中，对语音质量的评价归纳起来大致可分为客观评定方法和主观评定方法。目前主要采用主观评定方法是依靠试听者对语音质量的主观感觉来评价语音质量的。主观测试是音频评价的黄金准则，这样的评价最符合人的实际听感。但是主观评测费时费力，在算法迭代、研发等中间过程中不一定是最经济的方案。

现在又有许多客观的测量方法已经出现并被应用，例如 PESQ（Perceptual Evaluation of Speech Quality，语音质量感知评估）、POLQA（Perceptual Objective Listening Quality Analysis，感知客观听力质量评估）等。PESQ（ITU-P.862）得分映射到 MOS 范围为-0.5~4.5。得分越高表示语音质量越好。POLQA 是 PESQ 的继承者，它避免了当前 P.862 型号的弱点，并且扩展到处理更高带宽的音频信号。POLQA 得分映射到 MOS 范围为 1~5。

由 CCITT（国际电话电报咨询委员会）建议采用的 MOS（Mean Opinion Score，平均评价得分）采用 5 级评分标准：5 分（第 5 级）为 Excellent，表示质量完美；4 分（第 4 级）为 Good，表示高质量；3 分（第 3 级）为 Fair，表示质量尚可；2 分（第 2 级）为 Poor，表示质量差（不及格）；1 分（第 1 级）为 Bad，表示质量完全不能接受。平均评价得分 MOS 达到 4 级以上就可以进入公共骨干网，达到 3.5 级以上可以基本进入移动通信网。

 **知识链接3** **语音编码方式的应用**

移动通信领域，语音编码方式的选择对于提高通信质量和效率至关重要。不同的语音编码技术适用于不同的应用场景，主要取决于对音质、数据压缩率、传输效率等方面的需求。

1. 2G 移动通信语音编码方式

GSM 系统采用 RPE-LTP（规则脉冲激励长期预测编码），其纯码速率为 13 kb/s，语音质量MOS 得分可达 4.0 分。

IS-95 系统采用 QCELP（码激励线性预测声码器），利用语音激活检测（VAD）技术，采用可变速率编码。根据不同的信噪比分别选择 4 种速率：9.6 kb/s，4.8 kb/s，2.4 kb/s 和 1.2 kb/s。

2. 3G 移动通信语音编码方式

CDMA2000 系统的语音编码方式是 EVRC（Enhanced Variable-Rate Codec，增强型可变速率语音编码），全速率为 9.6 kb/s，其对应每帧参数为 171 b；半速率为 4.8 kb/s，其对应每帧参数为 80 b；静音帧速率为 1.2 kb/s，其对应每帧参数为 16 b；平均速率为 8 kb/s。

WCDMA、TD-SCDMA 系统的语音编码方式是 AMR（Adaptive Multi-Rate，自适应多速率语音编码），又称为 AMR-NB，主要用于移动设备的音频，压缩比较大，但相对其他的压缩格式质量比较差，多用于人声，通话效果较好。AMR 语音带宽范围为 300~3 400 Hz，8 kHz 采样率，编码共有 8 种，速率为 4.75 kb/s~12.2 kb/s。

3. 4G 移动通信语音编码方式

第四代移动通信系统中，VoLTE 分别采用 AMR-WB（Adaptive Multi-Rate Wideband，自适应多速率宽带编码）作为语音编码技术，采用 H.264 编码作为视频编码技术。

AMR-WB 提供语音带宽范围达到 50 ~ 7 000 Hz，16 kHz 采样率，用户可主观感受到话音比以前更加自然、舒适和易于分辨。AMR-WB 是一种同时被国际标准化组织 ITU-T 和 3GPP 采用的宽带语音编码标准，也称为 G722.2 标准。

H.264 又称 AVC（Advanced Video Coding，高级视频编码），是国际标准化组织（ISO）和国际电信联盟（ITU）共同提出的继 MPEG4 之后的新一代数字视频压缩格式。H.264 是 ITU-T 以 H.26x 系列为名称命名的视频编解码技术标准之一。

4. 5G 移动通信语音编码方式

第五代移动通信系统中，Vo5G 分别采用 EVS（Enhance Voice Services，增强语音服务）作为语音编码技术，采用 H.265 作为视频编码技术。

EVS 编码器是新一代的一种语音频编码器，由 3GPP R12 版本定义，可以在 5.9 kb/s~128 kb/s 的码率工作，是 3GPP 当前防丢包和质量最好的语音编码技术。EVS 不仅对语音和音乐信号能够提供非常高的音频质量，而且还具有很强的防丢帧和抗延时抖动的能力，可以为用户带来全新的体验。此外，EVS 编码器标准作为最新的音频编解码器标准，实现了与现有的 AMR-WB 音频编解码技术的兼容，同时提供了更宽的音频带宽，支持超宽带甚至全频带的音频传输。通过使用高鲁棒性的帧丢失隐藏技术和抖动缓冲管理技术，EVS 编码器标准能够减轻移动通信中的帧丢失影响和延迟抖动问题，从而提供高质量的音频服务。

高效视频编码（HEVC），也称为 H.265 和 MPEG-H part2，是视频压缩标准，是广泛使用的 AVC（H.264 或 MPEG-4 part10）的后继者。与 AVC 相比，HEVC 在相同的视频质量水平下提供大约两倍的数据压缩比，或者以相同的比特率而显著提高视频质量。它支持高达 8 192×4 320 的分辨率，包括 8K UHD（超高清）。

【知识拓展】 AMR-NB、AMR-WB、EVS 的性能对比

表 2-1-1　　AMR-NB、AMR-WB、EVS 的性能对比

项目	AMR-NB	AMR-WB	EVS
采样速率/Hz	8 000	16 000	8 000、16 000、32 000、48 000
适用的语音带宽（Hz）	NB	WB	NB（采样速率 8 000 Hz）； WB（采样速率 16 000 Hz）； SWB（采样速率 32 000 Hz）； FB（采样速率 48 000 Hz）
编码能力	根据信号质量自动优化	根据信号质量自动优化	根据信号质量自动优化； 根据音频（比如是音乐、响铃、混合内容）自动优化
编码速率/（kb/s）	8 种：4.75、5.15、5.90、6.70、7.40、7.95、10.20、12.20	9 种：6.6、8.85、12.65、14.25、15.85、18.25、19.85、23.05、23.85	NB-7 种：5.9、7.2、8、9.6、13.2、16.4、24.4（主要编码）； WB-12 种：5.9、7.2、8、9.6、13.2、16.4、24.4、32、48、64、96、128（主要编码）； SWB-9 种：9.6、13.2、16.4、24.4、32、48、64、96、128（主要编码）； FWB-7 种：16.4、24.4、32、48、64、96、128（主要编码）； AMR-WBIO-9 种（兼容 AMR-WB）：6.6 to 23.85
帧大小	20 ms	20 ms	20 ms
语音通道数	单声道	单声道	单声道
PCM 位宽	13	14	16

【想一想】 6G 语音编码技术具有什么特征？

_____

_____

_____

_____

2.1.3　扫码获取答案

【动一动】 能区分不同信源编码技术的应用场景。

（1）信源编码的目的是提高信息传输的（　　　）。（单选）

    A. 可靠性　　　　　　　B. 有效性　　　　　　　C. 高速率　　　　　　　D. 高误码

（2）对移动通信而言，下列语音编码方式哪种最好？（　　　）（单选）

    A. 波形编码　　　　　　B. 参量编码　　　　　　C. 混合编码　　　　　　D. 信道编码

（3）语音编码要适合在移动通信信道内传输，纯编码速率应低于（　　　）。（单选）

    A. 4 kb/s　　　　　　　B. 8 kb/s　　　　　　　C. 12 kb/s　　　　　　　D. 16 kb/s

（4）下列 MOS 评分质量最高的是（　　　）。（单选）

    A. 2 分　　　　　　　　B. 3 分　　　　　　　　C. 4 分　　　　　　　　D. 5 分

（5）AMR 语音编码含义是（　　　）。（单选）

    A. 规则脉冲激励长期预测语音编码　　　　　B. 高通码激励线性预测语音编码

    C. 增强型可变速率语音编码　　　　　　　　D. 自适应多速率语音编码

任务 2.2　信道编码技术

任务名称	信道编码技术	建议课时	2 课时
知识目标： （1）掌握 4G、5G 信道编码技术。 （2）了解 2G、3G 信道编码技术。			
能力目标： 能区分不同信道编码技术的应用场景。			
素质目标： （1）树立技术自信和民族自豪感。 （2）树立精益求精的邮电工匠精神。			
任务资源： 2.2.1　任务 2.2 资源			

在实际移动通信信道上传输数字信号时，由于信道传输特性的不理想及噪声的影响，所收到的数字信号不可避免地会发生错误。因此引入信道编码来纠正随机独立差错，对传输信息实现再次保护。

知识链接1　什么是信道编码？

1. 定义

信道编码是在传输信息码元中加入的多余码元即监督（或校验）码元的过程，用来克服信道中的噪声和干扰造成的影响，保证通信系统的传输可靠性。

2. 信道编码的作用

信道编码（差错控制编码）是在信息码中增加一定数量的多余码元（称为监督码元），使它们满足一定的约束关系，一旦传输过程中发生错误，则信息码元和监督码元间的约束关系被破坏，从而达到发现和纠正错误的目的，提高数据传输的可靠性和效率。

3. 信道编码的方式

根据不同的分法信道编码有不同的编码方式，具体如表 2-2-1 所示。

表 2-2-1　信道编码的方式

分　类		特　点	典型编码
按功能分	检错码	只能检测出差错	循环冗余校验 CRC 码、自动请求重传 ARQ 等
	纠错码	具有自动纠正差错功能	循环码中 BCH 码、RS 码、卷积码、级联码、Turbo 码、Polar 码、LDPC 码等
	检纠错码	既能检错又能纠错	混合 ARQ，又称为 HARQ
按结构和规律分	线性码	监督关系方程是线性方程的信道编码	线性分组码、线性卷积码
	非线性码	监督关系方程不满足线性规律的信道编码	目前没有实用

信道编码技术

1. 线性分组码

线性分组码一般是按照代数规律构造的，故又称为代数编码。线性分组码中的分组是指编码方法按信息分组来进行的，而线性则是指编码规律即监督位（校验位）与信息位之间的关系遵从线性规律。线性分组码一般可记为（n, k）码，即 k 位信息码元为一个分组，编成 n 位码元长度的码组，而 $n-k$ 位为监督码元长度。

例如，对于最简单的（7，3）线性分组码，这种码信息码元以每 3 位一组进行编码，即输入编码器的信息位长度 $k=3$，完成编码后输出编码器的码组长度为 $n=7$，监督位长度 $n-k=7-3=4$，编码效率 $\eta=k/n=3/7$。

若输入信息为 $u=(u_1,u_2,u_3)$，输出码元记为 $c=(c_0,c_1,c_2,c_3,c_4,c_5,c_6)$，则其（7，3）线性分组码的编码方程为：

$$\begin{cases} 信息位 \begin{cases} c_0=u_0 \\ c_1=u_1 \\ c_2=u_2 \end{cases} \\ \\ 监督位 \begin{cases} c_3=u_0 \oplus u_2 \\ c_4=u_0 \oplus u_1 \oplus u_2 \\ c_5=u_0 \oplus u_1 \\ c_6=u_1 \oplus u_2 \end{cases} \end{cases} \tag{2-2-1}$$

由式（2-2-1）可知，输出的码组中，前 3 位码元就是信息位的简单重复，后 4 位码元是监督位，它是前 3 个信息位的线性组合构造而成的。

2. 循环码

循环码是一种非常实用的线性分组码。目前一些主要有应用价值的线性分组码均属于循环码。其主要特征：循环推移不变性；对任意一个 n 次码多项式唯一确定。常用的循环码：在每

个信息码元分组 k 中，仅能纠正一个独立差错的汉明（Hamming）码；可以纠正多个独立差错的 BCH 码；仅可以纠正单个突发差错的 Fire 码；可纠正多个独立或突发差错的 RS 码。

3. 卷积码

1）定义

卷积码是将 k 个信息比特编成 n 个比特的码组，但 k 和 n 通常很小，特别适合以串行形式进行传输，时延小。与分组码不同，卷积码是一种有记忆编码，以编码规则遵从卷积运算而得名。

2）基本原理

卷积编的形式一般可记为（n, k, m）码。其中，k 表示每次输入编码器的位数；n 则为每次输出编码器的位数；m 则表示编码器中寄存器的节（个）数。正是因为每时刻编码器输出 n 位码元，这不仅与该时刻输入的 k 位码元有关，而且还与编码器中 m 级寄存器记忆的以前若干时刻输入的信息码元有关，所以称它为非分组的有记忆编码。

卷积码是在信息序列通过有限状态移位寄存器的过程中产生的。通常移位寄存器包含 N 级（每级 k 比特），并对应有基于生成多项式的 m 个线性代数方程。输入数据每次以 k 位（比特）移入移位寄存器，同时有 n 位（比特）数据作为已编码序列输出，编码效率为 $\eta = k/n$。参数 N 称为约束长度，它指明了当前的输出数据与多少输入数据有关，N 决定了编码的复杂度和能力大小。

卷积编码的实现是通过卷积编码器完成，卷积编码器的一般结构如图 2-2-1 所示。

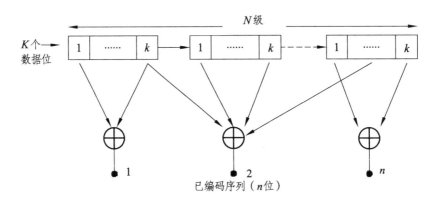

图 2-2-1　卷积编码器的一般结构

卷积码的译码技术有很多种，而最重要的是维特比（Viterbi）算法，它是一种关于解卷积的最大似然译码法。这个算法首先是由 A.J.Viterbi 提出来的。卷积码在译码时的判决既可用软判决实现，也可用硬判决实现，不过软判决比硬判决的特性要好 2 ~ 3 dB。

3）应用

卷积码的编码和解码过程都相对简单且易于实现。卷积码的性能虽然不如 Turbo 码和 LDPC 码，但其低复杂度和低延迟的特点使得它在一些特定应用中具有优势。卷积码主要用于语音通信、实时视频流等对实时性要求较高的应用。此外，在一些资源受限的设备或低复杂度要求的场景中，卷积码也是一个合适的选择。

编码是指将原始信号转换为编码信号的过程。常用的信道编码技术包括 FEC（Forward Error Correction，前向纠错）和 BEC（Backward Error Correction，后向纠错编码）。

FEC 编码是一种通过向原始信号添加冗余信息来实现纠错的编码技术。其基本原理是在发送端对原始信息进行处理，生成冗余编码，并将其附加到原始信号中一起传输到接收端。之所以称"前向"纠错，是指该技术纠错的是已经接收到的比特数据。常见的 FEC 编码技术包括卷积码、Turbo 码、Polar 码和低密度奇偶校验码（LDPC）等。

BEC 编码是通过接收方请求发送方重传出错的数据报文来恢复出错的报文，是通信中用于处理信道所带来差错的方法之一。"后向"纠错表示放弃之前已经发送的数据，重新发送新的数据。常见的 BEC 编码技术包括汉明码、纵横码和 RS 码等。

4. Turbo 码

1）定义

Turbo 码又称为并行级联卷积码，Turbo 在英文中用作前缀时指带有涡轮驱动之意，故 Turbo 码有反复迭代的含义。它巧妙地将卷积码和随机交织器结合在一起，实现了随机编码的思想；同时，采用软输出迭代译码来逼近最大似然译码的性能。模拟结果表明，其抗误码性能十分优越。

2）基本原理

Turbo 码的主要特性：通过编码器的巧妙构造，即多个子码通过交织器进行并行或串行级联，然后进行迭代译码，从而获得卓越的纠错性能；用短码去构造等效意义上的长码，以达到长码的纠错性能而减少译码复杂度。

典型的 Turbo 码编码器由交织器、开关单元以及复接器和两个相同的分量编码器组成，其结构如图 2-2-2 所示。

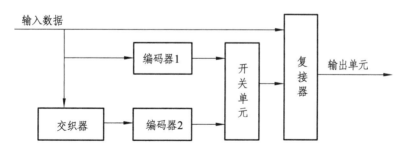

图 2-2-2　Turbo 码编码器的典型结构

3）应用

Turbo 码的编码过程相对简单，但解码过程涉及迭代解码和大量的计算，因此具有较高的解码复杂度。此外，Turbo 码的性能很大程度上取决于交织器的设计，设计一个性能优良的交织器成了一个具有挑战性的问题。Turbo 码广泛应用于无线通信系统，如 3G、4G 和某些 5G 场景中。由于其出色的纠错性能和灵活性，Turbo 码也适用于卫星通信和深空通信等远距离通信场景。

5. ARQ 与 HARQ

1）ARQ

ARQ（自动请求重传）是一类实现高可靠性传输的检错重传技术，传输可靠性只与接收端的错误检验能力有关，但需要提供反馈信道。它无须复杂的纠错设备，实现相对简单，有效性较低，同时传输的时延较大。和语音业务不同，移动通信分组数据业务对误码有要求严格，对时延要求不严格，分组数据业务中大部分是非实时业务，所以在移动分组数据业务引入 ARQ 机制比较合适且可行。

传统自动重传请求分成为三种：停等式（stop-and-wait）ARQ、回退 n 帧（go-back-n）ARQ、选择性重传（selective repeat）ARQ。

（1）停等式 ARQ。

如图 2-2-3 所示，当接收端收到之前所传输的数据时，会对其进行解码和校验，校验成功之后会向发送端发送一个 ACK 确认信号，这时发送端才开始发送下一个新的数据包，如果校验失败，则发送一个 NACK 否定信号至发送端，请求重发，直到接收端校验成功并发送 ACK 信号给发送端。

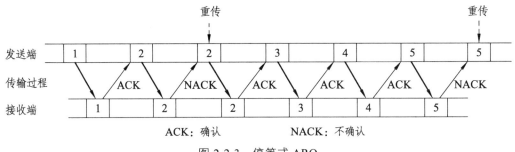

图 2-2-3　停等式 ARQ

（2）回退 n 帧 ARQ。

如图 2-2-4 所示，发送端不用等待接收端的应答，持续地发送多个帧。假如发现已发送的帧中有错误发生，那么从那个发生错误的帧开始及其之后所有的帧全部再重新发送。

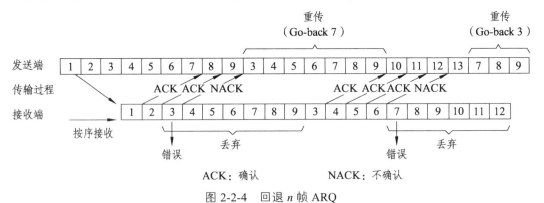

图 2-2-4　回退 n 帧 ARQ

（3）选择性重传 ARQ。

如图 2-2-5 所示，发送端不用等待接收端的应答，持续地发送多个帧，假如发现已发送的帧中有错误发生，那么发送端将只重新发送那个发生错误的帧。

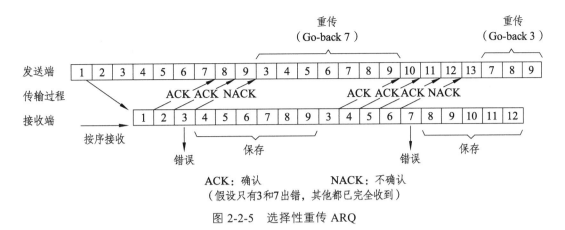

图 2-2-5　选择性重传 ARQ

虽然 SR（选择性重传）的信道利用率在三种协议中是最高的，但它所需要的内存和信令开销也是最大的。协议的选择需要根据实际情况综合考量实践难度、成本等因素，例如在 3GLTE 系统中将采用停等式（SAW）重传协议。这种机制不仅简单可靠，系统信令开销小，还降低了对于接收机的缓存空间的要求。但是，该协议的信道利用效率较低。为了避免这种不利，3GLTE 系统采用了 N 通道的停等式协议，即发送端在信道上并行地运行 N 套不同的 SAW（Spray and Wairt，喷射等待）路由协议，利用不同信道间的间隙来交错地传递数据和信令，从而提高了信道利用率。

2）HARQ（混合型 ARQ）

HARQ 技术是将 ARQ 和 FEC 两者结合起来，通过二者结合实现优势互补，增强信道的纠错能力。根据重传内容的不同，在 3GPP 标准和建议中主要有 3 种混合自动重传请求机制，包括 HARQ-I、HARQ-II 和 HARQ-III 等。

（1）HARQ-I型。

HARQ-I即为传统 HARQ 方案，它仅在 ARQ 的基础上引入了纠错编码，即对发送数据包增加循环冗余校验（CRC）比特并进行 FEC 编码。收端对接收的数据进行 FEC 译码和 CRC 校验，如果有错则放弃错误分组的数据，并向发送端反馈 NACK 信息请求重传与上一帧相同的数据包。一般来说，物理层设有最大重发次数的限制，防止由于信道长期处于恶劣的慢衰落而导致某个用户的数据包不断地重发，从而浪费信道资源。如果达到最大的重传次数时，接收端仍不能正确译码（在 3G LTE 系统中设置的最大重传次数为 3），则确定该数据包传输错误并丢弃该包，然后通知发送端发送新的数据包。这种 HARQ 方案对错误数据包采取了简单的丢弃，而没有充分利用错误数据包中存在的有用信息。所以，HARQ-I型的性能主要依赖于 FEC 的纠错能力。

（2）HARQ-II型。

HARQ-II也称作完全增量冗余方案。在这种方案下，信息比特经过编码后，将编码后的校验比特按照一定的周期打孔，根据码率兼容原则依次发送给接收端。接收端对已传的错误分组并不丢弃，而是与接收到的重传分组组合进行译码；其中重传数据并不是已传数据的简单复制，而是附加了冗余信息。接收端每次都进行组合译码，将之前接收的所有比特组合形成更低码率的码字，从而可以获得更大的编码增益，达到递增冗余的目的。每一次重传的冗余量是不同的，而且重传数据不能单独译码，通常只能与先前传的数据合并后才能被解码。

（3）HARQ-III型。

HARQ-III型是完全递增冗余重传机制的改进。对于每次发送的数据包采用互补删除方式，各个数据包既可以单独译码，也可以合成一个具有更大冗余信息的编码包进行合并译码。另外根据重传的冗余版本不同，HARQ-III又可进一步分为两种：一种是只具有一个冗余版本的HARQ-III，各次重传冗余版本均与第一次传输相同，即重传分组的格式和内容与第一次传输的相同，接收端的解码器根据接收到的信噪比（SNR）加权组合这些发送分组的拷贝，这样可以获得时间分集增益。另一种是具有多个冗余版本的HARQ-III，各次重传的冗余版本不相同，编码后的冗余比特的删除方式是经过精心设计的，使得删除的码字是互补等效的。所以，合并后的码字能够覆盖FEC编码中的比特位，使译码信息变得更全面，更利于正确译码。

3）应用

ARQ技术主要依赖于重传机制来确保数据的正确传输。当接收方检测到数据错误时，会发送一个信号给发送方要求重新发送数据。HARQ技术则是在ARQ的基础上引入了前向纠错码（FEC），使得数据不仅具有检错能力，还具有一定的纠错能力。如果错误在FEC的纠错范围内，FEC会进行纠错；如果超出了其纠错范围，则通过ARQ技术请求重传。

在移动通信系统中，采用了两种重传机制：ARQ（自动重传请求）和HARQ（混合自动重传请求）。这两种机制分别位于不同的协议层中MAC（介质访问控制）层的HARQ以及RLC（无线链路控制）层的ARQ（AM模式）。起主要作用的是MAC层的HARQ，而RLC的ARQ是作为一种补充手段而存在的。

【知识拓展】同步和异步 HARQ

按照重传发生的时刻来区分，可以将HARQ可以分为同步和异步两类。这也是目前在3G LTE中讨论比较多的话题之一。同步HARQ是指一个HARQ进程的传输（重传）发生在固定的时刻，由于接收端预先已知传输的发生时刻，因此不需要额外的信令开销来标示HARQ进程的序号，此时的HARQ进程的序号可以从子帧号获得；异步HARQ是指一个HARQ进程的传输可以发生在任何时刻，接收端预先不知道传输的发生时刻，因此HARQ进程的处理序号需要连同数据一起发送。

6. Polar 码

1）基本概念

Polar码是一种基于信道极化理论的线性分组码，由土耳其教授 Erdal Arikan 在2008年提出。Polar码构造的核心是通过信道极化（channel polarization）处理，在编码侧采用方法使各个子信道呈现出不同的可靠性，当码长持续增加时，部分信道将趋向于容量近于1的完美信道（无误码），另一部分信道趋向于容量接近于0的纯噪声信道，选择在容量接近于1的信道上直接传输信息以逼近信道容量，是唯一能够被严格证明可以达到香农极限的方法。

2）Polar码的优点

（1）接近香农极限：在理论上，当编码块的大小足够大时，Polar码能够达到香农极限。

（2）低复杂度：Polar码的编码复杂度为$O(N\log N)$，译码算法相对简单，适合硬件实现。

（3）无错误平层现象：Polar码不存在错误平层现象，误帧率比Turbo码低得多。

（4）灵活的编码长度和速率：Polar码支持灵活的编码长度和编码速率，适用于不同的应用场景。

3）Polar 码的缺点

（1）有限的块长度：在实际系统中，由于解码复杂度和延迟的限制，不能使用非常长的码字，这可能会影响到 Polar 码接近香农极限的能力。

（2）高码率下的性能下降：Polar 码在高码率时的性能通常不如低码率情况，这限制了其在某些高效数据传输应用中的使用。

4）Polar 码的应用

Polar 码被选为 5G 通信标准的控制信道编码方案之一，主要用于小包数据的传输。它与其他编码方案（如 LDPC 码）一起，替代了早期通信标准中使用的 Turbo 码。Polar 码的应用主要涉及通信领域的多个方面，包括提高通信质量、增加网络容量、提高信道传输效率等。Polar 码的应用还包括卫星通信、数据存储等领域。

7. LDPC 码

1）基本概念

LDPC 码（Low-Density Parity-Check，低密度奇偶校验）是由 Gallager 在 1963 年提出的一类具有稀疏校验矩阵的分组纠错码（linear block codes），然而在接下来的 30 年来由于计算能力的不足，它一直被人们忽视。1993 年，D MacKay、M Neal 等人对它重新进行了研究，发现 LDPC 码具有逼近香农极限的优异性能，并且具有译码复杂度低、可并行译码以及译码错误可检测等特点，从而成了信道编码理论新的研究热点。它的性能逼近香农限，且描述和实现简单，易于进行理论分析和研究，译码简单且可实行并行操作，适合硬件实现。

2）LDPC 码的优点

和另一种近香农极限的 Turbo 码相比较，LDPC 码优点为：

（1）LDPC 码的译码算法是一种基于稀疏矩阵的并行迭代译码算法，运算量要低于 Turbo 码译码算法，并且由于结构并行的特点，在硬件实现上比较容易。因此在大容量通信应用中，LDPC 码更具有优势。

（2）LDPC 码的码率可以任意构造，具有更大的灵活性。而 Turbo 码只能通过打孔来达到高码率，这样打孔图案的选择就需要慎重考虑，否则会造成性能上较大的损失。

（3）LDPC 码具有更低的错误平层，可以应用于有线通信、深空通信以及磁盘存储工业等对误码率要求更加苛刻的场合。而 Turbo 码的错误平层在 10 量级上，应用于类似场合中时，一般需要和外码级联才能达到要求。

（4）LDPC 码是 20 世纪 60 年代发明的，其理论和概念已很成熟，同时已过了知识产权和专利上的保护期限。这一点给进入通信领域较晚的公司，提供了一个很好的发展机会。

3）LDPC 码的缺点

（1）硬件资源需求比较大。全并行的译码结构对计算单元和存储单元的需求都很大。

（2）编码比较复杂，更好的编码算法还有待研究。同时，由于需要在码长比较长的情况才能充分体现性能上的优势，所以编码时延也比较大。

（3）相对而言出现比较晚，工业界支持还不够。

4）LDPC 码的应用

LDPC 码的编码过程需要构建稀疏校验矩阵，这可能需要一定的计算资源和存储空间。然而，LDPC 码的解码过程相对简单且高效，尤其是当采用硬件实现时。因此，LDPC 码在实现难度和复杂度上相对较为平衡。LDPC 码在无线通信、数据存储和光纤通信等领域都有广泛的应用,特别是在需要长码长和高数据传输速率的场景中,如高清视频传输和大规模数据存储,LDPC 码表现出色。

【知识拓展】Turbo 码、Polar 码、LDPC 码的对比

表 2-2-2　Turbo 码、Polar 码、LDPC 码的对比

编码方式	Polar 码	LDPC 码	Turbo 码
主要推动方	华为	高通、英特尔、三星	爱立信、Orange
提出时间	2007 年	1962 年提出,1995 年受到重视	1993 年
应用领域	5G 短码上行控制信道	深空通信、卫星数字视频、5G 中长码及短码数据信道	垄断 3G 和 4G
核心专利状态	未到期	即将到期	到期
香农极限	理论上唯一能达到香农极限的码	接近香农极限	接近香农极限
主要特点	高增益,可靠性高,低功耗,短码领域优势明显,长码应用上存在时延较高的问题	本质上还是传统分组编码,速度快,译码复杂度低	纠错能力强,时延较高

知识链接3　交织处理技术及应用

1. 交织处理的意义

交织处理是将数据流在时间上进行重新处理的过程。对于实际移动通信环境下的衰落,通过交织处理将数字信号传输的突发性差错转换为随机错误,再用纠正随机差错的编码(FEC)技术消除随机差错,改善移动通信的传输特性。

2. 交织处理的实现

交织处理方式有块交织、帧交织、随机交织、混合交织等。这里仅介绍块交织实现的基本过程。假设输入序列为 $c_{11}c_{12}c_{13}\cdots c_{1n}c_{21}c_{22}c_{23}\cdots c_{2n}\cdots c_{m1}c_{m2}c_{mn}$:

(1)把输入信息分成 m 行,m 称为交织度,每行都有 n 个码元的分组码,称它为行码,并且每个行码都是具有 k 位信息和 t 位纠错能力的分组码 $\{n,k,t\}$,简记为 $\{n,k\}$,该分组码的冗余位为 $n-k$。

(2)将它们排列成如下所示的阵列:

c_{11}	c_{12}	$\cdots$	c_{1n}
c_{21}	c_{22}	$\cdots$	c_{2n}
c_{31}	c_{32}	$\cdots$	c_{3n}
$\vdots$	$\vdots$	$\vdots$	$\vdots$
c_{m1}	c_{m2}	$\cdots$	c_{mn}

（3）输出时，规定按列的顺序自左至右读出，这时的序列就变为：

$$c_{11}c_{21}c_{31}\cdots c_{m1}c_{12}c_{22}c_{32}\cdots c_{m2}\cdots c_{1n}c_{2n}c_{3n}\cdots c_{mn}$$

（4）在接收端，将上述过程逆向重复，即把收到的序列按列写入存储器，再按行读出，就恢复成原来的 m 行（n，k）分组码。

【例题】设计一个 8×7 交织器，让 8 个（7，4）分组码经过交织器后输出到信道，进行传输。在信道传输的过程中，如果发生一个长度小于 8 b 的突发差错，在接收端解交织以后，错误比特将分摊在多个码字上，每码字仅一个差错，在分组码的纠错范围以内，突发差错可以完全纠正过来。该交织器工作过程如图 2-2-6 所示。

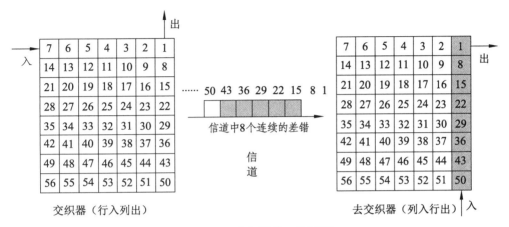

图 2-2-6　交织器的工作过程

 **信道编码应用**

信道编码、交织处理技术在移动通信系统中都获得了广泛的应用。

1. 2G 移动通信系统中的信道编码

2G 时代主要采用的是卷积编码技术，通过引入冗余信息来纠正信道中的误码和干扰。

1）GSM 系统的信道编码

为了保证信息准确地在信道中传输，话音编码器有两类输出比特。对话音质量有显著影响的"1类"比特有 182 个，这 182 个比特连同 3 个奇偶校验比特和 4 个尾部比特共同经过一个 1/2 速率卷码保护处理，产生 378 个比特信息；另外有"2类"比特 78 个，是不需要经过保护的比特组。这两类比特复合成 456 个比特，速率为 456 b/20 ms = 22.8 kb/s，最后采用交织技术分离由衰落引起的长突发错误，以改造突发信道为独立错误信道，过程如图 2-2-7 所示。

2）IS-95CDMA 系统的信道编码

在 IS-95CDMA 系统中，分为上下行各种不同类型信道，信道的基本编码方案涉及 3 个方面：前向纠错码、符号重复和交织编码。信道的基本编码过程如图 2-2-8 所示。首先进行卷积编码实现前向纠错码（FEC），再进行符号重复统一至相同的符号速率，最后进行交织处理，完成信道编码处理环节。

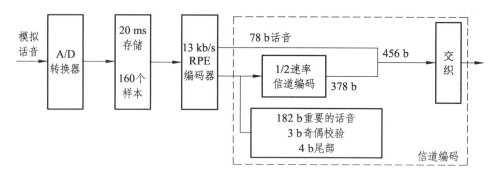

图 2-2-7　GSM 系统中信道的基本编码方式

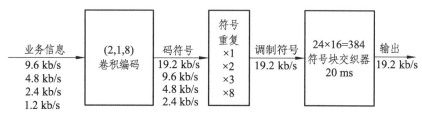

图 2-2-8　IS-95 CDMA 系统中的信道编码过程

2. 3G 移动通信系统中的信道编码

3G 移动通信的三大主流技术同时采用了卷积码和 Turbo 码两种纠错编码。在高速率、对译码时延要求不高的辅助数据链路中，使用了 Turbo 编码技术，通过迭代方式提高解码性能，对信道进行更高效的编码和纠错。在语音和低速率、对译码时延要求比较苛刻的数据链路中使用卷积码，在其他逻辑信道如接入、控制、基本数据、辅助码信道中也都使用卷积码。

3. 4G 移动通信系统中的信道编码

4G 通信系统主要采用了 Turbo 编码和 LDPC 编码两种主要的信道编码方式。Turbo 编码是一种迭代式卷积码，能够有效地提高数据传输速率和距离性能；LDPC 编码则是一种基于图像理论的低密度奇偶校验码，能够实现接近香农极限的编码效果，具有低复杂度、高效率等优点，提高了信道容量和传输速率。

4. 5G 移动通信系统中的信道编码

5G 时代引入了极化码（Polar Code）技术，通过在信道编码时提供更强的纠错能力和更高的编码效率，适应了高速率和大容量的通信需求。5G 的信道编码技术主要包括 LDPC 码和 Polar 码，其中 LDPC 码主要用于数据信道，而 Polar 码主要用于控制信道。这两种编码技术都具有较好的错误纠正性能，能够提高 5G 通信系统的整体性能。

【想一想】Polar 码是华为的专利吗？

_____

_____

_____

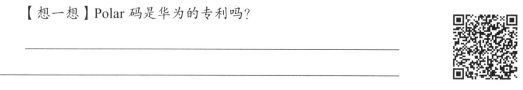

2.2.2　扫码获取答案

【动一动】能区分不同信道编码技术的应用场景。

过关训练

1. 选择题

（1）信道编码的目的是提高信息传输的（　　）。（单选）

    A. 可靠性　　　　　　　B. 有效性　　　　　　　C. 高速率　　　　　　　D. 高误码

（2）信道编码的原理是在信息码中的基础上增加一定数量的监督码元，使（　　）之间满足一定的约束关系，一旦传输过程中发生错误，将会破坏它们之间的关系，从而达到发现和纠正错误的目的。（单选）

    A. 速率和可靠性　　　　B. 信息码元和监督码元

    C. 差错率和有效性　　　D. 误码率和可靠性

（3）下列信道编码方式属于检纠错码的是（　　）。（单选）

    A. HARQ　　　　　　　B. Turbo 码　　　　　　C. CRC　　　　　　　　D. ARQ

（4）对于最简单的（7，3）线性分组码，其编码效率 $\eta = k/n$ 为（　　）。（单选）

    A. 7/3　　　　　　　　B. 4/7　　　　　　　　C. 3/7　　　　　　　　D. 7/4

2. 判断题

Polar 码虽然不是华为的专利，但华为在 Polar 码的技术研究和应用方面确实取得了显著成就。（　　）

任务 2.3　调制技术

任务名称	调制技术	建议课时	2 课时
知识目标： （1）掌握 4G、5G 调制技术。 （2）了解 2G、3G 调制技术。			
能力目标： 能区分不同调制技术的应用场景。			
素质目标： （1）树立技术自信和民族自豪感。 （2）树立精益求精的邮电工匠精神。			
任务资源： 2.3.1　任务 2.3 资源			

知识链接1　什么是调制技术？

【想一想】300~3 400 Hz 的语音信号（基带信号）可以直接在大气层传播吗？

_____

_____

_____

_____

2.3.2　扫码获取答案

　　通信的最终目的是实现远距离信息传递。移动通信面临了频率资源有限、干扰和噪声影响大、存在着多径衰落等的无线信道问题。由于传输失真、传输损耗以及保证带内特性的原因，基带信号是无法在无线信道上进行长距离传输的。因此，必须对要传输的信号进行载波调制，将信号频谱搬移到高频处，才能在无线信道中实现长距离传输。

1. 调制技术的基本概念

1）定义

　　调制技术就是把要传输的模拟信号或数字信号（基带信号）变换成适合信道传输的信号（已调信号）的技术，利用基带信号控制高频载波的参数（振幅、频率和相位），使这些参数随基带信号而变化。调制器如图 2-3-1 所示。

（1）基带信号是要传输的原始的电信号，一般是指基本的信号波形，在数字通信中则指相应的电脉冲，具有低频低功率。

（2）载波是未调制的高频电振荡信号，可以是正弦波，也可以是非正弦波，如方波、脉冲序列等，具有高频特性。

图 2-3-1　调制器示意

（3）调制信号是指用来控制高频载波参数的基带信号。

（4）已调波或已调信号是被调制信号调制过的高频电振荡信号。

已调信号通过信道传送到接收端，在接收端经解调后恢复成原始基带信号。解调是调制的逆过程，是指在接收端将已调信号还原成要传输的原始信号的过程。解调器如图 2-3-2 所示。

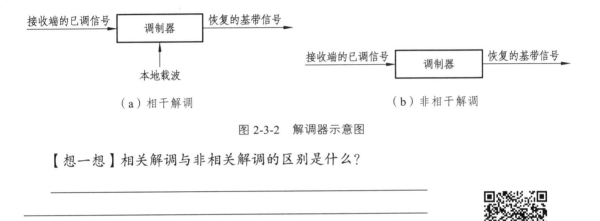

（a）相干解调　　　　　　　　　　　　　（b）非相干解调

图 2-3-2　解调器示意图

【想一想】相关解调与非相关解调的区别是什么？

_____

_____

_____

_____

_____

2.3.3　扫码获取答案

2）基本原理

调制的基本原理是在载波信号上叠加信息信号，通过改变载波信号的某些特征，如频率、振幅、相位等，来携带信息信号并传输到接收端，如图 2-3-3 所示。

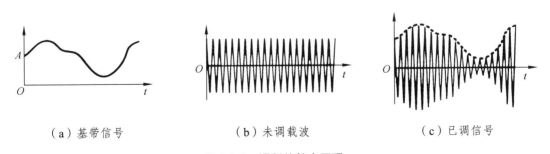

（a）基带信号　　　　　　（b）未调载波　　　　　　（c）已调信号

图 2-3-3　调制的基本原理

在接收端，通过解调器将信息信号从载波信号中分离出来，恢复原始的信息信号。调制的主要作用是将信息信号从低频带转换到高频带，使其能够通过无线信道进行传输。同时，调制技术还可以将不同的信息信号分配到不同的频段，从而实现多路复用，提高信道利用率。

3）目的

调制技术的目的是使所传送的信息能更好地适应信道特性，以达到最有效和最可靠地传输，即有效地利用频带资源，提高通信系统性能。简单地说，就是对信源信息进行处理，使信号适合在空中长距离地传输。

2. 调制技术的基本功能要求

移动通信对调制解调技术的功能要求：

（1）提供高的传输效率：所有技术必须在规定频带内提供高的传输效率，确保信号能够有效地传输数据。

（2）降低信号衰落引起的误差：通过技术手段减少信号深衰落引起的误差数，提高通信的可靠性。

（3）使用高效率的放大器：应使用高效率的放大器，以减少能量消耗并提高信号传输的质量。

（4）获得所需的误码率：在衰落条件下获得所需要的误码率，确保通信质量在各种条件下都能满足要求。

这些要求确保了移动通信系统的性能和可靠性，使得用户可以在各种环境下稳定地进行通信。

3. 调制技术的分类

1）按调制信号性质分类

按照调制信号的性质可以把调制技术分为模拟调制和数字调制。

模拟调制是指用模拟信号调制载波。模拟调制一般指调制信号和载波都是连续波（信号）的调制方式，它有调幅（AM）、调频（FM）和调相（PM）3种基本的形式。

数字调制是用数字信号调制载波。数字调制一般指调制信号是离散的而载波是连续信号的调制方式。数字调制相比模拟调制有更好的抗干扰性能、更强的抗信道损耗、更好的安全性，数字传输系统中可以使用差错控制技术，支持负载信号条件和处理技术。数字调制的原理就是用基带信号（数字信号）去控制载波的某个参数，使之随着基带信号的变化而变化。传输数字信号时有三种基本的调制方式：FSK（Frequency Shift Keying，频移键控）、ASK（Amplitude Shift Keying，幅度键控）、PSK（Phase Shift Keying，相移键控），如图 2-3-4 所示。

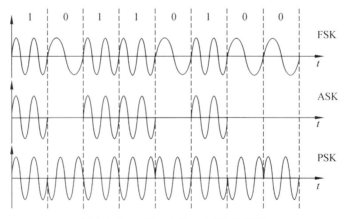

图 2-3-4　FSK、ASK、PSK 示意图

【想一想】数字调制之后的信号是数字信号还是模拟信号？

_____

_____

_____

2.3.4　扫码获取答案

2）按照载波形式分类

按照载波的形式，调制技术可分为连续波调制和脉冲调制两类，如表 2-3-1 所示。连续波调制可以分为线性调制、非线性调制和数字调制。线性调制有常规双边带调制（DSB-AM）、抑制载波双边带调制（DSB-SC）、单边带调制（SSB）、残留边带调制（VSB）。非线性调制有频率调制（FM）、相位调制（PM）。数字调制有振幅键控（ASK）、频移键控（FSK）、相移键控（PSK）、差分相移键控（DPSK）、正交振幅调制（QAM）、最小频移键控（MSK）等。脉冲调制是指用脉冲信号控制高频振荡信号的参数。此时，调制信号是脉冲序列，载波是高频振荡信号的连续波。脉冲调制可分为模拟式和数字式两类。模拟式脉冲调制是指用模拟信号对脉冲序列参数进行调制，有脉幅调制（PAM）、脉宽调制（PDM）、脉位调制（PPM）。数字式脉冲调制是指用数字信号对脉冲序列参数进行调制，有脉码调制（PCM）和增量调制（DM）等。

表 2-3-1　调制方式的分类

调制方式			用途
连续载波调制	线性调制	常规双边带调制 DSB-AM	广播
		抑制载波双边带调制 DSB-SC	立体声广播
		单边带调制 SSB	载波通信、无线电台、数传
		残留边带调制 VSB	电视广播、数传、传真
	非线性调制	频率调制 FM	微波中继、卫星通信、广播
		相位调制 PM	中间调制方式
	数字调制	幅度键控 ASK	数据传输
		频率键控 FSK	数据传输
		相位键控 PSK、DPSK、QPSK 等	数据传输、数字微波、空间通信
		其他高效数字调制 QAM、MSK 等	数字微波、空间通信
脉冲调制	脉冲模拟调制	脉幅调制 PAM	中间调制方式、遥测
		脉宽调制 PDM（PWM）	中间调制方式
		脉位调制 PPM	遥测、光纤传输
	脉冲数字调制	脉码调制 PCM	市话、卫星、空间通信
		增量调制 DM	军用、民用电话
		差分脉码调制 DPCM	电视电话、图像编码
		其他语言编码方式 ADPCM、APC、LPC	中低数字电话

3）按照传输特性分类

按照传输特性可以把调制技术分为线性调制和非线性调制，如表 2-3-1 所示。广义的线性调制，是指已调波中被调参数随调制信号呈线性变化的调制过程。狭义的线性调制，是指把调制信号的频谱搬移到载波频率两侧而成为上、下边带的调制过程。此时只改变频谱中各分量的频率，但不改变各分量振幅的相对比例，使上边带的频谱结构与调制信号的频谱相同，下边带的频谱结构则是调制信号频谱的镜像。狭义的线性调制有调幅（AM）、抑制载波的双边带调制（DSB-SC）和单边带调制（SSB）。

4. 数字调制技术的主要性能指标

数字调制技术的主要性能指标有功率有效性 η_P 和带宽有效性 η_B。

1）功率有效性 η_P

功率有效性反映了数字调制技术在低功率电平情况下保证系统误码性能的能力，可表述成在接收机输入端特定的误码概率下，每比特的信号能量（E_b）与噪声功率谱密度（N_0）之比：

$$\eta_P = \frac{E_b}{N_0} \tag{2-2-2}$$

2）带宽有效性 η_B

带宽有效性反映了数字调制技术在一定的频带内容纳数据的能力，可表述成在给定的带宽（B）条件下每赫兹的数据通过率（R）。由式（2-2-3）可知，提高数据率意味着减少每个数字符号的脉冲宽度：

$$\eta_B = \frac{R}{B} \tag{2-2-3}$$

η_B 的单位符号为 b/s·Hz^{-1}。

知识链接2　调制技术在移动通信系统中的应用

1. 各类移动通信系统中采用的调制技术

目前，各类移动通信系统所采用的调制技术如表 2-3-2 所示。

表 2-3-2　各类移动通信系统采用的调制技术

技术制式	标准	调制技术
GSM	2G	GMSK
DCS-1800	2G	GMSK
IS-95	2G	上行：OQPSK，下行：BPSK
PHS	2G	π/4 DQPSK
TD-SCDMA	3G	QPSK
WCDMA	3G	上行：BPSK，下行：QPSK
CDMA2000	3G	QPSK
TD-LTE	4G	BPSK、QPSK、16QAM、64QAM、256QAM（下行）
LTE FDD	4G	BPSK、QPSK、16QAM、64QAM、256QAM（下行）
5G NR	5G	BPSK、QPSK、16QAM、64QAM、256QAM、1024QAM

2. 二进制相移键控（BPSK 或 2PSK）

二进制相移键控调制中的相位变化是以未调制载波的相位作为参考基准，利用载波相位的绝对值传送数字信号"1"和"0",故又称为二进制绝对相移键控。

当数字信号传输速率$(1/T_S)$与载波频率有确定的倍数关系时,典型的波形如图 2-3-5 所示。

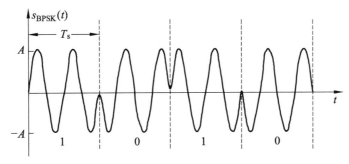

图 2-3-5　BPSK 信号的典型波形

BPSK 解调必须采用相干解调。相移键控有很好的抗干扰性,在有衰落的信道中也能获得很好的效果。二进制相移键控主要应用于 IS-95 蜂窝移动通信系统的下行链路调制。

3. 四相相移键控（QPSK）

四相相移键控具有较高的频谱利用率、很强的抗干扰性及较高的性能价格比。QPSK 是利用载波初相位在（0，2π）中以 $\pi/2$ 等间隔取 4 种不同值来表征四进制码元的 4 种状态信息。无论哪种系统,QPSK 系统均可以看成是载波相位相互正交的 2 个 BPSK 信号之和。

QPSK 信号产生过程:基带码元波形经过 QPSK 映射（串并转换分成 I、Q 两路,然后再经过电平转换,0 转换成 1,1 转换-1）得到 QPSK 调制信号,再与对应的载波相乘,然后再相加完成 QPSK 的调制,如图 2-3-6 所示。

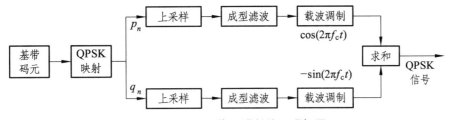

图 2-3-6　QPSK 信号调制的原理框图

QPSK 相干解调器的工作原理如图 2-3-7 所示。输入 QPSK 已调信号 $s(t)$ 并送入两个正交乘法器,载波恢复电路产生与接收信号载波同频同相的本地载波,并分为 2 路,其中一路经移相 90°后产生正交相干载波。将此 2 路信号分别送入两个正交乘法器,经低通、取样判决后产生两路码流,再经并/串转换后恢复基带信号。

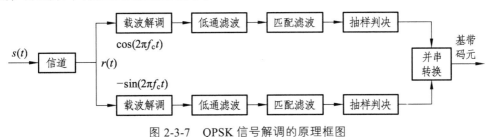

图 2-3-7　QPSK 信号解调的原理框图

【想一想】QAM 调制是调幅还是调相？

_____

_____

_____

_____

_____

2.3.5　扫码获取答案

4. QAM（正交幅度调制）与 MQAM（多进制正交幅度调制）

1）定义

正交幅度调制（QAM）是指用两个正交的载波分别以幅移键控独立地传输两个数字信息的一种方式。其利用两个已调载波信号在相同频带内的频谱正交特性，来实现两路并行的、独立的数字信息传输。MQAM 就是多进制正交幅度调制，其中 M 表示 MQAM 的调制阶数，必须是 2 的幂（例如，4、16、64、256、1 024 等）。M=4 时，为 QAM；M=16 时，为 16QAM；M=64 时，为 64QAM；M=256 时，为 256QAM；M=1 024 时，为 1 024QAM。

从星座图的角度来说，这种方式将幅度与相位参数结合起来，充分地利用整个信号平面，将矢量端点重新合理地分布；因此，可以在不减小各端点位置最小距离的情况下，增加信号矢量的端点数目，提高系统的抗干扰能力。

2）星座图

为了直观地表示各种调制方式，引入一种叫作星座图的工具。星座图中的点，可以指示调制信号的幅度和相位的可能状态，如图 2-3-8 所示。

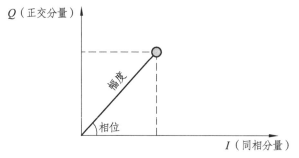

图 2-3-8　星座图示意

BPSK 定义了 2 种相位，分别表示 0 和 1，因此 BPSK 可以在每个载波上调制 1 比特的信息。QPSK 是正交相移键控，它定义了 4 个不同的相位，分别表示 00、01、10、11，因此 QPSK 可以在每个载波上调制 2 比特的信息，如图 2-3-9 所示。

如图 2-3-9 所示，QAM（即 QPSK）定义了 4 个不同的相位，可以在每个载波上调制 2 比特信息；16QAM 定义了 16 个不同的相位幅度，可以在每个载波上调制 4 比特信息；64QAM 定义了 64 个不同的相位幅度，可以在每个载波上调制 6 比特信息；256QAM 定义了 256 个不同的相位幅度，可以在每个载波上调制 8 比特信息。以此类推，可知 1 024QAM 定义了 1 024 个不同的相位幅度，可以在每个载波上调制 10 比特信息。

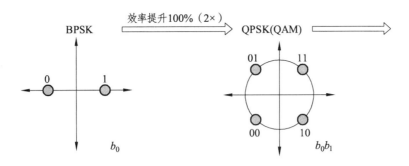

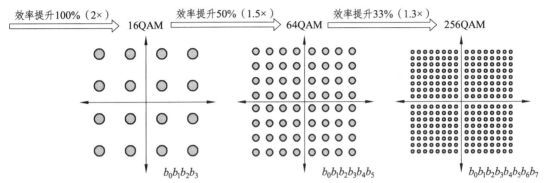

图 2-3-9　BPSK，QPSK，16QAM，64QAM 及 256QAM 星座图

3）MQAM 调制与解调

MQAM 调制器如图 2-3-10 所示，输入的二进制序列经过串并转换输出速率减半的两路并行信号，再经过 2 电平到 L 电平的变换形成 L 电平的基带信号。通过上采样和成型滤波器形成 $X(t)$ 和 $Y(t)$，再分别与同相载波和正交载波相乘，最后将两路信号叠加得到 MQAM 调制信号。

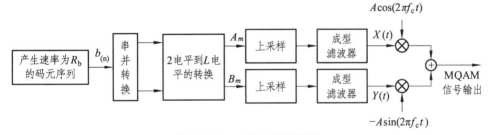

图 2-3-10　MQAM 调制器

MQAM 采用正交相干解调方法，其解调器如图 2-3-11 所示。待解调的信号经过载波恢复，经低通滤波器和匹配滤波器进行输出，得到两路多电平基带信号 $X(t)$ 和 $Y(t)$。多电平判决器对多电平基带信号进行判决和检测，再经 L 电平到 2 电平转换和串并变换器最终输出二进制数据。

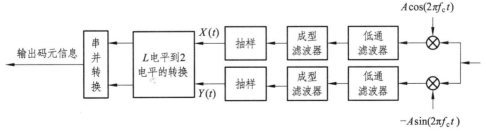

图 2-3-11　MQAM 解调器

【想一想】高阶调制和低阶调制的区别？

_____

_____

_____

【动一动】能区分不同调制技术的应用场景。

2.3.6 扫码获取答案

过关训练

1. 选择题

（1）调制技术的目的就是对信源信息进行处理，使信号适合（　　）。（单选）

    A. 在空中长距离地传输　　　　　　B. 高速传输

    C. 高可靠性传输　　　　　　　　　D. 高效率传输

（2）下列调制技术中，（　　）调制技术的频段利用率最高。（单选）

    A. BPSK　　　　　　　　　　　　B. QPSK

    C. 16QAM　　　　　　　　　　　D. 64QAM

（3）下列调制技术中，（　　）调制技术的传输可靠性最高。（单选）

    A. BPSK　　　　　　　　　　　　B. QPSK

    C. 16QAM　　　　　　　　　　　D. 64QAM

（4）在数字调制技术中，其采用的进制数越高，则（　　）。（单选）

    A. 抗干扰能力越弱　　　　　　　　B. 占用的频带越宽

    C. 频带利用率越低　　　　　　　　D. 抗干扰能力越强

（5）LTE 移动通信系统用到的数字调制方式有（　　）。（多选）

    A. BPSK　　　　　　　　　　　　B. QPSK

    C. 16QAM　　　　　　　　　　　D. 64QAM

2. 判断题

移动通信系统通常采用非相干解调。（　　　）

任务 2.4　多址技术

任务名称	多址技术	建议课时	2 课时
知识目标： （1）掌握 4G、5G 多址技术。 （2）了解 2G、3G 多址技术。			
能力目标： 能区分不同多址技术的应用场景。			
素质目标： （1）树立技术自信和民族自豪感。 （2）树立精益求精的邮电工匠精神。			
任务资源： 2.4.1　任务 2.4 资源			

 **知识链接1** **什么是多址技术？**

1. 定义

移动通信系统由于要使用无线电波，而无线电波的频率资源是有限的，其结果就会受到频率资源的限制。事实上，无线电波的资源有限并不是说无线电波会被消耗殆尽，而是指一定时间、空间、频率上的占用，因此必须合理分配使用。在一个无线小区中，如何使一个基站能容纳更多的用户同时还能和他们进行通信？又如何使基站能从众多用户台的信号中区分出是哪一个用户台发出来的信号，而各用户台又能识别出基站发出的信号中哪个是发给自己的信号？解决这些问题的办法称为多址技术。

多址技术又称为多址接入技术，是指实现小区内多用户之间，小区内外多用户之间通信地址识别的技术，多用于无线通信。多址技术的应用极大地提高了无线通信网络的容量和性能。

2. 多址技术的分类

移动通信中的多址技术可以分为频分多址（FDMA）、时分多址（TDMA）、码分多址（CDMA）、空分多址（SDMA）、正交频分多址（OFDMA）、单载波频分多址（SC-FDMA）、非正交多址接入技术（NOMA）。

1. FDMA

在移动通信系统中，FDMA（Frequency Division Multiple Access，频分多址）把总带宽分隔成多个正交的信道，每个用户占用一个信道。这些频道互不重叠，其宽度能传输一路话音信息，而在相邻频道之间无明显的干扰。FDMA 的优点是简单易实现，技术成熟；缺点是多个移动台进行通信时占用数量众多的频点，浪费频率资源，频带利用率不高，容量有限。频分多址工作方式如图 2-4-1 所示。

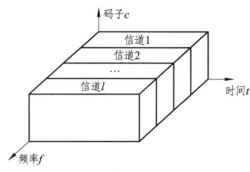

图 2-4-1　频分多址工作方式示意图

早期的第一代移动通信系统就是采用这种多址方式。频分多址是模拟高级移动电话服务（AMPS）中的一种基本的技术，北美地区应用最广泛的蜂窝电话系统便采用该技术。采用频分多址，每一个信道每一次只能分配给一个用户。频分多址还用于全接入通信系统（TACS）。

2. TDMA

在移动通信系统中，TDMA（Time Division Multiple Access，时分多址）让不同的信道共同使用相同的频率，但是占用的时间不同，所以相互之间不会干扰。显然，在相同信道数的情况下，采用时分多址要比频分多址能容纳更多的用户。TDMA 的优点是容量大，频率利用率高；缺点是技术复杂，有严格的同步要求。时分多址工作方式如图 2-4-2 所示。

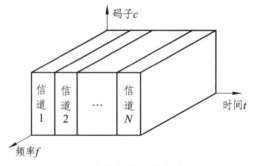

图 2-4-2　时分多址工作方式示意图

第二代移动通信系统就是采用这种多址方式。TDMA 在美国通常也指第二代（2G）移动电话标准，具体说是指 IS-136 或者 D-AMPS 这些标准使用 TDMA 技术分时共享载波的带宽。

3. CDMA

在移动通信系统中，CDMA（Code Division Multiple Access，码分多址）是指不同的移动台的识别不是靠频率不同或时隙不同，而是用各自不同的独特的随机的地址码序列来区分，地址码序列彼此互不相关或相关性很小。这样的一个信道可容纳比 TDMA 还要多的用户数。与以往的频分多址、时分多址相比较，码分多址具有多址接入能力强、抗多径干扰、保密性能好等优点；缺点是起步较晚，用户群体少。码分多址工作方式如图 2-4-3 所示。

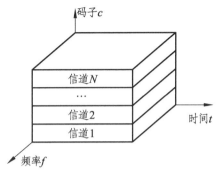

图 2-4-3　码分多址工作方式示意图

码分多址系统在第三代移动通信系统中得到了广泛应用。

4. SDMA

SDMA（Space Division Multiple Access，空分多址）是利用空间分割来构成不同信道的技术。基站使用多天线技术，通过波束赋形将电磁波波束分别射向不同区域用户。这样不同区域的用户即使在同一时间使用相同的频率进行通信，也不会彼此形成干扰，如图 2-4-4 所示。

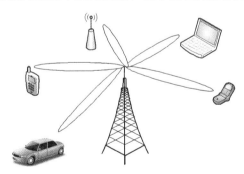

图 2-4-4　空分多址工作方式示意图

空分多址是一种信道增容的方式，可以实现频率的重复使用，有利于充分利用频率资源。空分多址还可以与其他多址方式相互兼容，从而实现组合的多址技术，例如 TD-SCDMA 系统。

5. OFDMA

OFDMA（Orthogonal Frequency Division Multiple Access，正交频分多址）是指将一个宽频信道分成若干个正交子信道，将高速数据流转换成多个并行的低速数据流，调制到每个子信道上进行传输。

OFDMA 使用大量的正交窄带子载波来承载用户信息，用户可以在很宽的频带范围内选择信道条件好的子载波传送数据，与码分多址采用单一载波所承载单一用户信息比起来，正交频分多址更能对抗多径效应，如图 2-4-5 所示。

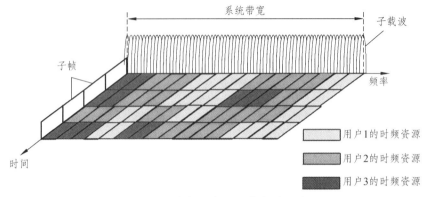

图 2-4-5　正交频分多址工作方式示意图

优点：频率利用率高；接收信号处理更简单，降低了接收机实现的复杂度；支持灵活的带宽扩展；易于与多天线技术结合，提升系统性能；易于与链路自适应技术结合；易于 MBMS 业务传输。缺点：对频偏和相位噪声很敏感；峰均比大；自适应调制下的系统复杂度较高；要求信道时延扩展小于 CP（Cyclic Prefix，循环前缀），造成能量损失。

正交频分多址已被广泛研究，并已成为第四代移动通信技术的下行链路的多址技术解决方案，WiMax 也采用 OFDMA。

【想一想】OFDM 与 OFDMA 的区别？

_____

_____

_____

2.4.2　扫码获取答案

6. SC–FDMA

SC-FDMA（Single-carrier Frequency-Division Multiple Access，单载波频分多址）为用户分配资源时，在同一个时间为用户分配连续的多个子载波（等同于单载波），如图 2-4-6 所示。

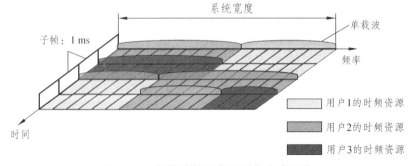

图 2-4-6　单载波频分多址工作方式示意

SC-FDMA 采用单载波的方式，与 OFDMA 相比之下具有较低的 PAPR（Peak-to-Average Power Ratio，峰值/平均功率比），比多载波的 PAPR 低 1~3 dB（PAPR 是由于多载波在频域叠加引起）。更低的 PAPR 可以使移动终端（Mobile Terminal）在发送功效方面得到更大的好处，进而可以延长电池的使用时间。SC-FDMA 具有单载波的低 PAPR 和多载波的强韧性两大优势。因此，FDD 及 TDD 模式的 LTE 上行链路传输采用 SC-FDMA。

7. NOMA

1）NOMA 的概念

NOMA（Non-Orthogonal Multiple Access，非正交多址接入）不同于传统的正交传输，在发送端采用非正交发送，主动引入干扰信息，在接收端通过串行干扰消除（SIC）接收机实现正确解调。虽然采用 SIC 技术的接收机复杂度有一定的提高，但是可以很好地提高频谱效率。用提高接收机的复杂度来换取频谱效率，这就是 NOMA 技术的本质。

正交多址技术（OMA）只能为一个用户分配单一的无线资源，例如按频率分割或按时间分割，而非正交多址接入（NOMA）技术以不同功率将多个信息流在时域/频域/码域重叠的信道上传输，在相同无线资源上为多个用户同时提供无线业务。在某些场景中，比如远近效应场景和广覆盖多节点接入的场景，特别是上行密集场景，采用功率复用的非正交接入多址方式较传统的正交接入有明显的性能优势，更适合未来系统的部署。目前已证实，采用该方法可使无线接入宏蜂窝的总吞吐量提高 50%左右。非正交多址复用通过结合串行干扰消除或类最大似然解调才能取得容量极限，因此技术实现的难点在于是否能设计出低复杂度且有效的接收机算法。

应注意，NOMA 指的是非正交多址，而不是非正交频分，即 NOMA 的子信道传输依然采用正交频分复用（OFDM）技术，子信道之间是正交的，互不干扰，但是一个子信道上不再只分配给一个用户，而是多个用户共享，同一子信道上不同用户之间是非正交传输（即非正交多址）的，这样就会产生用户间干扰问题，这也就是在接收端要采用 SIC 技术进行多用户检测的目的。

非正交多址接入方式如图 2-4-7 所示。在发送端，对同一子信道上的不同用户采用功率复用技术进行发送，不同的用户的信号功率按照相关的算法进行分配，这样到达接收端的每个用户的信号功率都不一样。SIC 接收机再根据不同用户信号功率大小按照一定的顺序进行干扰消除，加上信道编码（如 Turbo code 或低密度奇偶校验码 LDPC 等），就可以实现正确解调，同时也达到了区分用户的目的。

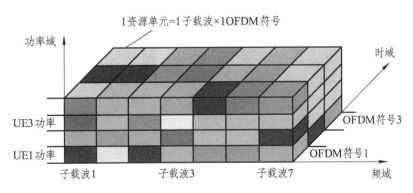

图 2-4-7 非正交多址接入方式的示意

【知识拓展】SIC（Successive Interference Cancellation，**串行干扰删除**）。

SIC 的基本原理是逐步减去最大信号功率用户的干扰。SIC 检测器在接收信号中对多个用户逐个进行数据判决，判决出一个用户就同时减去该用户信号造成的多址干扰（MAI），按照信号功率大小的顺序来进行操作，功率较大信号先进行操作。这样一直进行循环操作，直至消除所有的多址干扰为止。

NOMA 可以利用不同的路径损耗的差异来对多路发射信号进行叠加，从而提高信号增益。它能够让同一小区覆盖范围的所有移动设备都能获得最大的可接入带宽，可以解决由于大规模连接带来的网络挑战。NOMA 的另一优点是，无须知道每个信道的 CSI（信道状态信息），从而有望在高速移动场景下获得更好的性能，并能组建更好的移动节点回程链路。

2）NOMA 的实现方案

目前的非正交多址技术有多种实现方案：PD-NOMA（基于功率域的非正交多址接入）、华为的 SCMA（稀疏码分多址接入）、中兴的 MUSA（多用户共享接入）、大唐的 PDMA（基于非正交特征图样的图样分隔多址接入技术）、高通的 RSMA（资源扩展多址接入）、日本 NTT DOCOMO 的 NOMA（基于功率叠加的非正交多址技术）。

3）华为的 NOMA 方案——SCMA

SCMA（Sparse Code Multiple Access，稀疏码多址接入）是一种非正交多址接入技术，它通过将信息编码为稀疏编码，以便在发射信号时减少冲突，从而提高系统的容量和效率。SCMA 的稀疏编码是一种多址技术，它可以将多个用户的信号编码成不同的稀疏编码，从而实现多址通信，如图 2-4-8 所示。

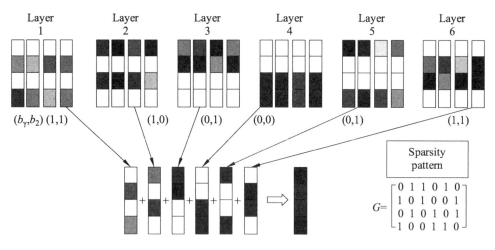

图 2-4-8　稀疏码多址接入方式的示意

（1）低密度扩频：单用户数据用 4 个子载波中的 2 个来传输，总体上 6 个用户共享 4 个子载波（因此称为稀疏，主要是为了保证解调多用户数据），通过稀疏码字来区分用户。注意，用户间不严格正交，即 1 个用户占 2 个子载波，1 个子载波上有 3 个用户，难以解调，这需要多维/高维调制。

（2）多维/高维调制：与传统 IQ 调制（两维，即幅度与相位）相比，每个用户使用统一分配的稀疏编码码本进行多维/高维调制，虽然仍调制幅度和相位，但最终多个用户的星座点欧式距离更远，在接收端通过消息过滤算法（MPA）解码，从而可以多用户解调（1个子载波虽然有多个用户数据，但不同用户用不同"标签"）区分开。

SCMA是基于多位调制和稀疏码扩频的稀疏码分多址技术，主要优点是，其签名序列的稀疏性简化了高级接收机设计，SCMA代码的稀疏性允许更简单的消息传递算法（MPA）实现接近MAP（最大后验概率）的性能。

 **新型多载波技术**

5G的多样化需求通过新型调制编码、新型多址、大规模天线和新型多载波等技术来满足，其中新型多载波技术有滤波正交频分复用（F-OFDM）、通用滤波多载波（UFMC）、滤波器组多载波（FBMC）等技术，它们都使用滤波机制减少子载波的频谱泄漏，从而放松时频同步的要求，避免OFDM的主要缺点。

1. 5G新波形需要灵活的参数集

4G OFDM的缺点如图2-4-9所示：因参数集固定，故子载波间隔、符号长度、TTI（传输时间间隔）均固定，不够灵活；子载波间隔（$\Delta f = \dfrac{1}{T}$，T为OFDM符号周期）和符号长度T固定；频谱旁瓣大，频谱边带滚降慢，还预留10%带宽作为保护带。

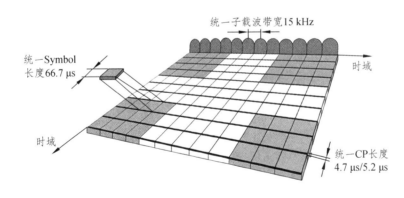

图2-4-9　OFDM时频资源分配

5G的波形仍然基于OFDM来设计，但因其需要多样性业务支持，从而要求灵活的波形配置。车联网低时延特性要求更短的TTI和符号长度，对应较大的子载波间隔。物联网连接数量巨大，但传送的数据量小，要求大量子载波，且子载波间隔小；对应也允许较长的OFDM符号长度和TTI，并且此时几乎不需要考虑多径效应引发的ISI（Inter-Symbol Interference，符号间干扰），因此不需要再引入CP。

LTE中无线资源调度的基本时间单位是1个子帧（1 ms=2 slots），称为1个TTI（传输时间间隔），因此LTE是固定的参数集。但是，5G新波形需要灵活的参数集，另外也需要更高频谱效率（MIMO友好性和支持高阶调制），上行链路、下行链路、侧链路、回程链路具有统一波形。

2. F-OFDM

F-OFDM（Filtered-OFDM，滤波正交频分复用）允许不同的子载波具有不同物理带宽（同时对应不同的符号长度、保护间隔/CP 长度），从而满足不同业务需求。如图 2-4-10 所示，不同参数的 OFDM 波形共存，使用不同的子带滤波器创建了多个 OFDM 子载波组（具有不同子载波间隔、OFDM 符号长度、保护间隔）。

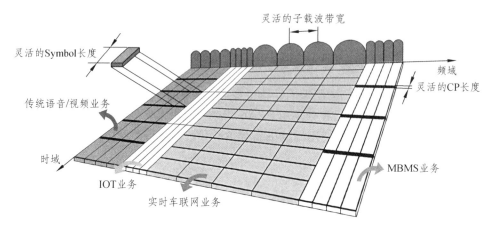

图 2-4-10　F-OFDM 时频资源分配

另外，F-OFDM 通过优化滤波器，也降低了带外泄漏，从而降低频域保护间隔（最低一个子载波物理带宽，对应频域保护间隔开销 1%），提升频谱利用率。相对 LTE 90% 的频谱利用率，F-OFDM 可将 5G 的频谱利用率最高提升至 95% 以上。由于子带间能量隔离，子带之间不再需要严格同步，有利于支持异步信号传输，减少同步信令开销。

总之，F-OFDM 继承了 OFDM 适配 MIMO 等优点，还进一步提升了灵活性和频谱效。

3. FBMC

FBMC（Filter Bank Multi-Carrier，滤波组多载波技术）是一种多载波调制技术，其主要特征包括优秀的频谱效率、较低的带外泄漏以及良好的抗多径干扰能力。

在 OFDM 系统中，为了既可以消除 ISI，又可以消除 ICI（Inter-carrier Interference，载波间干扰），通常保护间隔是由 CP（Cycle Prefix，循环前缀）充当。CP 是系统开销，不传输有效数据，从而降低了频谱效率。

如图 2-4-11 所示，FBMC 利用一组不交叠的带限子载波实现多载波传输，FMC 对于频偏引起的载波间干扰具有很低的敏感性，不需要使用 CP，较大地提高了频率效率。

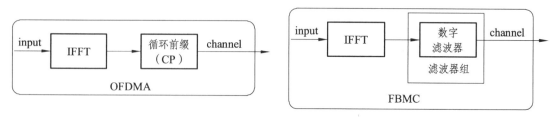

图 2-4-11　FBMC 技术的示意图

【动一动】能区分不同多址技术的应用场景。

过关训练

1. 选择题

（1）LTE 上行链路并不采用与下行一样的 OFDMA 多址接入方式，主要出于（   ）的考虑。（单选）

    A. 容易实现　　　　　　　　　　B. 克服多普勒频移带来的影响

    C. 增加功耗　　　　　　　　　　D. 克服多载波幅度叠加形成的巨大功率波动

（2）NOMA 不仅在时频域区分用户，还在（   ）上为用户赋予不同特征，从而区分用户。（单选）

    A. 码域　　　　　B. 空域　　　　　C. 功率域　　　　　　D. 全部都可以

（3）NR 系统中，中国提出的非正交多址技术有哪些？（   ）（多选）

    A. PDMA　　　　B. MUSA　　　　C. SCMA　　　　　D. NOMA

（4）LTE 移动系统用到的多址方式有（   ）。（多选）

    A. 码分多址　　　B. 时分多址　　　C. 正交频分多址　　　D. 频分多址

    E. 单载波频分多址

2 判断题

NOMA 允许不同用户使用相同时频资源，多用户共享一个 OFDM 符号/子信道。（   ）

任务 2.5　多天线技术

任务名称	多天线技术	建议课时	2 课时
知识目标： （1）掌握 4G、5G 多天线技术。 （2）了解 2G、3G 多天线技术。			
能力目标： 能区分多天线技术的应用场景。			
素质目标： （1）树立技术自信和民族自豪感。 （2）树立精益求精的邮电工匠精神。			
任务资源： 2.5.1　任务 2.5 资源			

知识链接1　什么是分集技术?

由于移动通信中传播的开放性，信道的传输条件比较恶劣，发送出的已调制信号经过恶劣的移动信道在接收端会产生严重的衰落，使接收的信号质量严重下降。分集技术是抗衰落的最有效措施之一。

1. 基本概念

分集技术是利用接收信号在结构上和统计特性的不同特点加以区分与按一定规律和原则进行集合与合并处理来实现抗衰落的。

分集的必要条件是在接收端必须能够接收到承载同一信息且在统计上相互独立（或近似独立）的若干不同的样值信号，这若干不同样值信号的获得可以通过不同的方式，比如空间、频率、时间等，它主要是指如何有效地区分可接收的含同一信息内容但统计上独立的不同样值信号。

分集技术的充分条件是如何将可获得含有同一信息内容但是统计上独立的不同样值加以有效且可靠的利用，它是指分集中的集合与合并的方式，最常用的有选择式合并（SC）、等增量合并（EGC）和最大比值合并（MRC）等。

【想一想】分集技术的接收合并方式有哪些？

_____

_____

_____

_____

_____   2.5.2   扫码获取答案

【知识拓展】注意到分集技术的必要条件是在接收端能够接收到携带同一信息的多个相互独立的信号，那到底什么才算是相互独立呢？

对于空间分集来说，以两个接收天线为例，当两个接收天线之间的空间距离大于10倍的信号波长时，就认为这两个接收天线接收到的信号是在空间域上相互独立的。

对于频率分集来说，以两个频率为例，当两个频率分量的频率间隔大于信道的相干带宽时，就认为这两个频率分量所承载的信号在频率域上是相互独立的。

对于时间分集来说，以发送两次为例，当这两次发送的时间间隔足够大时，这个足够大的时间间隔至少要大于信道的相干时间，就认为这两路信号在时间域上是相互独立的。

2. 分集技术的分类

目前常用的分集方式主要有两种：宏分集和微分集。

1）宏分集

宏分集也称为"多基站分集"，主要是用于蜂窝系统的分集技术。在宏分集中，把多个基站设置在不同的地理位置和不同的方向上，同时和小区内的一个移动台进行通信。只要在各个方向上的信号传播不是同时受到阴影效应或地形的影响而出现严重的慢衰落，这种办法就可以保证通信不会中断。它是一种减少慢衰落的技术。

2）微分集

微分集是一种减少快衰落影响的分集技术，在各种无线通信系统中都经常使用。目前，微分集采用的主要技术有空间分集、极化分集、频率分集、场分量分集、角度分集、时间分集等。

（1）空间分集。空间分集的基本原理是在任意两个不同的位置上接收同一信号，只要两个位置的距离大到一定程度，则两处所收到的信号衰落是不相关的，也就是说快衰落具有空间独立性。空间分集也称为天线分集，是无线通信中使用最多的分集技术。空间分集至少要两副天线，且相距为 d，间隔距离 d 与工作波长、地物及天线高度有关，在移动通信中通常取：市区 $d = 0.5$，郊区 $d = 0.8$。d 值越大，相关性就越弱。

（2）频率分集。频率分集的基本原理是频率间隔大于相关带宽的两个信号的衰落是不相关的，因此可以用多个频率传送同一信息，以实现频率分集。频率分集需要用两个发射机来发送同一信号，并用两个接收机来接收同一信号。这种分集技术多用于频分双工（FDM）方式的视距微波通信中。由于对流层的传播和折射，有时会在传播中发生深度衰落。

在实际的使用过程中，频率分集常称作 1：N 保护交换方式。当需要分集时，相应的业务被切换到备用的一个空闲通道上。其缺点是：不仅需要备用切换，还需要有和频率分集中采用的频道数相等的若干个接收机。

（3）极化分集。极化分集的基本原理是两个不同极化的电磁波具有独立的衰落，所以发送端和接收端可以用两个位置很近但为不同极化的天线分别发送和接收信号，以获得分集效果。极化分集可以看成是空间分集的一种特殊情况，它也要用两副天线（二重分集情况），但仅仅是利用不同极的电磁波所具有的不相关衰落特性，因而缩短了天线间的距离。

在极化分集中，由于射频功率分给两个不同的极化天线，因此发射功率要损失约 3 dB。

（4）场分量分集。电磁波 E 场和 H 场载有相同的消息，而反射机理是不同的。一个散射体反射的 E 波和 H 波的驻波图形相位相差 90°，即当 E 波为最大时，H 波最小。在移动信道中，多个 E 波和 H 波叠加，E_x，H_x，H_y 的分量是互相独立的，因此通过接收 3 个场分量，也可以获得分集的效果。

场分量分集不要求天线间有实体上的间隔，因此适用于较低（100 MHz）工作频段。当工作频率较高时（800 ~ 900 MHz），空间分集在结构上容易实现。

（5）角度分集。角度分集的做法是使电波通过几个不同的路径，并以不同的角度到达接收端，而接收端利用多个锐方向性接收天线能分离出不同方向来的信号分量，由于这些信号分量具有相互独立的衰落特性，因而可以实现角度分集并获得抗衰落的效果。

（6）时间分集。快衰落除了具有空间和频率独立性以外，还具有时间独立性，即同一信号在不同时间、区间多次重发，只要各次发送信号的时间间隔足够大，那么各次发送信号所出现的衰落将是彼此独立的，接收机将重复收到的同一信号进行合并，就能减小衰落的影响。时间分集主要用于在衰落信道中传输数字信号。

知识链接2　MIMO 技术

1. MIMO 的概念

MIMO（Multiple Input Multiple Output，多输入多输出系统）是指在发射端和接收端同时使用多个天线的通信系统，在不增加宽带的情况下成倍地提高通信系统的容量和频谱利用率。

2. MIMO 的发展历史

1908 年马可尼就提出用 MIMO 来抗衰落；20 世纪 70 年代有人提出将 MIMO 用于通信系统；1995 年，Teladar 给出了在衰落情况下的 MIMO 容量；1996 年，Foshinia 给出了一种多入多出处理算法——对角-贝尔实验室分层空时（D-BLAST）算法；1998 年，Tarokh 等讨论了用于 MIMO 的空时码；1998 年，Wolniansky 等采用垂直-贝尔实验室分层空时（V-BLAST）算法建立了一个 MIMO 实验系统。这些工作受到各国学者的极大注意，并使得 MIMO 技术的研究工作得到了迅速发展。

【知识拓展】从 SISO 到 MIMO。

SISO（Single-Input Single-Output，单发单收）是一种单输入单输出系统，发射天线和接收天线之间的路径是唯一的，传输的是 1 路信号。在无线系统中，我们把每路信号定义为 1 个空间流（Spatial Stream）。SISO 如图 2-5-1 所示。

图 2-5-1　SISO 示意图

为了改变这一局面，在终端处增加 1 个天线，使得接收端可以同时接收到 2 路信号，也就是单发多收。这样的传输系统就是 SIMO（Single-Input Multiple-Output，单输入多输出），如图 2-5-2 所示。

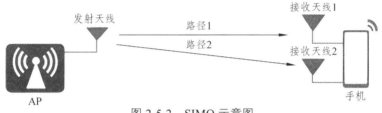

图 2-5-2　SIMO 示意图

虽然有 2 路信号，但是这 2 路信号是从同一个发射天线发出的，所以发送的数据是相同的，传输的仍然只有 1 路信号。这样，某一路信号有部分丢失也没关系，只要终端能从另一路信号中收到完整数据即可。虽然最大容量还是 1 条路径，但是可靠性却提高了 1 倍。这种方式叫作接收分集。

如果把发射天线增加到 2 个，接收天线还是维持 1 个，会有什么样的结果呢？因为接收天线只有 1 个，所以这 2 路最终还是要合成 1 路，这就导致发射天线只能发送相同的数据，传输的还是只有 1 路信号。这样做其实可以达到和 SIMO 相同的效果，这种传输系统叫作 MISO（Multiple-Input Single-Output，多输入单输出），也叫作发射分集，如图 2-5-3 所示。

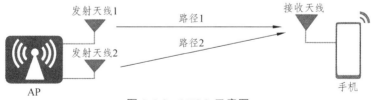

图 2-5-3　MISO 示意图

如果收发天线同时增加为 2 个，那么是不是就可以实现独立发送 2 路信号，并且速率翻倍了呢？答案是肯定的，因为从前面对 SIMO 和 MISO 的分析来看，传输容量取决于收、发双方的天线个数，而这种多收多发的传输系统就是 MIMO（Multiple Input Multiple Output，多输入多输出系统），如图 2-5-4 所示。

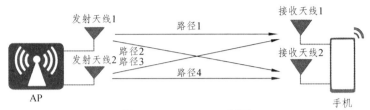

图 2-5-4　MIMO 示意图

MIMO 技术允许多个天线同时发送和接收多个信号，并能够区分发往或来自不同空间方位的信号。通过空分复用和空间分集等技术，在不增加占用带宽的情况下，其能提高系统容量、覆盖范围和信噪比。

3. MIMO 的优势

MIMO 多种模式带来多种增益：

（1）发送分集增益：提高系统可靠性，不能提升数据速率。

（2）波束赋形增益：提高系统有效性，可以提升数据速率。

（3）空分复用增益：提高系统有效性，可以提升数据速率。

提高频谱效率：

（1）要求 TD-LTE 的下行频谱效率达到 5 b/s·Hz^{-1}（Rel-10 为 30 b/s·Hz^{-1}）。

（2）要求 TD-LTE 的上行频谱效率达到 2.5 b/s·Hz^{-1}（Rel-10 为 15 b/s·Hz^{-1}）。

4. MIMO 技术的分类

MIMO 技术主要分为三大类：波束赋形、传输分集和空间复用。

1）波束赋形

波束赋形是利用较小间距的天线阵元之间的相关性（天线间距为 0.5λ~0.65λ），通过阵元发射的波之间形成干涉，集中能量于某个（或某些）特定方向上，形成波束，从而实现更大的覆盖和干扰抑制效果。波束赋形的原理如图 2-5-5 所示。

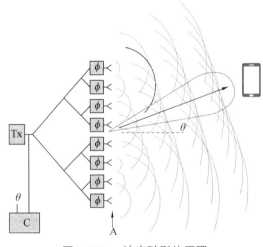

图 2-5-5　波束赋形的原理

根据波束赋形处理位置和方式的不同，可分为数字波束赋形，模拟波束赋形以及混合波束赋形这三种。波束赋形还可以分为单流波束赋形和双流波束赋形。

【知识拓展】如何理解波束赋形？

可以这样理解，"波束"里的波字可以认为是电磁波，束字的本意是"捆绑"，因此波束的含义是捆绑在一起集中传播的电磁波；而赋形可以简单地理解为"赋予一定的形状"。合起来，波束赋形的意思就是赋予一定形状集中传播的电磁波。我们常见的光也是一种电磁波，灯泡作为一个点光源，发出的光没有方向性，只能不断向四周耗散；而手电筒则可以把光集中到一个方向发射，能量更为聚焦，从而照得更远。

无线基站波束赋形同理，如图2-5-6所示。如果天线的信号全向发射的话，这几个手机只能收到有限的信号，大部分能量都浪费掉了；而如果能通过波束赋形把信号聚焦成几个波束，专门指向各个手机发射的话，承载信号的电磁能量就能传播得更远，而且手机收到的信号也就会更强。

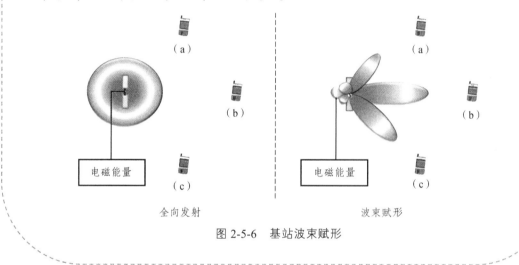

图 2-5-6　基站波束赋形

2）传输分集

传输分集是利用较大间距的天线阵元之间或赋形波束之间的不相关性（天线间距在 10λ 以上），发射或接收一个数据流，避免单个信道衰落对整个链路的影响，目的是提高链路的质量，即提高通信的质量。

传输分集的代表性技术是空时编码（Space Time Coding，STC）。空时编码就是将空间域上的发送分集和时间域上的信道编码相结合的联合编码技术，通过在发射端的联合编码增加信号的冗余度，从而使信号在接收端获得分集增益。空时编码（STC）将数据分成多个数据子流在多个天线上同时发射，建立了空间分离和时间分离之间的关系，通过在发射天线间的时域引入编码冗余得到分集增益。其本质在于建立了空间分离和时间分离之间的关系，达到各个天线之间的相互保护的目的（也就是说各个天线发送的信号独立或者相关性很小），降低了同一个符号在所有天线上发生深度衰落的机会，降低平均误码率。

空时编码（STC）主要分为空时格码（STTC）和空时分组码（STBC）。

3）空间复用

空间复用是利用较大间距的天线阵元之间或赋形波束之间的不相关性，向一个终端/基站并行发射多个数据流，以提高链路容量。空间复用技术是在不同的天线、同一的频点上传输多个独立的数据流，接收端必须使用不少于数据流数目的接收天线才能译码正确，这样在频点资源一定的情况下能提高整个系统的吞吐量。

【想一想】传输分集和空间复用有何不同？

2.5.3　扫码获取答案

5. LTE 中 MIMO 的应用

在 LTE 中，MIMO 主要有 8 种工作模式，如表 2-5-1 所示。

表 2-5-1　MIMO 的 8 种工作模式

传输模式	PDSCH（物理下行共享信道）传输方案	优　点	典型应用场景
TM1	单天线的传输模式	产生的 CRS 开销小	各类场景
TM2	发送分集	提高链路传输质量，提高小区覆盖半径	作为其他 MIMO 模式的回退模式
TM3	开环空间复用	提高小区平均频谱效率和峰值速率	高速移动场景
TM4	闭环空间复用	提高小区平均频谱效率和峰值速率	低速移动场景
TM5	多用户 MIMO	提高小区平均频谱效率和峰值速率	密集城区
TM6	Rank=1 的预编码	提高小区的覆盖	仅支持 rank=1 的传输
TM7	单流波束赋形	提高链路传输质量，提高小区覆盖	郊区、大范围覆盖场景
TM8	双流波束赋形	提高小区覆盖，提升小区中心用户吞吐量	小区中心吞吐量需求大的场景

注：闭环（Close-Loop）MIMO：通过反馈或信道互异性得到信道先验信息；

　　开环（Open-Loop）MIMO：没有信道先验信息；

Rank=1 是指发射端采用单层预编码,使其适应当前的信道,是闭环空分复用的一种特殊场景。

知识链接3 Massive MIMO 技术

1. 基本概念

Massive MIMO（大规模天线技术）是第五代移动通信（5G）中提高系统容量和频谱利用率的关键技术。它最早由美国贝尔实验室研究人员提出，研究发现，当小区的基站天线数目趋于无穷大时，加性高斯白噪声和瑞利衰落等负面影响全都可以忽略不计，数据传输速率能得到极大提高。

Massive MIMO 天线相对于传统基站天线或者传统一体化有源天线，其形态差异为阵列数量非常大，单元具备独立收发能力，相当于更多天线单元实现同时收发数据，用于热点地区、室内容量和无线回传。其采用高低频混合组网，实现最佳频谱利用。

> 【知识拓展】Massive MIMO 与传统 MIMO 的区别？
> （1）天线数。传统的 TDD 网络的天线基本是 2 天线、4 天线或 8 天线，而 Massive MIMO 指的是通道数达到 64/128/256 个。
> （2）信号覆盖的维度。传统的 MIMO 称为 2D-MIMO，以 8 天线为例，实际信号在做覆盖时，只能在水平方向移动，垂直方向是不动的，信号类似一个平面发射出去。而 Massive MIMO，是在信号水平维度空间基础上引入垂直维度的空域，信号的辐射状是个电磁波束，所以 Massive MIMO 也称为 3D-MIMO。

2. Massive MIMO 的优势

（1）多波束能力，可通过多用户空分复用增益提升网络容量（MU-MIMO）。

（2）大阵列 Beam forming，通过算法抑制用户间干扰，大幅提升单用户 SINR。

（3）3D-beamforming 特性，实现多种场景的覆盖要求。

（4）多通道上行接收，可最大化提升上行接收增益。

【想一想】5G 为什么一定要用 Massive MIMO？

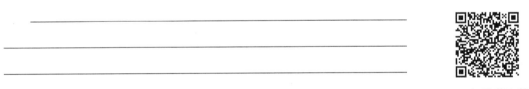

_____

_____

_____

_____   2.5.4　扫码获取答案

3. Massive MIMO 的技术

（1）天线阵列与波束赋形：Massive MIMO 系统利用大量天线组成的天线阵列，通过复杂的信号处理算法（如预编码、波束成形）形成定向的、窄波束的无线信号，精确地指向各个用户设备（UE）。这种波束赋形技术能够有效聚焦能量，减少干扰，提高信号质量。

（2）空间多路复用：由于波束的定向性，Massive MIMO 系统能够在相同的时频资源上为多个 UE（用户终端）提供独立的、几乎无干扰的服务通道，实现空间上的多路复用。这大大增加了系统容量，尤其是在用户密集区域。

（3）空间分集与抗衰落：大量天线提供的丰富空间自由度使得系统能够利用空间分集效应抵抗无线信道的快衰落（小尺度衰落）。即使在信道条件恶劣的情况下，通过合理设计的接收算法也能保证通信质量。

（4）信道估计与反馈：Massive MIMO 系统通常采用先进的信道估计技术（如 LS、MMSE、LMMSE 等）和压缩感知理论，结合 UE 的信道状态信息（CSI）反馈，精确估计和追踪复杂的多天线信道，这为有效的波束赋形和资源分配提供了基础。

4. Massive MIMO 的未来发展

（1）更大规模天线阵列：随着技术成熟和市场需求，未来可能进一步增加天线数量，探索超大规模 MIMO（如数千个天线）的可能性。

（2）AI 赋能：利用人工智能技术优化信道估计、波束赋形、资源分配等过程，提升系统自适应性和智能化水平。

（3）集成毫米波与 Sub-6 GHz：在同一个 Massive MIMO 系统中集成不同频段（如毫米波与 Sub-6 GHz）的天线，实现跨频段协同工作，充分利用各频段优势。

（4）面向 6G 的演进：作为 6G（第六代移动通信）的关键技术之一，Massive MIMO 将继续演进，支持更高速率、更低延迟、更大连接密度等新需求。

综上所述，Massive MIMO 技术通过在基站端配备大量天线，利用空间多路复用、波束赋形等技术，显著提升无线通信系统的容量、覆盖、能效和频谱效率，是 5G 及未来无线通信系统的核心技术之一。面对技术挑战，科研人员和工程师正在不断探索和创新，推动 Massive MIMO 技术的持续发展和广泛应用。

【动一动】能区分不同多址技术的应用场景。

过关训练

1. 选择题

（1）当前移动基站用到最多的分集方式为（　　　）。（单选）

    A. 空间分集　　　　　B. 频率分集　　　　　C. 时间分集　　　　D. 双极化分集

（2）基站同一扇区同时通过两根或多根物理天线来接收同一信号的分集方式称为（　　　）。（单选）

    A. 空间分集　　　　　B. 频率分集　　　　　C. 时间分集　　　　D. 多基站分集

（3）在传输通信信号的过程中，将信号分成多个极化分量，然后分别通过不同的传输路径传输，再将多个极化分量组合在一起，以提高传输效率的技术称为（　　　）。（单选）

    A. 空间分集　　　　　B. 频率分集　　　　　C. 时间分集　　　　D. 极化分集

2. 判断题

（1）Massive MIMO 天线通道数可达到 256 个。（　　　）

（2）MIMO 的本质就是一种复杂的分集技术，它通过空间复用和空间分集这两种方式来提高信息传输速率或改善系统性能。（　　　）

任务 2.6　功率控制技术

学习任务单

任务名称	功率控制技术	建议课时	2 课时
知识目标： （1）掌握 4G、5G 功率控制技术。 （2）了解 2G、3G 功率控制技术。			
能力目标： 能区分功率控制的应用场景。			
素质目标： （1）树立技术自信和民族自豪感。 （2）树立精益求精的邮电工匠精神。			
任务资源： 2.6.1　任务 2.6 资源			

 **知识链接1** 什么是功率控制技术？

1. 如果没有功率控制，移动通信系统将会如何？

有 3 个手机用户，它们离基站的距离，A 用户最近、B 用户中等、C 用户较远，如图 2-6-1 所示。

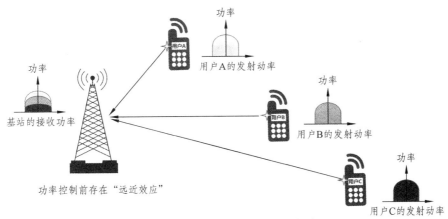

图 2-6-1　无功控会存在"远近效应"

假如 3 个用户的发射功率是一样的，那么到达基站时，A 用户的功率较强、B 用户的功率一般，C 用户的功率则相对比较弱了。在基站侧，A、B 对 C 用户形成了强干扰，导致基站无法正确接收 C 用户的信号。这就是"远近效应"。

　　同样的 3 个手机用户，A 用户距离基站最近，它的发射功率最小；B 用户的发射功率略大；C 用户距离基站最远，发射功率最大。当 3 个用户的发射功率到达基站侧，其功率基本一致，谁也不干扰谁。通过对用户的发射功率控制，从而消除了"远近效应"的影响，如图 2-6-2 所示。

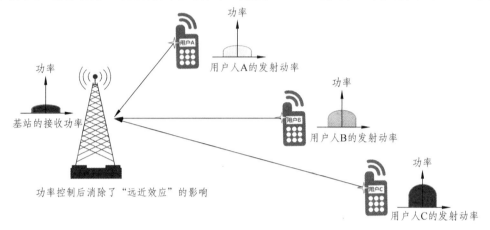

图 2-6-2　加功控消除"远近效应"

2. 功率控制的概念

　　功率控制是指在移动通信系统中根据信道变化情况以及接收到的信号电平，通过反馈信道，按照一定准则控制，调节移动台和基站的发射信号电平。

　　上行功率控制就是控制各移动台的发射功率的大小，它可分为开环功率控制和闭环功率控制。上行链路开环功率控制亦称反向链路开环功率控制，或简称反向开环功率控制。闭环功率控制，即由基站检测来自移动台的信号强度或信噪比，根据测得结果与预定的标准值相比较，形成功率调整指令，通知移动台调整其发射功率，调整阶距为 0.5 dB。

 **功率控制的作用**

　　功率控制最主要的目的是在保证用户最低通信业务质量需求的前提下，尽量降低发射功率，使之达到接收端功率最小，从而避免对其他用户信号产生不必要的干扰，使整个系统的容量最大化。另外，功率控制还可以降低小区内和小区间用户的相互干扰，降低手机功率消耗，增加手机待机时间。

1. 下行（前向）功率分配（控制）的作用

　　下行功率分配的目标是在满足用户接收质量的前提下尽量降低下行信道的发射功率，来降低小区间干扰，降低能耗，并保证网络覆盖和容量需求。

　　由于 LTE 下行采用 OFDMA 技术，一个小区内发送给不同 UE 的下行信号之间是相互正交的，因此不存在 CDMA 系统因远近效应而进行功率控制的必要性。就小区内不同 UE 的路径损耗和阴影衰落而言，LTE 系统完全可以通过频域上的灵活调度方式来避免给 UE 分配路径损耗和阴影衰落较大的 RB（Radio Bearer，无线承载），这样，对 PDSCH 采用下行功控就不是那么必要了。另外，采用下行功控会扰乱下行 CQI 测量，影响下行调度的准确性。因此，LTE 系统中不对下行采用灵活的功率控制，而只是采用静态或半静态的功率分配（为避免小区间干扰采用干扰协调时静态功控还是必要的）。

2. 上行（反向）功率控制的作用

上行功率控制的作用主要包括减少对邻区的上行干扰、降低 UE 的功耗、提升上行容量和减少 UE 能耗。

（1）减少对邻区的上行干扰：通过调整发射功率，可以减少 UE 对相邻小区的干扰，从而保持通信质量，避免因干扰导致的通信中断或数据传输错误。

（2）降低 UE 的功耗：通过优化发射功率，可以减少 UE 在通信过程中的能耗，延长设备的使用时间。

（3）提升上行容量：通过合理分配发射功率，可以增加系统能够处理的通信量，提高网络的整体通信能力。

（4）减少 UE 能耗：通过精细控制发射功率，减少不必要的能量消耗，从而节省 UE 的电池电量，这对于移动设备尤为重要。

上行功率控制不仅在 LTE 网络中发挥着重要作用，而且在 5G 网络中，随着新业务和服务的需求增加，如超可靠低延迟通信（URLLC）和大规模机器类型通信（mMTC），上行功率控制的优化变得更加关键。这些新服务对通信质量和数据传输效率提出了更高的要求，因此需要通过精细的功率控制策略来满足这些需求。

知识链接3 功率控制的参数

功率控制中最重要的参数就是功控的频率和功控的步长。

1. 功控的频率

功控的频率就是多长时间进行一次功率调整，单位符号为 Hz。例如，功控频率为 1 Hz，即系统 1 s 调整 1 次功率。在不同的系统中，功控的频率是不一样的。例如，WCDMA 系统的功控频率是 1 500 Hz，即系统 1 s 调整 1 500 次功率。

如图 2-6-3 所示，功控频率越小，则功控时间周期越长，会导致无线信号的电平跟不上无线环境的变化，突然的衰落和干扰会导致掉话；功控频率越大，则功控时间周期越短，就越有利于无线信号应对无线环境的变化，但会增加对系统计算能力和复杂性的要求。

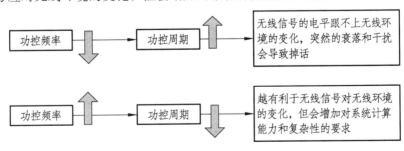

图 2-6-3　功控频率的变化

【想一想】功控频率是越大越好吗？

_____

_____

_____

_____

_____

2.6.2　扫码获取答案

2. 功控的步长

功控的步长就是每次功率控制调整的功率增加或减少的幅度，即功率增量，单位符号为 dB。

功控步长过小，无线信号的电平跟不上无线环境的变化。功控步长过大时有两种情景。增加功率时，功控步长过大，将导致功率供给大于功率需求，造成资源浪费，引起干扰；降低功率时，步长过大，则导致信号电平降低过快，引起通话质量下降，甚至掉话。

【知识拓展】功控步长调整的"快升慢降"原则。

对于功控步长调整的"快升慢降"原则，例如，功率每次增加 0.5 dB，但需降低时，每次只降低 0.2 dB。

快升：无线环境突然变坏，为了保证通话质量，避免掉话，需要迅速将功率调上去。慢降：当不需要这么大功率的时候，慢慢地把它降下来，这样可以避免功率随着无线环境反复大幅升降，引起不必要的网络性能恶化。

知识链接4　功率控制的分类

功率控制有不同的分类标准，具体的分类如图 2-6-4 所示。

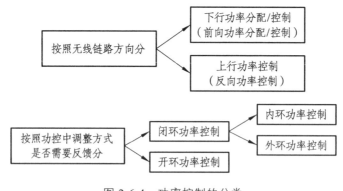

图 2-6-4　功率控制的分类

1. 上行功率控制和下行功率分配（控制）

如果按照无线链路方向，功率控制可以分为上行功率控制和下行功率分配（控制）。

1）上行功率控制

如图 2-6-5 所示，上行功率控制又称反向功控，用来控制每一个移动台的发射功率，使所有移动台在基站侧接收的信号功率或 SNR 基本相等，达到克服远近效应的目的。当然在 LTE 系统中，上行功率控制是实现小区间干扰协商的一个重要手段。

2）下行功率分配（控制）

如图 2-6-6 所示，下行功率控制又称前向功控，使所有移动台能够有足够的功率正确接收信号，在满足要求的情况下，基站的发射功率应尽可能小，以减小对相邻小区的干扰，克服角效应。在 4G/5G 系统中，下行没有功率控制，而是采用功率分配。

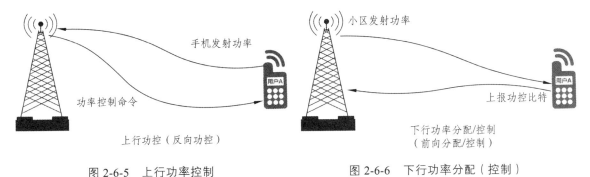

图 2-6-5　上行功率控制　　　　　　　　图 2-6-6　下行功率分配（控制）

【知识拓展】为什么 4G 和 5G 不需要下行功控？

一般来讲，功率控制的主要目的：抑制小区间干扰；省电，减少发射功率；在小区内补偿路损和阴影。所以理论上讲上下行都需要功率控制，上行会根据无线环境变化调整 UE 功率，下行 2G/3G 系统也会根据上行无线环境调整基站发射功率。

但在 4G/5G 网络中，下行功控的需求与 2G/3G 网络相比有所不同，主要原因如下：

（1）4G/5G 网络下行链路采用了 OFDMA。由于子载波的正交性，即使没有下行功率控制，用户之间的干扰也大大减少。

（2）4G/5G 网络采用了小区间干扰协调（ICIC）和高级干扰管理，可以有效地管理和减少小区间和小区内的干扰，从而减少了对下行功率控制的依赖。

（3）4G/5G 网络采用了自适应调制和编码（AMC）。网络可以通过调整调制和编码方案而不是仅仅依赖功率控制来优化用户的数据速率和网络性能。

（4）4G/5G 网络采用了波束成形技术。特别是在 5G 中，波束成形技术的使用使得网络能够将信号能量集中地发送给特定的用户，从而提高信号质量和减少干扰。这种定向传输减少了对传统下行功率控制的需求。

2. 闭环功率控制和开环功率控制

如果按照功控中调整方式是否需要反馈，功率控制可以分为开环功率控制和闭环功率控制。

1）开环功率控制

开环功率控制就是不需要接收方对接收情况进行反馈，发射端根据自身测量得到的信息判断自己的发射功率的方式。

如果将开环功控和无线链路方向结合在一起来看，应该分为上行开环功控和下行开环功控。

但基站侧是直接根据自己测得的信噪比和所需解调门限来决定下行各个信道的初始发射功率的，不存在开环。所以，开环只是针对上行链路的。

PRACH（物理随机接入信道）开环功控过程如图 2-6-7 所示。

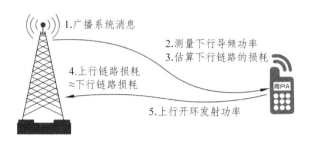

图 2-6-7　PRACH 开环功控过程

（1）UE 接收基站来的系统消息，从中找出它的导频发射功率和上行干扰水平。

（2）UE 接收并测量下行导频信道的功率。

（3）下行链路的损耗=基站的导频发射功率−UE 接收到的导频功率。

（4）UE 使上行链路损耗≈下行链路损耗，考虑上行干扰水平和接收所需的信号强度。

（5）上行开环发射功率=上行链路损耗+干扰余量+基站接收机所需信号强度。

【想一想】上行发射端如何决定以多大的功率发射？

_____

_____

_____

_____

_____

2.6.3　扫码获取答案

2）闭环功率控制

闭环功率控制是指发射端根据接收端送来的反馈信息对发射功率进行控制的过程。闭环功率控制由内环功率控制和外环功率控制两部分组成。

内环功率控制是一种快速闭环功率控制，在基站与移动台之间的物理层进行。内环功率控制过程如图 2-6-8 所示。

通信本端接收通信对端发出的功率控制命令控制本端的发射功率，通信对端的功率控制命令的产生是通过测量通信本端的发射信号的功率和信干比，与预置的目标功率或信干比相比，产生功率控制命令以弥补测量值与目标值的差距，即测量值低于预设值，功率控制命令就是上升；测量值高于预设值，功率控制命令就是下降。

外环功率控制根据接收信号质量指标对内环功率控制的门限值进行调整，间接影响系统的用户容量和通信质量。外环功率控制通过测量误块率或误帧率，并定时地根据目标误块率或误帧率来调节内环门限，将其调大或调小以维持恒定的目标误块率或误帧率。外环功率控制过程如图 2-6-9 所示。

图 2-6-8　内环功率控制过程

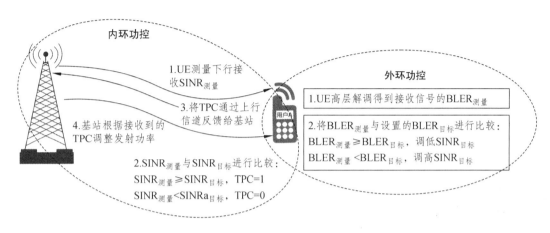

图 2-6-9　外环功率控制过程

基于每条链路，不断地比较误块率（BLER）或误帧率（FER）与质量要求目标 BLER 或目标 FER 的差距，弥补性地调节每条链路的目标 SINR 或目标功率，即质量低于要求，就调高目标 SINR 或目标功率；质量高于要求，就调低目标 SINR 或目标功率。

【动一动】能区分功率控制的应用场景。

过关训练

1. 选择题

（1）5G 中，下行采用功率分配是因为 5G 采用了（　　　）等技术。（多选）

　　A. OFDMA　　　　　　　　B. ICIC

　　C. AMC　　　　　　　　　D. 波束成形

（2）功率控制如果按照功控中调整方式是否需要反馈，可以分为（　　　）。（多选）

    A. 开环功控   B. 内环功控

    C. 功率分配   D. 闭环功控

（3）反向功控包括（　　　）。（多选）

    A. 反向开环功控   B. 反向闭环功控

    C. 反向外环功控   D. 前向内环功控

2. 判断题

（1）前向功控控制的是基站的发射功率。（　　　）

（2）PRACH 功率控制目的是在保证 NR 随机接入成功率的前提下，UE 以尽量小的功率发射前导，降低对邻区的干扰并使得 UE 省电。（　　　）

移动通信工程技术

任务 3.1 电波传播技术

学习任务单

任务名称	电波传播技术	建议课时	2 课时
知识目标： （1）掌握电波传播方式、自由空间电波传播损耗计算公式。 （2）了解 4G、5G 的无线电波传播模型。			
能力目标： （1）能进行自由空间传播损耗值计算。 （2）能根据应用场景的不同选择传播模型。			
素质目标： （1）树立技术自信和民族自豪感。 （2）树立精益求精的邮电工匠精神。			
任务资源： 3.1.1　任务 3.1 资源			

知识链接1 无线电波传播概述

1. 无线电波的传播方式

无线电波通过多种传输方式从发射天线到接收天线。其形式主要有自由空间波、对流层反射波、电离层波和地波。

1）表面波传播

表面波传播，就是电波沿着地球表面到达接收点的传播方式，如图 3-1-1 中 1 所示。电波在地球表面上传播，以绕射方式可以到达视线范围以外区域。地面对表面波有吸收作用，吸收的强弱与带电波的频率、地面的性质等因素有关。

2）天波传播

天波传播，就是自发射天线发出的电磁波，在高空被电离层反射回来到达接收点的传播方式，如图 3-1-1 中 2 所示。电离层对电磁波除了具有反射作用以外，还有吸收能量与引起信号畸变等作用。其作用强弱与电磁波的频率和电离层的变化有关。

3）直射传播

直射传播，就是由发射点从空间直线传播到接收点的无线电波，如图 3-1-1 中 3 所示。在传播过程中，它的强度衰减较慢，信号最强。

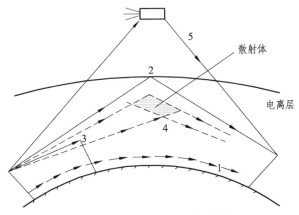

图 3-1-1　无线电波的传播特性

4）散射传播

散射传播，就是利用大气层对流层和电离层的不均匀性来散射电波，使电波到达视线以外的地方，如图 3-1-1 中 4 所示。对流层在地球上方约 17 km 处，是异类介质，反射指数随着高度的增加而减小。

【知识拓展】大气的分层？

随着距地面的高度不同，大气层的物理和化学性质有很大的变化。按气温的垂直变化特点，可将大气层自下而上分为对流层、平流层、中间层（上界为 85 km 左右）、热层（上界为 800 km 左右）和散逸层（没有明显的上界），如图 3-1-2 所示。

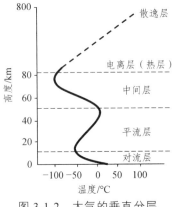

图 3-1-2　大气的垂直分层

5）外层空间传播

外层空间传播，就是无线电在对流层、电离层以外的外层空间中的传播方式，如图 3-1-1 中 5 所示。这种传播方式主要用于卫星或以星际为对象的通信中，以及用于空间飞行器的搜索、定位、跟踪等。自由空间波又称为直达波，沿直线传播，用于卫星和外部空间的通信，以及陆地上的视距传播。视线距离通常为 50 km 左右。

2. 无线电波的基本传播机制

无线电波的传播速度、频率和波长的关系为 $C = f \cdot \lambda$。其中，C 为光速，这是一个常量，约等于 3×10^8 m/s；f 为频率，单位符号为 Hz，1 MHz = 1 000 kHz = 1 000 000 Hz；λ 是波长，单位符号为 m。

移动通信中，无线电波的基本传播方式有直射（Direct）、反射（Reflection）、散射（Refraction）、绕射（Scattering）或者衍射（Diffraction）和透射（Transmission）。

（1）直射波：接收天线能直接看到发射天线，发射端的电磁波直接传播到接收端，如图 3-1-3 所示。

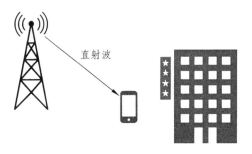

图 3-1-3　直射波传播方式

（2）反射波：发射电磁波照射到比载波波长大的平面物体，反射出来的电磁波再被接收天线接收，如图 3-1-4 所示。

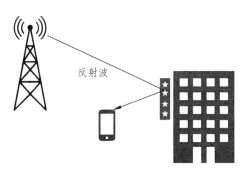

图 3-1-4　反射波传播方式

（3）散射波：发射的电磁波照射到比载波波长小的物体上，反射出多路不同的较弱的电磁波，再传播到接收天线处，如图 3-1-5 所示。散射波产生于粗糙表面、小物体或其他不规则物体。在实际通信系统中，树叶、街道标识和灯柱等都会引发散射。

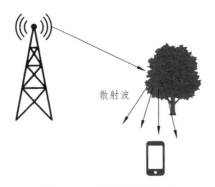

图 3-1-5　散射波传播方式

（4）绕射波：当接收机和发射机之间的无线路径被物体的边缘阻挡时发生绕射，如图 3-1-6 所示。绕射使得无线电信号能够传播到阻挡物的后面。

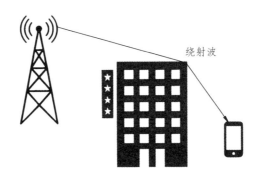

图 3-1-6　绕射波传播方式

（5）透射波：发射的电磁波直接穿透物体，在该物体的背面空气中传播，如图 3-1-7 所示。

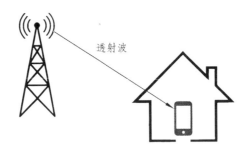

图 3-1-7　透射波传播方式

3. 无线电波传播的特点

1）传播环境复杂

移动通信工作在 VHF（甚高频，30 MHz ～ 300 MHz）、UHF（特高频，300 MHz ～ 3 000 MHz）、SHF（超高频，3 GHz ～ 30 GHz）、EHF（极高频，30 GHz ～ 300 GHz）时，电波的传播以直射波和反射波为主。因此，地形、地物、地质以及地球的曲率半径等都会对电波的传播造成影响。我国地域辽阔，地形复杂、多样，即使在平原地区的大城市中，高楼林立也使电波传播变得十分复杂，复杂的地形和地面各种地物的形状、大小、相互位置、密度、材料等都会对电波的传播产生反射、折射、绕射等不同程度的影响。

2）信号衰落严重

衰落是无线电波的基本特征之一，是指信号强度随时间变化的现象，即信号由强变弱的过程。衰落的变化又有快衰落和慢衰落之分。

（1）快衰落。在移动通信系统中，移动台的电波传播因受到高大建筑物的反射、阻挡以及电离层的散射，它所收到的信号是从许多路径来的电波的组合，这种现象称为多径效应。合成信号的幅度、相位和到达时间随机变化，从而严重影响通信质量，这就是所谓的多径衰落现象，又称为瑞利衰落或快衰落，如图 3-1-8 所示。各种不同路径反射矢量合成的结果，使信号场强随地点不同而呈驻波分布，接收点场强包络的变化服从瑞利分布，如图 3-1-9 所示，衰落的深度可达 20~30 dB。

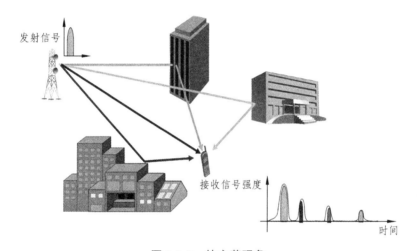

图 3-1-8　快衰落现象

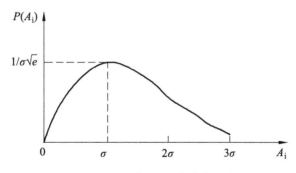

图 3-1-9　瑞利分布概率密度函数

（2）慢衰落。在移动信道中，场强中值随着地理位置变化呈现慢变化，称为慢衰落或地形衰落。产生慢衰落的原因是高大建筑物的阻挡及地形变化，移动台进入某些特定区域，因电波被吸收或反射而收不到信号，将这些区域称为阴影区，从而形成电磁场阴影效应，如图 3-1-10 所示。慢衰落变化服从对数正态分布，如图 3-1-11 所示。所谓对数正态分布，是指以分贝数表示的信号为正态分布。

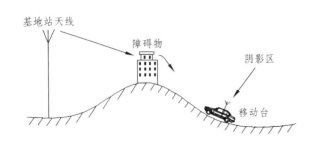

图 3-1-10　慢衰落现象

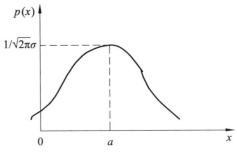

图 3-1-11　正态分布概率密度函数

此外，还有一种随时间变化的慢衰落，它也服从对数正态分布。这是由于大气折射率的平缓变化，使得多径信号相对时延变化，造成同一地点收到的场强中值电平随时间做慢变化，但这种变化远小于地形因素的影响，因此一般忽略不计。

3）具有多普勒频偏效应

在无线电波传播的过程中，接收机所接收到的信号频率往往与发射机发射的原始频率存在一定的偏差。这种现象的出现是因为多径传播的信号在到达接收端时，其相位会持续变化，从而导致工作频率产生偏移。特别地，当移动台在移动过程中，由于其相对位置的变化，这种频率偏移现象尤为显著，我们将其称为多普勒频偏效应。这一效应在无线通信系统中是一个重要的考量因素，因为它会影响信号的接收质量和通信的稳定性。

若工作频率越高，运动速度越快，那么多普勒频偏（Δf）越大。频偏大小可通过下式确定：

$$\Delta f = \frac{v \cdot \cos(\theta)}{c} \cdot f_0 \qquad (3\text{-}1\text{-}1)$$

式中，Δf 表示多普勒频偏；v 是移动台相对运动速度；f_0 是工作频率；θ 是速度方向与信号传播方向的夹角；c 是电磁波在真空中的传播速度（约为 3×10^8 m/s）。

当 $\theta = 0$ 时，Δf 称为最大多普勒频移为：$\Delta f_{\max} = \pm vf/c$。

例如，当车速为 60 km/h，工作频率为 900 MHz 时，由公式可以计算出最大多普勒频移为 50 Hz。这就要求移动台具有良好的抗衰落能力。

4）传播环境不断变化

移动通信的信道是变参信道。引起电波传播环境变化的因素有很多，主要因素是由于移动台处于移动状态，周围的地形、地物等总在不断变化。另外，城市建设的不断变化对移动通信的电波传播环境也有影响。

5）环境被电磁噪声污染

传播环境本身就是一个充满电磁噪声的场所，而且这种噪声污染的趋势正日益加剧。电磁噪声污染的来源多种多样，包括汽车点火系统、工业设备产生的电磁干扰，以及日益兴旺的广播和无线通信系统所带来的信号干扰等。这些噪声和干扰不仅影响了电磁环境的清洁度，也对无线通信的质量和可靠性构成了挑战。因此，如何在日益复杂的电磁环境中有效降低噪声干扰，提高通信质量，成了无线通信领域亟待解决的重要课题。

4. 无线电波传播的影响因素

1）传播距离的影响

随着传播距离的不断延伸，电磁波携带的能量将逐步衰减，导致信号强度随之减弱。这种现象是电磁波传播过程中不可避免的自然规律。电磁波在空间中的传播，会因为介质的吸收、散射等作用而损失能量，使得信号在远距离传输后变得愈发微弱。因此，在无线通信系统中，如何有效提高信号的传输距离和覆盖范围，是设计和优化过程中需要重点考虑的问题。通过采用高增益天线、提高发射功率、采用先进的调制解调技术等手段，可以在一定程度上缓解信号衰减的问题，提高通信系统的性能。

2）地形地物的影响

地形的多样性是影响电磁波传播的重要因素之一。地形主要包括开阔地、平原、丘陵、山区以及水面等不同类型。在分析地形对电磁波传播的影响时，需要重点关注地势的特点，如中心海拔高度、主要河流和山脉等特殊地形。此外，地物也是影响电磁波传播的重要因素，包括市区、郊区、乡镇、农村以及交通干道等。

通常情况下，地势开阔平坦的地形有利于电磁波的传播。这是因为开阔地形中障碍物较少，电磁波可以直线传播，传播损耗较小。而在乡镇和农村地区，由于建筑物相对较少，电磁波传播的障碍物也相对较少，因此也有利于电磁波的传播。相反，在山区和城市密集区，由于地形起伏较大，建筑物密集，电磁波传播的损耗会大大增加，传播效果会受到影响。

【知识拓展】地形与地物

地形是指地球表面的各种形态，它包括了自然形成和人工建造的。这些多样的地形可以大致分为两大类：准平滑地形和不规则地形。准平滑地形指的是那些在电波传播路径上，地形断面的起伏量不超过 20 m，且变化较为平缓的平坦地区。而不规则地形则涵盖了除准平滑地形以外的所有地形类型。

地物则是指地面上具有明显轮廓的物体，这些物体既包括自然形成的，如河流、湖泊等，也包括人工建造的，如房屋、道路、桥梁等。地物的分布密度不同，可以根据其稠密程度划分为不同的区域，如市区、郊区、乡镇、农村以及交通干道等。这些地物和地形特征对电磁波的传播有着显著的影响，因此在无线通信和地理信息系统等领域，对地形和地物的详细研究至关重要。

3）建筑物和植被的影响

建筑物的材料构成、建筑密度以及地面植被的分布，如森林、草原和农作物等，均会对电磁波的传播产生显著影响。通常来说，钢筋混凝土结构的建筑物对电磁波的传播阻碍作用要大于木质或砖瓦结构的建筑。这是因为钢筋混凝土材料对电磁波的吸收和反射能力更强。同样，建筑密度越高，电磁波在传播过程中遇到的障碍物就越多，导致信号衰减加剧。此外，在植被密集的地区，如茂密的森林或农作物覆盖的田野，电磁波的传播也会受到较大的影响。植被的存在会增加电磁波的传播损耗，尤其是在高频段更为明显。因此，在进行无线通信网络规划和优化时，需要充分考虑这些因素，以确保信号的有效覆盖和传输质量。

1. 传播模型的定义

传播模型是一种经验公式，它用于模拟无线电信号在无线环境中传播时的衰减特性。这些模型旨在估算接收点的信号场强中值，使其尽可能接近实际情况。通过这种方式，传播模型为无线网络的规划和优化提供了重要的指导，帮助工程师设计出更高效、更可靠的通信系统。在无线通信领域，传播模型的应用至关重要，它们有助于预测信号覆盖范围、优化基站布局，并评估不同环境下的通信性能。

2. 传播模型的分类

电波传播模型是通过综合分析电波在不同传播环境中的行为，总结得到的一系列规律、结论和具体方法。这些模型深入揭示了电波传播的内在机制，为无线通信领域提供了宝贵的理论支持。利用电波传播模型，我们不仅可以准确估算服务区内的场强分布，为网络覆盖提供科学依据，还可以对移动通信网络进行合理规划和设计，优化网络性能。常见有4种电波传播模型。

（1）统计模型（Statistical Model）：通过对移动通信服务区内的场强进行实地测量，在大量实测数据中用统计的方法总结出场强中值随频率、距离、天线高度等因素的变化规律并用公式或曲线表示出来。

（2）实验模型（Empirical Model）：通过实验方法得出某些电波传播规律，但不像统计模型那样用公式或曲线表示出来，而是提供一个表格数据。

（3）确定性模型（Deterministic Model）：通过将地形、地物等电波传播的环境适当理想化后，采用电磁场理论或者几何光学法的确定性的方法来求取场强的变化规律。

（4）回归模型（Regression Model）：通过将计算或实测得到的路径损耗随传播距离而变化的数据按距离乘方法则做线性回归处理，曲线拟合（Curve-Fitting）出路径损耗规律。

3. 传播模型的应用

1）传播模型的定义

传播模型是用来模拟电信号在无线环境中传播时的衰减情况的经验公式，估算出尽可能接近实际的接收点的信号场强中值，从而指导网络的规划工作。

2）自由空间传播模型

自由空间传播模型（Free Space Propagation Model）是无线电波传播的最简单的模型，即无线电波的损耗只和传播距离、电波频率有关，在给定信号的频率的时候，只和距离有关。自由空间传播损耗公式可由下式确定：

$$L（\mathrm{dB}）= 32.45 + 20\log d（\mathrm{km}）+ 20\log f（\mathrm{MHz}） \tag{3-1-2}$$

这个公式反映了自由空间中传输损耗的计算方法。其中，L 为自由空间传播损耗（dB）；d 为收发天线之间的距离（km）；f 为工作频率（MHz）。由分析可知，自由空间的传播损耗（也称为衰减）只与工作频率 f 以及传播距离 d 有关，且如果它们其中一个不变化的时候，另一个增大一倍，则传输损耗增加 6 dB。

【想一想】什么是自由空间？

_____

_____

_____

3.1.2　扫码获取答案

在实际无线环境中，无线信号只要在第一菲涅耳区不受阻挡，就可以认为在自由空间传播。这样在传播损耗估算的时候，就可以非常简单。

例如，某网络工作频率为 900 MHz 的无线信号在 1 m 处的衰减为：$L = 32.4 + 20\log (1/1\ 000) + 20\log900 = 32.4 - 60 + 59.1 = 31.5$ dB；某网络工作频率为 1 800 MHz 的无线信号在 1 m 处的衰减为：$L = 32.4 + 20\log (1/1\ 000) + 20\log1\ 800 = 32.4 - 60 + 65.1 = 37.5$ dB。

例如，某室内分布天线口处发射功率为 0 dBm（1 mW），我们在 10 m 以外的地方测试（无阻挡），那么我们的手机接收到的 RSRP（参考信号接收功率）粗略计算如下：RSRP= $0 - (32.4 + 20*\log (10/1\ 000) + 20*\log(2\ 000)) = -78.4$ dBm。

3）传播模型的分类

电波传播模型是通过对电波传播的环境进行不同方法的分析后所得到的电波传播的某些规律、结论以及具体方法。利用电波传播模式不仅可以估算服务区内的场强分布，而且还可以对移动通信网进行规划与设计。常见有四种电波传播模型。

（1）统计模型（Statistical Model）：通过对移动通信服务区内的场强进行实地测量，在大量实测数据中用统计的方法总结出场强中值随频率、距离、天线高度等因素的变化规律并用公式或曲线表示出来。

（2）实验模型（Empirical Model）：通过实验方法得出某些电波传播规律，但不像统计模型那样用公式或曲线表示出来，而是提供一个表格数据。

（3）确定性模型（Deterministic Model）：通过将地形、地物等电波传播的环境适当理想化后，采用电磁场理论或者几何光学法的确定性的方法来求取场强的变化规律。

（4）回归模型（Regression Model）：通过将计算或实测得到的路径损耗随传播距离而变化的数据按距离乘方法则做线性回归处理，曲线拟合（Curve-Fitting）出路径损耗规律。

4）常用的传播模型

经过移动通信行业几十年的共同努力，目前形成了几种较为通用的电波传播路径损耗模型，每种模型的适用场合如表 3-1-1 所示。

表 3-1-1　几种常用的传播模型及其适用场合

模型名称	适用场合
Okumura-Hata	适用于 900 MHz 宏蜂窝
Cost231-Hata	适用于 2 GHz 宏蜂窝
Cost231 Walfish-Ikegarmi	适用于 900 MHz 和 2 GHz 微蜂窝
Keenan-Motley	适用于 900 MHz 和 2 GHz 室内环境

在当前的工程设计实践中，为了提升网络规划的预测精度与工作效率，对场强覆盖的预测已不再依赖于人工计算，而是越来越多地采用计算机辅助规划软件来完成。这些规划软件集成了多种常用的实用传播模型，能够将它们输入计算机进行自动化处理。此外，工程师还可以根据实测数据来构建更加贴合当地实际环境特征的新模型。通过结合数字化地图，规划软件能够对各种不同的传播环境进行详细的场强预测。这不仅大大提高了预测的准确性，还显著缩短了规划周期，使得网络规划工作更加高效和精确。

4G 的传播模型主要包括自由空间的传播模型、Okumura 模型（低频段宏蜂窝）、Cost231-Hata（中频段宏蜂窝）、微蜂窝模型、室内模型以及计算机辅助模型。这些模型涵盖了从自由空间传播到特定环境下的传播特性，如宏蜂窝、微蜂窝以及室内环境，为 4G 信号的传播提供了详细的描述和分析。每种模型都有其特定的应用场景和参数设置，以确保对 4G 信号传播的准确预测和评估。

5G 的传播模型是为了适应高频段信号传播的特性而设计的。与 4G 相比，5G 信号的频段更高，导致传播损耗和穿透损耗更大，从而面临更严峻的覆盖挑战。UMa 模型（Urban Macro）和 RMa 模型（Rural Macro）是两种主要的 5G 传播模型，它们分别适用于城市宏小区和农村宏小区场景。这些模型考虑了城市和农村环境中不同的建筑密度、地形等因素对信号传播的影响，以确保在各种环境下的覆盖和容量需求得到满足。此外，还有其他一些传播模型被提及，如射线跟踪模型、COST231-Hata 模型等，这些模型在不同的应用场景中提供了更多的选择和灵活性。

 **知识链接3　电波传播信道**

1. 信道的定义

信道即通信时传送信息的通道。通信过程中，信息需要通过具体的媒质进行传送，例如，两人对话时，靠声波通过两人间的空气来传送，因而两人间的空气部分就是信道；邮政通信的信道是指运载工具及其经过的设施；移动通信的信道就是无线电波传播所通过的空间。

通信信道又可分为有线信道和无线信道两类。有线信道包括明线、对称电缆、同轴电缆及光缆等，而无线信道主要有辐射传播无线电波的无线电信道和在水下传播声波的水声信道等。无线电信号由发射机的天线辐射到整个自由空间上进行传播。不同频段的无线电波有不同的传播方式，主要有地波传输、天波传输、视距传输等。

2. 信道相关的几个概念

1）信道容量

信道容量是信道的一个参数，反映了信道所能传输的最大信息量，也可以表示为单位时间内可传输的二进制数的位数，即信道的数据传输速率，单位符号为 b/s。

2）信道带宽

信道带宽是限定允许通过该信道的电磁波信号的下限频率和上限频率，也就是限定了一个频率宽度。比如 GSM 系统的某信道的下限频率为 890.2 MHz，上限频率为 890.4 MHz，则该信道的带宽为 0.2 MHz。

3）呼叫话务量

呼叫话务量是用来描述用户使用电话的繁忙程度的量。

定义：每小时呼叫次数与每次呼叫的平均占用信道时间的乘积，即

$$A = C \times T \tag{3-1-3}$$

式中，C 为每小时的平均呼叫次数；T 为每次呼叫占用信道的时间（包括接续时间和通话时间），单位为小时（h）；A 为呼叫话务量，单位是爱尔兰（Erl）。

如果在一个小时之内不断地占用一个信道，则其呼叫话务量为 1 Erl。它是一个信道具有的最大话务量。

例如，设有 100 对线（中继线群），平均每小时有 2 100 次占用，平均每次占用时间为 2 min，求这群中继线路上完成的话务量。

$$A = 2\ 100 \times 1/30 = 70\ \text{Erl}$$

4）信道呼损率

在一个电话网络中，由于用户数大于信道数，不能保证每个用户的呼叫都是成功的。对于一个用户而言，呼叫中总是存在着一定比例的失败呼叫，称为呼损。呼损率是指呼叫损失的概率，又称服务等级。

定义呼损率为呼损的话务量与呼叫话务量之比：

$$B = \Delta A/A \times 100\% \tag{3-1-4}$$

式中，ΔA 为呼损的话务量，即总的话务量减去呼叫完成的话务量；B 为无线信道呼损率，在公众移动通信系统工程设计时，B 一般要求小于 5%。

【想一想】无线信道呼损率能否达到 0%?

_____

_____

_____

_____

_____

3.1.3 扫码获取答案

【动一动】

某网络工作频率为 3 500 MHz 的无线信号在 1 m 处的自由空间传输损耗为：_____

_____

某室内分布天线口处发射功率为 3 dBm（2 mW），我们在 10 m 以外的地方测试（无阻挡），那么我们的手机接收到的 RSRP 粗略计算为：_____

1. 选择题

（1）5G中可以使用的传播模型有（　　　　）。（单选）

　　A. RMa模型　　　　　　B. 射线跟踪模型　　　　C. UMa模型　　　　　　D. 以上都对

（2）无线电波通过多种传输方式从发射天线到接收天线，主要包括（　　　　）。（多选）

　　A. 自由空间波　　　　B. 对流层反射波　　　　C. 电离层波　　　　　　D. 地波

（3）无线电波传播的特点有（　　　　）。（多选）

　　A. 传播环境复杂　　　B. 信号衰落严重　　　　C. 具有多普勒频偏效应

　　D. 传播环境不断变化　E. 环境被电磁噪声污染

（4）无线电波传播的影响因素有（　　　　）。（多选）

　　A. 传播距离的影响　　B. 地形地物的影响　　　C. 建筑物的影响　　　D. 植被的影响

2. 判断题

传播模型是用来模拟电信号在无线环境中传播时的衰减情况的经验公式，估算出尽可能接近实际的接收点的信号场强中值，从而指导网络的规划工作。（　　　　）

任务 3.2　天线技术

任务名称	天线技术	建议课时	2 课时
知识目标： （1）了解天线的分类、作用。 （2）掌握基站天线的性能参数和工程参数。			
能力目标： （1）能不同场景下正确选取不同类型的天线。 （2）能进行天线挂高、下倾角和方位角的测量。			
素质目标： （1）树立技术自信和民族自豪感。 （2）树立精益求精的邮电工匠精神。			
任务资源： 3.2.1　任务 3.2 资源			

天线是无线传输必不可少的部分，除了用光纤、电缆、网线等传输有线信号，只要是在空中使用电磁波传播的信号，均需要用到各种形式的天线。

知识链接1　天线概述

1. 天线的定义

天线是用来完成辐射和接收无线电波的装置。其基本原理就是高频电流在其周围产生变化的电场和磁场，根据麦克斯韦电磁场理论，"变化的电场产生磁场，变化的磁场产生电场"，这样不断激发下去，就实现了无线信号的传播。

2. 天线的功能

天线可以将高频的电信号以电磁波的形式朝所需要的方向辐射到天空中，也可以在空中接收到能量很微弱的电磁波并转换成高频电信号。

3. 天线的分类

天线有很多类型，根据天线作用可以分为发射天线和接收天线；根据天线结构可以分为线状天线和面状天线；根据工程对象可以分为通信天线、广播电视天线和雷达天线；根据工作频率可以分为长波天线、中波天线、短波天线和超短波天线。

在移动通信系统中，通信天线又分为基站天线和移动台天线。基站天线按照天线的辐射方向可以分为定向天线和全向天线；根据调整方式可以分为机械天线和电调天线；根据极化方式可以分为双极化天线和单极化天线。图 3-2-1 所示为典型的基站板状天线，天线下端固定在抱杆上，天线上端通过调节杆固定在抱杆上。

图 3-2-1　典型的基站板状天线

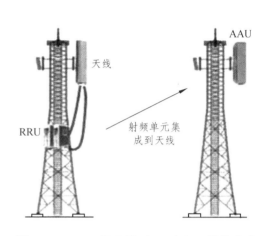

图 3-2-2　4G 无源天线到 5G 有源天线的演进

4G 无源天线到 5G 有源天线的演进如图 3-2-2 所示，即从 4G 的无源天线+RRU（Remote Radio Unit，射频拉近单元）到 5G 的 AAU（Active Antenna Unit，有源天线单元），AAU 除含有 RRU 射频功能外，还包含部分物理层的处理功能。

对于天线的选择，我们应根据自己移动通信网的覆盖、话务量、干扰和网络质量等实际情况，选择适合本地区移动网络需要的移动天线。

【知识拓展】3.5 GHz 天线的阵子有多长？

天线尺寸与频率相关，5G 天线以 64 通道为主。根据无线通信原理，为了保证天线发射和接收转换效率最高，一般天线振子的间距必须要大于半个无线信号波长，而无线信号波长与无线信号频率成反比（$\lambda = c/f$，其中 c 为光速，f 即无线信号频率），即当信号频率越高，信号波长越小。3.5 GHz 频段的半个波长即为天线的阵子长度，大概是 4.3 cm。

知识链接2　天线的性能指标

天线的性能指标（参数）可分为机械性能指标、电气性能指标和工程参数，如图 3-2-3 所示。其中，天线的机械性能指标和电气性能指标是天线出厂前确定的，一旦生产出来就不能改变了。而天线的工程参数是在基站工程安装时需要进行调整的参数，根据天线在网络中的安装位置不同而有不同的设置，安装之后也可以根据需要进行调节。

$$\text{天线的参数} \begin{cases} \text{1. 机械性能参数：天线尺寸、天线罩材料、工作与存储温度、结构参数、} \\ \quad\text{天线抱杆、防雷等} \\ \text{2. 电气性能参数：工作频段、电压驻波比、极化方式、增益、方向图、} \\ \quad\text{波束宽度、前后比、输入阻抗等} \\ \text{3. 天线工程参数：天线挂高、方位角、下倾角} \end{cases}$$

图 3-2-3   天线的性能指标

1. 机械性能指标

天线的机械性能指标（举例）如表 3-2-1 所示。

表 3-2-1   天线的机械性能指标（举例）

机械性能指标	取值	机械性能指标	取值
机械调倾角	0～16º	防腐能力	防盐雾、防潮湿、防二氧化碳和紫外线辐射
振子材料	合金	支架质量/kg	2
反射体材料	合金铝	体积/mm	1 300×280×120
天线罩材料	PVC	抱杆直径/mm	50～114
环境温度/℃	工作温度-40～+60 ℃，极限温度-55～+70 ℃	抗风能力/（km/h）	工作风速 110 km/h，极限风速 200 km/h
摄冰能力/mm	100	雷电保护	直接接地
净重/kg	10		

2. 电气性能指标

天线的电气性能指标（举例）如表 3-2-2 所示。

表 3-2-2   天线的电气性能指标（举例）

电气性能指标	取值	电气性能指标	取值
工作频率/MHz	870～960	最大增益/dBi	15
阻抗/Ω	50	交调干扰/dBm	＜-110
功率容量/W	500	交叉极化辨别率/dB	＞20
驻波比	1.3	隔离度/dB	＞30
极化方向	±45°双极化	后比/dB	＞28
垂直面波瓣宽度	14°	电下倾角	0°～16°，可选择
水平面波瓣宽度	65°	接头类型	7/16 阴头

天线的电气性能指标很多，这里只介绍移动通信系统中常用到的几个主要电气指标。

1）天线的方向性

天线的方向性是指天线向一定方向辐射或接收电磁波的能力，通常用方向图来表示，分为水平方向图和垂直方向图，如图 3-2-4 所示。

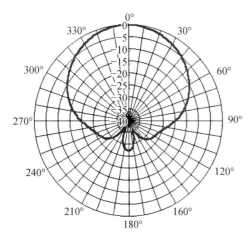
（a）水平方向图

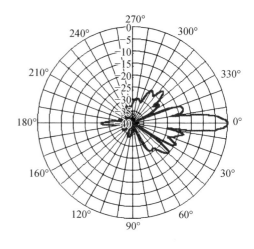
（b）垂直方向图

图 3-2-4　天线的方向图

在水平方向图中，天线的最强辐射方向与正北方向所形成的角度即为天线的方位角，方位角以正北方向为 0°，顺时针旋转为正，逆时针旋转为负。在垂直方向图中，天线的最强辐射方向与水平方向所形成的角度即为天线的下倾角，下倾角水平方向为 0 度，下倾为正，上仰为负。

【想一想】如图 3-2-5 所示，基站天线的哪些瓣是无须抑制的？

_____

_____

_____

_____

3.2.2　扫码获取答案

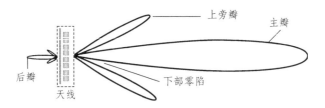

图 3-2-5　天线的主瓣、旁瓣和后瓣

【知识拓展】零点填充天线

为了使业务区内的辐射电平更均匀，在天线的垂直面内，下旁瓣第一零点（见图 3-2-5 所示下部零陷）采用赋形波束设计加以填充，通常零点深度相对于主波束大于-20 dB 即表示天线有零点填充。对于天线挂高在 100 m 以上的高增益尤其需要采取零点填充技术来改善近处覆盖，以避免"塔下黑"现象，同时也利于减小"信号波动"问题。

2）天线的增益

天线的增益是用来衡量天线朝一个特定方向收发信号的能力，天线的增益越大，则天线朝一个方向接收和辐射信号的能力越强，它是选择基站天线最重要的参数之一。

市区基站一般覆盖范围较小，因此建议选用中等增益的天线。郊区或农村基站一般覆盖范围较大，因此选用较大增益的天线。

dBi 和 dBd 都是功率增益的单位，两者都是相对值，但参考基准不一样。dBi 是以理想点源全向天线为参考得出的天线增益值，dBd 是以半波振子天线为参考得出的天线增益值。用 dBi 和 dBd 表示同一个增益时，使用 dBi 表示的值比使用 dBd 表示的值要大 2.15，两者的转换公式为 dBi = dBd + 2.15。

3）天线的极化

天线的极化是指天线辐射时形成的电场强度方向。

当电场强度方向垂直于地面时，此电波就称为垂直极化波；当电场强度方向平行于地面时，此电波就称为水平极化波。电波的特性决定了水平极化传播的信号在贴近地面时会在大地表面产生极化电流，极化电流因受大地阻抗影响产生热能而使电场信号迅速衰减，而垂直极化方式则不易产生极化电流，从而避免了能量的大幅衰减，保证了信号的有效传播。在移动通信系统中，一般均采用垂直极化的传播方式。垂直极化与水平极化的示意图，如图 3-2-6 所示。

（a）垂直极化　　　　　　　　　　（b）水平极化

图 3-2-6　垂直极化与水平极化

在移动通信系统中，在基站密集的高话务地区，广泛采用双极化天线，就其设计思路而言，一般分为垂直水平双极化和±45°双极化两种方式，如图 3-2-7 所示。性能上±45°双极化优于垂直水平双极化，因此目前大部分采用的是±45°极化方式。双极化天线组合了+45°和-45°两副极化方向相互正交的天线，并同时工作在收发双工模式下，大大节省了每个小区的天线数量；同时由于±45°为正交极化，有效保证了分集接收的良好效果（其极化分集增益约为 5 dB，比单极化天线提高约 2 dB）。

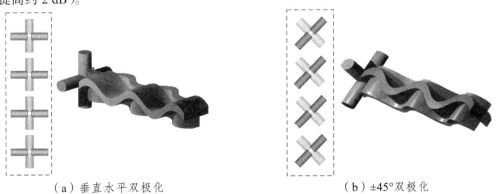

（a）垂直水平双极化　　　　　　　　　（b）±45°双极化

图 3-2-7　双极化天线的结构

4）天线的输入阻抗

天线的输入阻抗是指天线馈电端输入电压与输入电流的比值。

天线与馈线的连接，最佳情形是天线输入阻抗是纯电阻且等于馈线的特征阻抗。只有当天线的输入阻抗与馈线阻抗匹配时，馈线所传送功率才会全部被天线吸收，否则将有一部分能量反射回去而在馈线上形成驻波，并将增加在馈线上的损耗。移动通信天线的输入阻抗应做成 50 Ω 的纯电阻，以便与特性阻抗为 50 Ω 的同轴电缆相匹配。

5）天线的下倾角

当天线垂直安装时，天线辐射方向图的主波瓣将从天线中心开始沿水平线向前。为了控制干扰，增强覆盖范围内的信号强度，即减少零凹陷点的范围，一般要求天线主波瓣有一个下倾角度。

天线下倾有两种方式：机械方式和电调方式。机械天线即指使用机械装置调整下倾角的天线，机械天线的天线方向图容易变形，其最佳下倾角度为 1°~5°；电调天线即指使用电子装置调整下倾角的天线，电调天线改变倾角后天线的方向图变化不大，如图 3-2-8 所示。

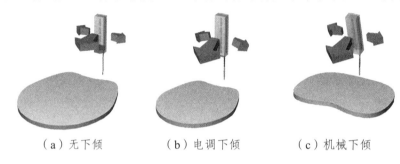

（a）无下倾　　　　（b）电调下倾　　　　（c）机械下倾

图 3-2-8　天线的下倾方式

6）天线的半功率角

天线的半功率角是指辐射功率不小于最大辐射方向上辐射功率一半的辐射扇面角度。根据水平和垂直方向，其可以分为水平半功率角和垂直半功率角，如图 3-2-9 所示。

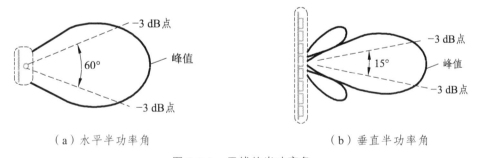

（a）水平半功率角　　　　　　　　（b）垂直半功率角

图 3-2-9　天线的半功率角

【知识拓展】dBm 和 dB

（1）什么是 dBm?

dBm 是一个表示功率绝对值的单位，名称是毫瓦分贝，计算公式为：10log 功率值 /1 mW。

如果发射功率为 1 mW，按 dBm 单位进行折算后的值应为：10log(1 mw/1 mw) = 0 dBm

如果发射功率为 2 mW，按 dBm 单位进行折算后的值应为：10log(2 mw/1 mw)= 3 dBm

如果发射功率为 1W，按 dBm 单位进行折算后的值应为：10log(1 000 mw/1 mw)= 30 dBm

（2）什么是 dB？

dB 是功率增益的单位，表示一个相对值，计算公式为：10log$X$。式中 X 表示 A、B 功率的比值 A/B。

例如，A 功率是 B 功率的两倍，即 $X=A/B=2$，所以 10log$X$ = 10log2 = 3 dB，即 A 的功率比 B 的功率大 3 dB。

又如 A 功率是 B 功率的 10 倍，$X=A/B=10$，所以 10log$X$ = 10log10 =10 dB，即 A 的功率比 B 的功率大 10 dB。

【想一想】10 dBm + 10 dBm = ?   10 dBm + 10 dB = ?

3.2.3   扫码获取答案

7）天线的效率

天线的效率表示天线辐射功率的能力，定义为天线辐射功率与输入功率之比。

知识链接3 **天线的工程三参数**

天线的工程参数指的是在基站工程安装时需要进行调整的参数，主要包括天线挂高、方位角和下倾角。

1. 天线挂高

1）定义

天线挂高是指天线中心点与地面的垂直距离，作为天线覆盖范围的决定性因素，挂高越高，信号覆盖范围越大。这个参数是使用激光测距仪得到的，是非常重要的天线参数。

特别需要强调的是，天线一般都有一定长度，所以不是天线的顶点，也不是天线的底边，而是天线的中点到地面的垂直距离。如图 3-2-10 所示，右边的天线挂得比左边的天线高些。

2）天线挂高的调整

如图 3-2-11 所示，可以看到屋顶右边的天线挂高大于房屋左边的天线挂高，右边天线的覆盖范围也要更大些。结论就是：挂得越高，覆盖得越远。

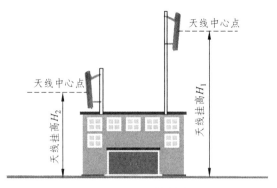

图 3-2-10　天线挂高

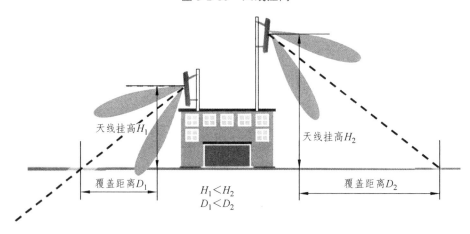

图 3-2-11　天线挂高与小区覆盖的关系

2. 方位角

1）定义

如图 3-2-12 所示，在天线水平方向图中，天线的最强辐射方向与正北方向所形成的角度即为天线的方位角。

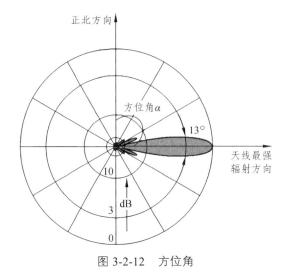

图 3-2-12　方位角

天线的最强辐射方向其实就是天线的主瓣方向。正北方向与天线主瓣方向的顺时针夹角即为天线的方位角。特别要注意的是，这里的夹角是顺时针的夹角，而不是逆时针的夹角。天线方位角也是天线覆盖范围的决定性因素之一。

2）方位角的调整

如图 3-2-13 所示，在天线水平方向图中，当天线的方位角为 α_1 时，天线并没有指向主覆盖区。这时候我们就需要将天线的方位角调整为 α_2，使得天线指向主覆盖区。结论就是：天线的方位角要指向主覆盖区。

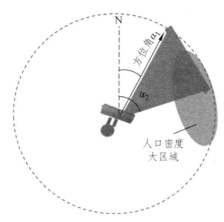

图 3-2-13　方位角与小区覆盖的关系

3. 下倾角

1）定义

如图 3-2-14 所示，在垂直方向图中，天线的最强辐射方向与水平方向所形成的角度即为天线下倾角。值得注意的是，初学者通常会犯一个错误，认为下倾角就是天线和抱杆之间的夹角。从数学上来说，夹角度数是一致的，但从物理上来说就完全不对了。

天线下倾角是天线主瓣方向与水平方向的夹角，向下为正，向上为负。

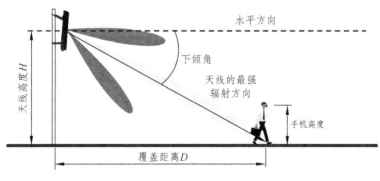

图 3-2-14　下倾角

2）下倾角的计算

如图 3-2-15 所示，根据 α = 下倾角 − 垂直半功率角/2，以及 $\tan\alpha$ = (天线高度 − 手机高度)/覆盖距离，得到下倾角 = arctan [(天线高度 − 手机高度)/覆盖距离] + 垂直半功率角/2。

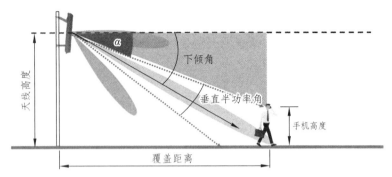

图 3-2-15 下倾角的计算

下倾角的两种计算公式：

在农村、山区等地区：天线下倾角 = arctan(H/D)；

在市区：天线下倾角 = arctan(H/D) + 垂直半功率角/2。

3）下倾角的调整

首先判断一下，在图 3-2-15 中的下倾角属于哪种场景？很明显是市区场景。因为在农村、山区等地区，小区覆盖范围更大些，所以天线下倾角要设置得更小些；在市区，要考虑小区之间的干扰问题，所以天线下倾角要设置得更大些。

结论就是：下倾角越大，小区覆盖范围越小；下倾角越小，小区覆盖范围越大。

天线的工程三参数包括天线挂高、方位角和下倾角。在实际工程建设与维护中，我们可以使用激光测距仪测得天线挂高，使用罗盘测出天线的方位角，使用坡度测量仪测得天线的下倾角。通过调整这三个参数，我们可以完成对小区覆盖区域的灵活调整。

 **移动通信天线的应用**

在移动通信系统中，天线通常分为移动台天线和基站天线。

1. 移动台天线

移动台的天线是"接触"网络的唯一部件，随着 4G、5G 智能终端的广泛应用，对移动台天线也提出了更高的要求。

影响移动台天线性能的因素主要有三大类：天线尺寸、多副天线之间的互耦以及设备使用模型。

（1）天线尺寸取决于移动台的工作带宽、工作频率和辐射效率。4G 终端的工作带宽远远大于以往的 2G/3G 手机，且提出了"五模十频"的设计要求。因此更大尺寸的天线可以在保证辐射效率的前提下提供更大的带宽和更宽的工作频段。

（2）4G 终端采用 MIMO 技术，因此移动台设备需要放置多根天线，要求多根天线同时工作在相同频率，且互相不能有影响，天线之间靠得很近时，就会产生互耦现象，天线之间耦合的能量是无用的，只会降低数据吞吐量和电池寿命。

（3）设备使用模型随着越来越大的显示屏和使用者抓握方式的改变，使得天线找一个不被显示屏或用户手掌阻挡的好位置变得越来越困难。

此外移动台天线还应具备以下特点：在水平方向内天线是无方向的；在垂直面内尽可能抑制角方向的辐射；天线的电器性能不应受到因移动而产生的振动、碰撞、冲击等的影响；体积小，重量轻，由于用户量大，造价要低廉。

2. 基站天线

1）基站天线的分类

基站天线按照天线的辐射方向可以分为定向天线和全向天线，根据下倾角调整方式可分为机械天线和电调天线，根据极化方式可分为双极化天线和单极化天线。

全向天线的水平方向图为一个圆，定向天线的水平方向图为一个确定的方向，辐射方向的范围用半功率角描述，角度越小，方向性越强。

2）基站天线的要求

（1）天线增益高。为了提高增益，即提高天线水平面的辐射能力，必须设法压缩天线垂直面的辐射特性，减小垂直面的波瓣宽度。例如，对于高增益无方向性天线，当水平面辐射增益达到 9 dB 时，垂直面内半功率波瓣宽度不应越过 10°。基站天线增益常以半波振子的增益为标准。

（2）方向性图要满足设计要求，能使基站覆盖整个服务区。由于天线是架设在铁塔、大楼顶部、山顶等高处，天线附近往往存在着金属导体，包括天线的支撑件，它们会对天线的辐射产生影响，使方向图发生改变，因此必须留有足够的间距。工程中常使天线辐射体中心距铁塔 3/4 及其以上波长长度时，可使无方向性天线真圆性变好，或者使定向性天线获得理想的方向性。如果天线存在反射器，则应使反射器离塔体尽量远一些。

（3）为提高天线辐射效率，必须实现天馈线系统的阻抗匹配。在天馈线系统中，阻抗匹配程度用电压驻波比（VSWR）描述。VSWR 通常在 1.05~1.5，阻抗匹配程度越高，VSWR 越小。

（4）频带宽。移动通信天线均应要求能在宽频带范围内工作，能实现收发共用。就是说天线的工作频带不仅要考虑收发信全频段，还要考虑其收发信的双工间隔以及保护间隔。例如，150 MHz 频段的双工间隔为 5.7 MHz，400 MHz 频段的双工间隔为 10 MHz，900 MHz 频段的双工间隔为 45 MHz。另外，还需保护收信和发信频段带宽。以 900 MHz 蜂窝电话系统为例，天线应能在 25 MHz × 2 + 45 MHz = 95 MHz 的带宽上工作，并能保证性能。

（5）具有较好的机械强度。基站天线往往安装于铁塔塔侧或塔顶某处，因此，天线结构应具有较好的机械强度，能够抗风、冰凌、雨雪等影响。为了提高防雷能力，天线系统必须有较好的防雷接地系统。

3）基站天线的选择

对于基站天线的应用，我们应根据移动通信网的覆盖、话务量、干扰和网络质量等实际情况，选择适合本地区移动网络需要的移动天线。

一般情况下，在基站密集的高话务密度区域，应该尽量采用双极化天线和电调天线；在边、郊等话务量不高，基站不密集地区和只要求覆盖的地区，可以使用传统的机械天线；高话务密度区采用电调天线或双极化天线，替换下来的机械天线可以安装在农村、郊区等话务密度低的地区。

4）基站天线的美化与伪装

天线的美化与伪装是指将基站天线与美化造型的外壳结合在一起，设计出不同形态并与周围环境相适应的美化天线产品，或者将天线喷涂上与环境和谐的颜色，就可以达到美化伪装的效果，如图 3-2-16 所示。

（a）

（b）

（c）

（d）

图 3-2-16　天线的美化与伪装

基站安装的场合通常可分为广场、街道、风景区、商业区、住宅小区、工厂区和主干道路等 7 大类，这些场合的具体应用如表 3-2-3 所示。

表 3-2-3　基站天线美化与伪装的应用

场景分类	场景描述	美化伪装方式
广场	视野开阔，绿化较好，周围建筑较少	仿生树、景观塔、灯箱形
街道	人流量大，车流量大，话务量高，要求天线高度不高	灯箱形、天线遮挡或隐蔽
风景区	绿化好，景观优美	仿生树、景观塔
商业区	楼房密集，楼房高度较高，大楼造型丰富	一体化天线、广告牌、变色龙外罩
住宅小区	低层住宅小区，楼顶结构一般为斜坡，楼房高度较低	一体化天线、特型天线
	高层住宅小区，楼顶结构一般为平顶，楼房高度较高	方柱形外罩、圆柱形外罩、空调室外机外罩
工厂区	建筑物较低的工厂区	水罐形外罩、灯杆形外罩、景观塔、仿生树
	建筑物较高的工厂区	广告牌、方柱形外罩、圆柱形外罩、空调室外机外罩
主干道路	铁路、高速公路、国道等，车流量大，周围环境开阔，天线高度较高	仿生树、景观塔、广告牌

【动一动】进行天线挂高、下倾角和方位角的测量。

过关训练

1. 选择题

（1）天线的（　　　）是指天线向一定方向辐射或接收电磁波的能力。（单选）

    A. 高度　　　　　　　　B. 方向性　　　　　　　C. 下倾角　　　　　D. 增益

（2）在水平方向图中，天线的方位角以正北方向为（　　　），顺时针旋转为正，逆时针旋转为负。（单选）

    A. 0°　　　　　　　　　B. 90°　　　　　　　　C. 180°　　　　　　D. 270°

（3）移动通信天线的输入阻抗一般做成（　　　）纯电阻。（单选）

    A. 30 Ω　　　　　　　　B. 40 Ω　　　　　　　C. 50 Ω　　　　　　D. 80 Ω

（4）天线的挂高是指（　　　）的有效高度。（单选）

    A. 天线到楼顶　　　　　B. 天线到海平面

    C. 天线到地面　　　　　D. 天线到基站

（5）基站天线按照天线的辐射方向可以分为（　　　）。（多选）

    A. 定向天线　　　　　　B. 全向天线

    C. 机械天线　　　　　　D. 电调天线

2. 判断题

天线是用来完成辐射和接收无线电波的装置。（　　　　）

任务 3.3　组网技术

任务名称	组网技术	建议课时	2 课时
知识目标:			
（1）掌握小区制、服务区、区域定义、移动通信编号计划。			
（2）了解组网技术的演变过程。			
能力目标:			
能快速获取自己所在小区的基本信息。			
素质目标:			
（1）培养精益求精、严谨细致的工匠精神。			
（2）树立认真细致的工作态度以及团队合作意识。			
任务资源:			

3.3.1　任务 3.3 资源

经过多年的发展，移动通信系统经过了多次迭代。1G 到 2G，实现了通信系统的数字化；2G 到 3G，实现了数据传输速率的大幅提升；3G 到 5G，数据传输速率和容量继续增长，且支持开始支持多媒体业务，如从 2C 业务到支持 2B 业务。总体来说，其呈现出的迭代趋势为数据传输速率的提高、系统容量的增加、抗衰落和抗干扰能力的提升、移动性支持的增强、网络覆盖的完善。

知识链接1　大区制与小区制移动通信网络

移动通信网的服务区域覆盖方式可分为两类：一类是小容量的大区制；另一类是大容量的小区制，即蜂窝系统。

1. 大区制移动通信网络

大区制是指一个基站覆盖整个服务区，并由基站负责移动台的控制和联络。在大区制中，因为只有一个基站，服务的覆盖面积大，因此所需的发射功率也较大。MS（移动站）的发射功率较小，通常在一个大区中需要在不同地点设立若干个接收机，接收附近 MS 发射的信号，通过有组微波接力将信号传输至基站；由于只有一个基站，其信道数有限（因为可用频率带宽有限），因此容量较小，一般只能容纳数百至数千个用户，如图 3-3-1（a）所示。

大区制的特点是只有一个天线，且架设高、功率大、覆盖半径也大，一般用于集群通信中。该方式设备较简单，投资少、见效快，但频率利用率低，扩容困难，不能漫游。

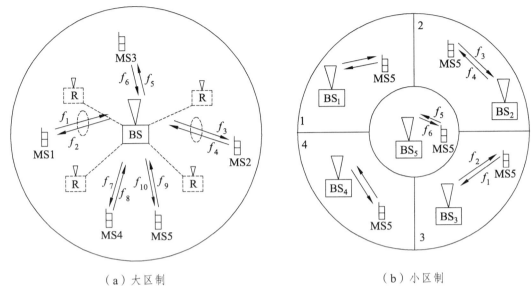

（a）大区制　　　　　　　　　　　（b）小区制

图 3-3-1　大区制与小区制

2. 小区制蜂窝移动通信网络

小区制是将整个通信网络的服务区划分为若干个小区，在每个小区放置一个基站，负责为本小区的移动用户提供通信的服务，并对服务区域内的移动用户进行管理。当用户从一个小区移动到另一个小区时，需要进行越区切换并保证移动台在整个服务区内，无论在哪个小区都能正常进行通信。小区制具有频率复用的特点，不仅提高了频率的利用率，还由于基站功率减小，也减少了相互间的干扰，如图 3-3-1（b）所示。

小区制适用于公共移动通信系统。采用小区制组网时，整个移动网络的覆盖区可以看成是由若干正六边形的无线小区相互邻接而构成的自状服务区。由于这种服务区的形状很像蜂窝，因此便将这种网络称之为蜂窝移动通信网络，小区称为蜂窝小区。

 **移动通信服务区**

移动通信服务区是指移动台可以获得通信服务的区域。通常服务区根据不同的业务要求、用户区域分布、地形以及不产生相互干扰等因素可分为带状服务区和面状服务区。

1. 带状服务区

1）带状服务区的结构

带状服务区是指无线电场强覆盖呈带状的区域，其结构如图 3-3-2 所示。这种区域的划分能按照纵向排列进行。在服务区比较狭窄时基站可以使用强方向性的天线（定向天线），整个系统是由许多细长区域环连而成。因为这种系统呈链状，故也称为"链状网"。

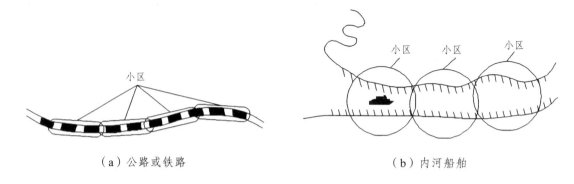

（a）公路或铁路　　　　　　　　　（b）内河船舶

图 3-3-2　带状服务区示意

2）带状服务区的应用

带状服务区主要应用于覆盖沿海区域或内河道的船舶通信、高速公路的通信和铁路沿线上的列车无线调度通信，其业务范围是一个狭长的带状区域。

2. 面状服务区

1）面状服务区的结构

面状服务区是指无线电场强覆盖呈宽广平面的区域，如图 3-3-3 所示。

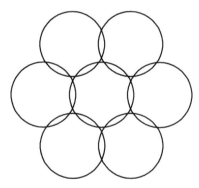

图 3-3-3　面状服务区结构

在面状服务区中，其每个无线小区使用的无线频率，不能同时在相邻区域内使用，否则将产生同频干扰。有时，由于地形起伏大，即使隔一个小区还不能使用相同的频率，而需要相隔两个小区才能重复使用。如果从减小干扰考虑，最好是隔三个或三个以上的小区再使用重复的频率为好，但从无线频道的有效利用和成本来说这是不利的。

2）构成小区的几何图形

由于电波的传播和地形地物有关，所以小区的划分应根据环境和地形条件而定。为了研究方便，假定整个服务区的地形地物相同，并且基站采用全向天线，它的覆盖面积大体上是一个圆，即无线小区是圆形的。又考虑到多个小区彼此邻接来覆盖整个区域时，用圆内接正多边形近似地代替圆。不难看出，由圆内接多边形彼此邻接构成平面时，只能是正三角形、正四边形和正六边形，如图 3-3-4 所示。

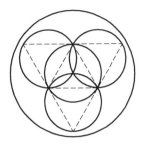

（a）正三角形

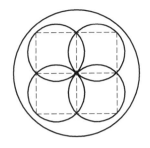

（b）正四边形

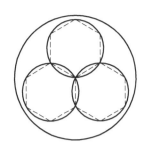

（c）正六边形

图 3-3-4　构成小区的几何图形

现将这三种面状区域组成的特性归纳，如表 3-3-1 所示。

表 3-3-1　正多边形交叠区域的特性比较

小区特征	小区形状		
	正三角形	正方形	正六边形
小区覆盖半径	r	r	r
相邻小区的中心距离	r	$1.41r$	$1.73r$
单位小区面积	$1.3r^2$	$2r^2$	$2.6r^2$
交叠区域距离	r	$0.59r$	$0.27r$
交叠区域面积	$1.2\pi r^2$	$0.73\pi r^2$	$0.35\pi r^2$
最少频率个数（异频组网）	6	4	3

由图 3-3-4 和表 3-3-1 可知，正六边形的中心间隔最大，覆盖面积最大，交叠区面积小，交叠区域距离、所需的频率个数最少，如图 3-3-5 所示。

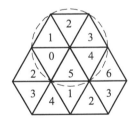

（a）正三角形

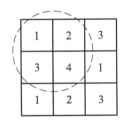

（b）正四边形

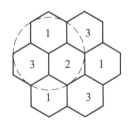

（c）正六边形

图 3-3-5　异频组网时所需最少频率个数

因此，对于同样大小的服务区域，采用正六边形构成小区制所需的小区数最少，由于交叠距离最小，将使位置登记等有关技术问题较易解决。由此可知，面状区域组成方式最好是正六边形，而正三角形和正方形因为重叠面积较大，一般不采用。

3）异频组网与同频组网

2G 的 GSM 网络以及 N 频点组网的 3G 网络，都采用了异频组网方式，即小区间采用不同的频点。如图 3-3-6（a）的异频组网所示，一个基站的三个小区采用不同的频点。

异频组网的小区间干扰小，网络规划简单，在相隔较远一些的扇区内又可以实现频率复用，从而有效地避免了同频所带来的小区边缘的强干扰问题，有效提升了小区载干比。在获得同样频率资源单位的情况下，异频组网使用户有更高的传输速率，相对节省网络投资。

异频组网方式最主要的缺点就是异频之间需要一定的保护带宽，这导致频谱利用率不高，特别是在窄带宽情形下，每个扇区的频谱资源将十分有限，如果再保留保护带的频谱带宽，这导致无线资源浪费严重。

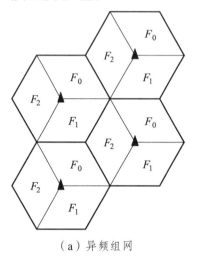 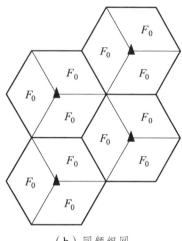

（a）异频组网　　　　　　　　　　　　　（b）同频组网

图 3-3-6　异频组网与同频组网

LTE 和 NR 采用了同频组网，即一个网络内的所有小区使用相同的频点，如图 3-3-6（b）的同频组网所示，在所划分的小区中，统一使用相同的载波频率 F_0。

同频组网最大的问题是小区间干扰严重，特别是小区边缘业务信道间的干扰。为避免这种干扰，只能以牺牲频谱资源或系统开销为代价，不利于极大程度地发挥 LTE/NR 的技术优势。

同频组网的优点：频谱利用率高，能够解决异频组网的频率利用率不高、频率资源浪费问题；扩容简单，能够解决扩容麻烦问题。

【知识拓展】GSM 频率复用的机制究竟是什么样的呢？

频率复用是一种高效的无线通信策略，它允许基站在其服务区域内使用特定的工作频率。由于无线电波在传播过程中会遇到自然损耗，这种损耗为我们提供了足够的隔离度，使得相同的频率可以在一定地理距离之外的另一个小区中再次使用，而不会造成干扰。

在实践中，若干个小区会被组织成一个区群或者簇（Cluster），每个区群都利用系统的全部频带资源。这些频带资源进一步被细分为子频段，以便在同一个区群内部的不同小区之间进行分配和使用。这样，不同区群中处于相同位置的小区就可以被分配到相同的子频段，从而实现了频率资源的优化配置和高效利用。这种精心设计的频率复用模式，不仅提升了网络的容量，还确保了通信服务的质量和覆盖范围。

无线区群的构成应当满足如下两个条件：若干个单位无线区群彼此邻接，且能够无间隙无重叠地组成整个服务区域；邻接的单位无线区群中，其同频小区的中心间距相等，且为最大距离。

单位无线区群内的小区个数可以通过公式 $N = i^2 + ij + j^2$ 来计算。其中，i 和 j 分别表示无线区群内的两个方向上的小区数量。

区群间同频复用的距离为 $d_g = \sqrt{3N} r_0$。

式中，d_g 为同频复用小区之间的几何中心距离；N 为区群内的小区数；r_0 为小区的辐射半径。

同频小区之间存在着同频干扰，同频干扰由于是来自于相同频率的干扰，难以通过增大信噪比来进行抑制。为了减小同频干扰，同频小区必须在物理上隔开一个最小距离，在物理上为信号传播提供一个隔离。群内小区数目越大，同频小区之间的距离就越远，抗干扰能力也就越强。单位无线区群重复利用频率如图3-3-7所示。

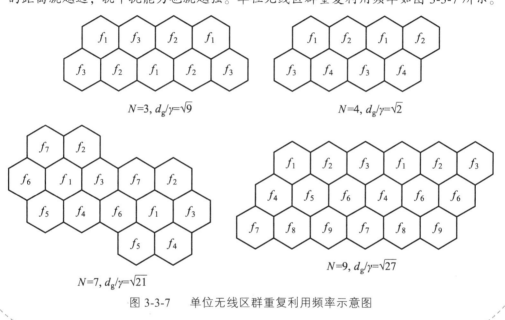

图 3-3-7　单位无线区群重复利用频率示意图

知识链接3　蜂窝小区

小区，也称蜂窝小区，是指在蜂窝移动通信系统中，其中的一个基站或基站的一部分（扇形天线）所覆盖的区域，在这个区域内移动台可以通过无线信道可靠地与基站进行通信。

1. 蜂窝小区类型

1）宏蜂窝小区

宏蜂窝小区基站通常拥有 1~25 km 的覆盖半径，随着网络技术的演进，这一覆盖范围呈现出逐渐缩小的趋势。这些基站配备有较高的发射功率，并且其天线架设位置较高，导致在发射与接收点之间往往不存在直接的视线路径。

然而，由于网络覆盖的遗漏或障碍物的干扰，某些区域的通信质量可能不尽人意，形成了所谓的"盲点"。与此同时，一些高业务量场所可能导致业务负荷分布不均，从而产生"热点"现象。鉴于宏蜂窝的广阔覆盖范围，它们更多地被应用于网络建设的初期阶段，以及那些话务量相对较低但地域广阔的区域，例如偏远的山区和人口稀少的农村地区。这些地区的广阔地形和稀疏的居民分布使得宏蜂窝小区基站成为理想的网络解决方案。

移动通信网络小区覆盖半径呈现越来越小的趋势。2G 基站覆盖半径约为 5～10 km；3G 基站的覆盖半径约 2～5 km；4G 基站的覆盖半径约 1～3 km；5G 时代，由于采用了更高的频率和更密集的网络布局，5 G 基站的覆盖半径通常为 100～300 m。虽然 4G/5G 中仍然保留着宏蜂窝小区的称呼，但其实已经名不副实了。

2）微蜂窝小区

2G/3G 微蜂窝小区的覆盖半径为 0.1～1 km，且覆盖面积不一定是圆的。发射天线的高度可以和周围建筑物的高度相同，也可以略高或略低。通常根据收发天线和环境障碍物的相对位置分为两类情况：视距（LOS）情况和非视距（NLOS）情况。

3）微微蜂窝小区

微微蜂窝小区的典型半径为 0.01～0.1 km。微微小区可以分为两类：室内和室外。发射天线在屋顶下面或者在建筑物内。

5G 中的小蜂窝，也就是"小基站"，是运营商控制的低功率基站的总称，可在局部区域内提供移动和互联网服务。小型小区覆盖范围通常从十米到几百米。

4）室分小区

室分小区包括信号源和室内分布系统，一般在居民小区建得比较多。信号源设备很多建在居民小区的地下室，室内分布系统则分布在建筑物的各个楼层。LTE 中多采用"信号源 BBU+光纤+室分系统+馈线+小天线"解决方案；NR 中多采用"信号源 BBU+光纤+RHUB+光电混合缆+PRRU"解决方案。

2. 基站激励方式

在各种蜂窝方式中，根据基站所设位置的不同有两种激励方式。

1）中心激励方式

在每个小区中，基站可以架设在小区的中心，用全向天线形成 360°的圆形覆盖区，这就是中心激励方式，如图 3-3-8（a）所示。

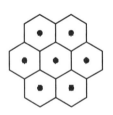
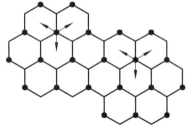

（a）中心激励方式　　　　　　　　　　（b）顶点激励方式

图 3-3-8　基站激励方式

2）顶点激励方式

若在每个蜂窝相同的三个角顶上设置基站，并采用三个互成 120°扇形覆盖的定向天线，同样能实现小区覆盖，这称为顶点激励方式，如图 3-3-8（b）所示。在实际应用中，顶点激励有三叶草形和 120°扇面两种常见的形式。

由于顶点激励方式采用定向天线，对来自 120°主瓣之外的同信道干扰信号来说，天线方向性能提供一定的隔离度，降低了干扰。

3. 小区分裂

小区分裂是提升系统容量的措施之一。小区分裂的目的是提高系统容量，增加新的用户，方法是把每个小区都分裂成一定数目的半径更小的小区。

在一个实际的通信网络中，各区域的容量密度通常是不同的。例如，市区密度高，市郊密度低。为了适应此种情况，对于容量密度高的地区，应将无线小区适当地划小一些；对于容量密度低的地区，应将无线小区适当地划大一些。当容量密度不同时，无线区域划分的一个例子如图 3-3-9 所示。

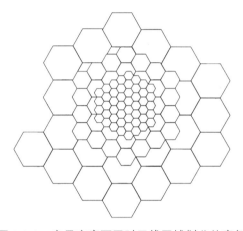

图 3-3-9 容量密度不同时无线区域划分的案例

小区分裂的方式是重新划分小区、小区扇形化。考虑到用户数随时间的增长而不断增长，当原有无线区的容量密度高到出现话务阻塞时，将小区半径缩小，增加新的蜂窝小区，并在适当的地方增加新的基站。此时，原基站的天线高度应适当降低，发射功率减小。其划分方法是：将原来有的无线区一分为三或一分为四，图 3-3-10 所示是一分为四的情形。

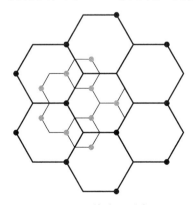

图 3-3-10 无线小区分解图示

区域定义

在蜂窝移动通信网络中，基站遍布各处，而移动设备则没有固定位置。用户在服务区域内移动时，无论他们走到哪里，都应能接入网络，因此网络都必须具备交换控制功能。这些功能对于实现小区重选、位置更新和切换等关键操作至关重要，确保用户能够无缝地保持通信连接。通过这些先进的网络管理功能，移动通信网络能够提供连续且稳定的服务，满足用户的移动性需求。

在数字移动通信系统中，以 LTE 网络为例，区域定义如图 3-3-11 所示。

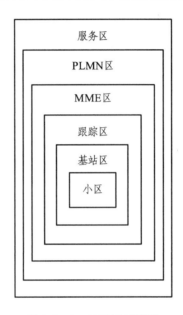

图 3-3-11　LTE 区域定义

1. 服务区

服务区是指移动台可获得服务的区域，即不同通信网（如 PLMN、PSTN）用户无须知道移动台的实际位置而可与之通信的区域。

一个服务区可由一个或若干公用陆地移动通信网（PLMN）组成，可以是一个国家的一部分网络，也可以是若干个国家联合组网。

2. PLMN 区

PLMN 区是由一个 PLMN 提供通信业务的地理区域。一个 PLMN 区可由一个或若干个 MME 区组成。在该区内具有共同的编号制度和共同的路由计划。MME 构成固定网与 PLMN 之间的功能接口，用于呼叫接续等。

3. MME 区

MME 是指 LTE 系统中的移动管理实体，是一种核心网节点，主要负责移动设备的控制和认证，其主要职责包括位置管理、移动性管理、信令控制等。MME 还与其他核心网节点交换信息，以确保移动设备的连通性和网络安全。一个 MME 区可以由一个或若干个跟踪区组成。

4. 跟踪区

跟踪区是指移动台可任意移动但不需要进行位置更新的区域。跟踪区可由一个或若干个小区（或基站区）组成。为了呼叫移动台，可在一个跟踪区（列表）内所有基站同时发寻呼信号。

5. 基站区

位于同一基站的一个或数个基站 eNodeB 包括的所有小区所覆盖的区域，即为基站区。

6. 小区

采用基站识别码或全球小区识别码进行识别的无线覆盖区域，即为小区。采用全向天线时，小区即为基站区；采用定向天线时，小区即为扇区，一个基站区含有多个小区。

总之，无线区域的划分和组成，应根据地形地物情况、容量密度、通信容量、有效利用频谱等因素综合考虑。

知识链接5　移动通信编号计划

移动通信网络包括无线接入网、承载网和核心网。为了完成一个语音或数据业务，需要调用无线网和核心网相应的实体。因此要正确寻址，编号计划就非常重要。

1. 移动台 ISDN 号码（MSISDN）

MSISDN 号码是指主叫客户为呼叫数字公用陆地蜂窝移动通信网中客户所需拨的号码。MSISDN 号码的结构为

$$CC + NDC + SN$$

CC 为国家码，我国为 86。

NDC 为国内目的地码，即网络接入号，比如中国移动的 GSM 网为 139，中国联通的 GSM 网为 130。

SN 为客户号码，采用等长 7 位编号计划。

2. 用户永久标识符（Subscriber Permanent Identifier，SUPI）

SUPI 是分配给每个用户的 5G 全球唯一订阅永久标识符（SUPI），相关定义在 3GPP 规范 TS 23.501 中。SUPI 的值存储在 USIM（全球用户识别卡）和 5G 核心网的 UDM（统一数据管理）或者 UDR（统一数据仓库）中。

一个有效的 SUPI 可以是以下任何一种形式：IMSI（国际移动用户标识符），定义在 TS 23.503 中，用于 3GPP RAT；NAI（网络访问标识符），定义在 RFC 4282 中，用于非 3GPP RAT。

SUPI 通常是由 15 个十进制数字组成的字符串，如图 3-3-12 所示。前三位数代表移动国家代码（MCC），之后的两或三位数代表移动网络代码（MNC），表示网络营运者。剩下的九或十个数字被称为移动用户识别号码（MSIN），代表该特定运营商的个人用户。SUPI 相当于唯一标识 ME 的 IMSI，也是一个 15 位数字的字符串。

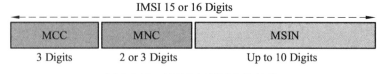

图 3-3-12　IMSI（SUPI）的结构

【知识拓展】国际移动客户识别码（IMSI）

为了在无线路径和整个移动通信网上能正确地识别某个移动客户，就必须给移动客户分配一个特定的识别码。这个识别码称为国际移动客户识别码，用于移动通信网所有信令中，存储在客户识别模块（SIM）、HLR（归属位置寄存器）、VLR（拜访位置寄存器）中。

IMSI 号码的结构为

MCC + MNC + MSIN

MCC 为移动国家号码，由 3 位数字组成，唯一地识别移动客户所属的国家，我国为 460。

MNC 为移动网号，由 2 位数字组成，用于识别移动客户所归属的移动网，中国移动的 GSM 网号为 00，中国联通的 GSM 网号为 01。

MSIN 为移动客户识别码，采用等长 11 位数字构成，唯一地识别国内移动通信网中

3. 用户保密标识符（Subscriber Confidentiality Identifier，SUCI）

SUCI 是包含隐藏 SUPI 的隐私保护标识符。UE 使用基于 ECIES（基于椭圆曲线的混合加密方案）的保护方案以及家庭网络的公钥来生成 SUCI，该 SUCI 在 USIM 注册期间已安全地提供给 USIM。

SUPI 的仅 MSIN 部分被保护方案隐藏，而归属网络标识符（即 MCC/MNC）以纯文本格式传输。

SUCI 具体组成结构如图 3-3-13 所示。

图 3-3-13　SUCI 的结构

（1）SUPI 类型：范围从 0 到 7，用于加密成 SUCI 的类型定义。例如，0 代表 IMSI，1 代表特定网络标识，2~7 为保留类型。

（2）主网络标识：用于表明用户的主网络。当 SUPI 类型为 IMSI 时，主网络标识符由两部分组成：MCC 由 3 位小数组成，独特地确定了移动用户所在国家；MNC 由 2 或 3 个小数位组成，标识移动用户的归属 PLMN。

（3）路由指示标识：主网络分配在通信卡上的 4 个十进制数字，允许连同主网络标识符一起向能够为用户服务的 AUSF（认证服务功能）和 UDM（统一数据管理）路由网络信令。

（4）保护方案标识：范围从 0 到 15，包括 null-scheme、ECIESProfileA、ECIESProfileB 或由 HPLMN 专有的保护方案。

（5）主网络公钥标识：范围从 0 到 255，表示由 HPLMN 提供的公钥，用于标识 SUPI 保护的密钥。

（6）方案输出：即 ECIES 加密输出，由具有可变长度或十六进制数字的字符串组成，长度取决于所使用的保护方案。

SUPI 通过使用 SUCI 进行隐私保护，UE 应使用具有原始公钥（即归属网络公钥）的保护方案来生成 SUCI。保护方案应为 HPLMN 规定的保护方案。

【知识拓展】终端与网络之间的 5G 身份交换

终端尝试首次注册时，将 SUPI 封装到 SUCI 中，并发送带有 SUCI 的初始注册请求消息。AMF（接入和移动管理功能）使用 Authentication Request 消息将 SUCI 转发给 AUSF 和 UDM，以查询对应的 SUPI。AUSF 使用 Authentication Response 消息回复查询到的 SUPI 信息。之后，AMF 为这个 SUPI 生成一个 GUTI，并保存 GUTI 到 SUPI 的映射，以供下一步注册或 PDU 会话请求时使用。

4. GUTI 和 5G–GUTI

1）GUTI（Globally Unique Temporary UE Identity，全球唯一临时 UE 标识）

GUTI 是 4G 网络中的用户临时 ID。GUTI 被手机通过 eNB 所选择的 MME 分配，它会随着环境的改变而改变，比如在 MME 间切换后，或者当前 GUTI 的使用时间到期了，都会被分配一个新的 GUTI，它的结构如图 3-3-14 所示。

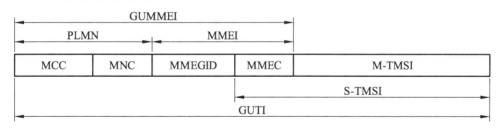

图 3-3-14　GUTI 的结构

整个 GUTI 结构有两部分，一部分是标识此 GUTI 是由哪个 MME 分配的即 MME 的 GUMMEI，另一部分是在此 MME 中用户的唯一 ID：M-TMSI。

GUMMEI（Globally Unique MME Identity，全球唯一的 MME 标识）作为网络中唯一标识 MME 的 ID 由三部分构成：MCC、MNC 和 MMEI。MCC 和 MNC 构成了此 MME 所在的 PLMN；而 MMEI（MME Identity）又由两部分构成，分别是 MMEGID（MME Group ID，MME 组 ID）

和 MMEC（MME Code，MME 码）。

M-TMSI 作为一个 MME 内唯一确定用户的临时 ID 一共有 32 b；M-TMSI 加上 MMEC 构成了 S-TMSI，用来作为 Paging 和 Service Request 的请求 ID。

类似 P-TMSI，GUTI 也有如下需要注意的地方：GUTI 在一个 MME 内是唯一的，每个 MME 中的不同用户 GUTI 是唯一的；GUTI 是只有用户和它所在的 MME 知道并互相认可；另外当用户下线后，也就是在 MME 上彻底没有了这个用户的信息，它的 GUTI 被释放，可以分配给别的用户。

2）5G-GUTI（5G Globally Unique Temporary UE Identity，5G 网络中的用户临时 ID）

尽管 5G 中通过 SUCI 在网络中传输已经可以加密 SUPI，但是其仍然存在着被破译的风险，所以当一个用户上线后，需要一个更加随机但不随意的临时 ID 在网络中传输来保证安全性，这个临时 ID 就是 5G-GUTI。

5G-GUTI 作为 5G 中用户的临时 ID 被 AMF 唯一分配，如同其他的临时 ID 一样，其有生命周期，到期后必须要到网络侧更新也就是重新分配，或者在不同的 AMF 间移动时，5G-GUTI 也会被重新分配，其结构如图 3-3-15 所示。

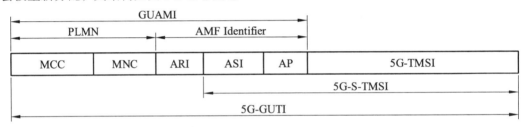

ARI: AMF Region ID　　ASI: AMF Set ID　　AP: AMF Pointer

图 3-3-15　5G-GUTI 结构

整个 5G-GUTI 分为两大部分：GUAMI 和 5G-TMSI，其中 GUAMI 用于唯一标识 AMF，从而使得 AMF 可以根据 GUAMI 来判断用户之前使用的 AMF 为自己还是别人。

GUAMI（Globally Unique AMF Identifier，全球唯一 AMF 标识符）也由两部分构成：PLMN 和 AMF Identifier。其中，PLMN 依然由国家码 MCC 和网络码 MNC 构成；然后 AMF Identifier 由三部分构成，分别是：ARI（AMF Reginon ID，AMF 区域码）共 8 bit；ASI（AMF Set ID，AMF 集合标识符）共 10 bit；AP（AMF Pointer，用于指示 AMF 集中 AMF 的具体位置）共 6 bit。

5G-GUTI 最后一部分就是 AMF 分配的一个 5G-TMSI，用于 AMF 自己内部区分不同的用户。

ASI+AP+5G-TMSI 构成 5G-S-TIMSI，用于当用户是 Idle（空闲）态时 paging（寻呼）用户，或者用于用户发起 Service Request（服务请求）。

类似 P-TMSI、GUTI 一样，5G-GUTI 也有如下需要注意的地方：5G-GUTI 在一个 AMF 内是唯一的，每个 AMF 中的不同用户的 5G-GUTI 是唯一的；5G-GUTI 是只有用户和它所在的 AMF 知道并互相认可；另外当用户下线后，也就是在 AMF 上彻底没有了这个用户的信息，它的 5G-GUTI 被释放，可以分配给别的用户。

值得注意的是，MME 的 GUMMEI 一共是 24 b，其中 MMEGroupID 是 16 b，MMECode 是 8 b；而 AMF 的 GUAMI 一共也是 24 b，其中 AMF Region ID 是 8 b，AMF Set ID 是 10 b，AMF Point 是 6 b；这样的定义为用户在 4G 和 5G 网络间实现了临时 ID 的互相转换（mapping），为网络间的移动性管理（Mobility）提供了基础。

5. 位置区识别码（LAI）和跟踪区识别码（RAI）

LA（位置区）是 2G、3G 系统为 UE 在电路域位置管理设立的概念；RA（路由区）是 2G、3G 系统为 UE 在分组域位置管理设立的概念；TA（跟踪区）则是 4G、5G 系统为 UE 的位置管理新设立的概念。

1）LAI

位置区识别码用于移动客户的位置更新，其号码结构为

$$MCC + MNC + LAC$$

MCC 为移动客户国家码，我国为 460，占 3 位数字。

MNC 为移动网号，同 IMSI 中的 MNC，占 2 位数字。

LAC 为位置区号码，为一个 2 B（字节）的 BCD 编码，共 16 b（比特）。

2）跟踪区标识（TAI）

跟踪区（TA）是 4G 系统为 UE 的位置管理新设立的概念，5G 系统延续了这一概念。TAI 是 LTE 的跟踪区标识，等于 PLMN 加上 TAC。TA 是小区级的配置，多个小区可以配置相同的 TA，且一个小区只能属于一个 TA。

TA 的作用：当 UE 处于空闲状态时，核心网络能够知道 UE 所在的跟踪区，同时当处于空闲状态的 UE 需要被寻呼时，必须在 UE 所注册的跟踪区的所有小区进行寻呼。

6. 移动客户漫游号码（MSRN）

被叫客户所归属的 HLR 知道该客户目前是处于哪一个 MSC/VLR 业务区，为了提供给入口 MSC/VLR（GMSC）一个用于选路由的临时号码，HLR 请求被叫所在业务区的 MSC/VLR 给该被叫客户分配一个移动客户漫游号码（MSRN），并将此号码送至 HLR，HLR 收到后再发送给 GMSC，GMSC 根据此号码选路由，将呼叫接至被叫客户目前正在访问的 MSC/VLR 交换局。路由一旦建立，此号码就可立即释放。这种查询、呼叫选路由功能（即请求一个 MSRN 功能）是 No.7 信令中移动应用部分（MAP）的一个程序，在 GMSC-HLR-MSC/VLR 间的 No.7 信令网中进行传递。

7. 临时移动客户识别码（TMSI）

为了对 IMSI 保密，MSC/VLR 可给来访移动客户分配一个唯一的 TMSI 号码，即为一个由 MSC 自行分配的 4 B 的 BCD 编码，仅限在本 MSC 业务区内使用。

8. 全球小区识别码（CGI）

CGI 用来识别一个位置区内的小区，它是在位置区识别码（LAI）后加上一个小区识别码（CI），其结构为

$$MCC + MNC + LAC + CI$$

CI 是一个 2 B 的 BCD 编码，共 16 b，由各 MSC 自定。

9. 国际移动台设备识别码（IMEI）

IMEI 唯一地识别一个移动台设备的编码，为一个 15 位的十进制数字，其结构为

$$TAC + FAC + SNR + SP$$

TAC 为型号批准码，由欧洲型号认证中心分配，占 6 位数字。

FAC 为工厂装配码，由厂家编码，表示生产厂家及其装配地，占 2 位数字。

SNR 为序号码，由厂家分配，用来识别每个 TAC 和 FAC 中的某个设备的，占 6 位数字。

SP 为备用，备作将来使用，占 1 位数字。

【动一动】能快速获取自己所在小区的基本信息。

过关训练

1. 选择题

（1）面状服务区的结构是由（　　　）组成的。（单选）

    A. 正三角形　　　　B. 圆形　　　　　　C. 正方形　　　　　　D. 正六边形

（2）微微蜂窝主要用来解决人群密集的室内（　　　）的通信问题。（单选）

    A. 盲点　　　　　　B. 热点　　　　　　C. 干扰　　　　　　　D. 多普勒频移

（3）5G 小区的种类主要包括（　　　）。（多选）

    A. 宏蜂窝　　　　　B. 微蜂窝　　　　　C. 微微蜂窝　　　　　D. 室分小区

（4）移动通信网的体制按无线区域覆盖范围大小可分为（　　　）。（多选）

    A. 大区制　　　　　B. 小区制　　　　　C. 带状服务区　　　　D. 面状服务区

2. 判断题

相比大区制，小区制组网的缺点是频谱利用率低。（　　　）

任务 3.4 抗噪声干扰技术

任务名称	抗噪声干扰技术	建议课时	2 课时
知识目标： （1）了解移动通信中主要噪声来源及控制技术。 （2）掌握移动通信中主要干扰及对抗技术。			
能力目标： （1）能快速获取自己所在小区的 SINR 值。 （2）能针对各类干扰给出合适的对抗措施。			
素质目标： （1）树立技术自信和民族自豪感。 （2）树立精益求精的邮电工匠精神。			
任务资源： 3.4.1 任务 3.4 资源			

环境噪声和干扰是使通信性能变差的重要原因，为了保证接收质量，必须研究噪声和各种干扰对接收质量的影响，进而分析得出相应的对抗措施。

知识链接1 外部噪声及对抗措施

1. 环境噪声

在移动通信领域，环境噪声是影响信号传输质量的一个重要因素。这些噪声主要可以划分为两大类：自然噪声和人为噪声。

自然噪声来源于自然界的各种现象，包括大气中的电磁干扰、来自银河系的宇宙背景噪声以及太阳活动产生的噪声。这些自然噪声源虽然持续存在，但在不同的地理位置和时间，其影响程度会有所变化。

人为噪声则是由人类活动产生的电磁干扰，它们可能来自多种日常来源，例如，汽车及其他发动机点火系统的电磁干扰、通信设备之间的相互干扰、工业机械和科研设备的运行噪声、医疗设备的电磁辐射，以及家用电器和电力线产生的干扰。这些噪声源普遍存在于我们周围的环境中，对移动通信信号的质量构成了持续的挑战。

人为噪声多属于冲击性噪声，大量的噪声混合在一起还可能形成连续的噪声或者连续噪声叠加冲击性噪声。由频谱分析结果可知，这种噪声的频谱比较宽，且强度随频率升高而降低。根据研究统计的数据，环境噪声对移动通信的影响如图 3-4-1 所示。图中，纵坐标用超过 kT_0B_r 的 dB 数表示。k 为玻尔兹曼常数，$k = 1.38 \times 10^{-23}$ J/K；T_0 为绝对温度，$T_0 = 290$ K；B_r 为接收机带宽，$B_r = 16$ kHz。从图中可见，人为噪声对移动通信的影响必须给予考虑，而自然的噪声则可以忽略。

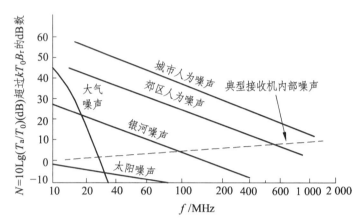

图 3-4-1　环境噪声的功率与频率的关系

2. 对抗措施

对陆地移动通信而言，最主要的人为噪声是汽车点火系统的火花噪声，为了抑制这种噪声的影响，可以采取必要的屏蔽和滤波措施，在接收机里采用噪声限制器和噪声熄灭器是行之有效的方法。

 **干扰及对抗措施**

移动通信系统工作在强干扰背景下，所以干扰是限制移动通信系统性能的主要因素。干扰归纳起来主要有同频干扰、邻频干扰、互调干扰、杂散干扰、阻塞干扰等形式。

1. 同频干扰

1）基本概念

同频干扰是指所有落在接收机通带内的与有用信号频率相同的干扰，又称为同信道干扰/同道干扰/共道干扰。

为了提高频率利用率，在相隔一定距离以外，可以使用相同的频率，称为频率复用或同频复用。同频复用带来的问题便是同频干扰。同频复用的限制条件是同频干扰不能过大，否则会影响链路性能，影响频率复用方案的选择。

2）对抗措施

需要通过合理的系统设计降低同频干扰的影响。

2. 邻频干扰

1）基本概念

邻频干扰是指相邻信道或邻近信道的信号相互干扰。产生邻道干扰的原因是接收/发射滤波器不理想，相邻频率信号泄漏到传输带宽内。

邻频干扰主要来自两个方面：一是由于工作频带紧邻的若干个频道的信号扩展超过限定的宽度，对相邻频道产生干扰，即边带扩展干扰；二是由于噪声频谱很宽，部分噪声分量存在于与噪声频率邻近的频带内，即边带噪声干扰。

2）对抗措施

降低发射机落入相邻频道的干扰功率，即减小发射机带外辐射；提高接收机的邻频道选择性；在网络设计中，避免相邻频道在同一小区或相邻小区内使用。

邻频干扰可以通过精确的滤波和信道分配而减到最小。

3. 互调干扰

1）基本概念

互调干扰是指两个或多个信号作用在通信设备的非线性器件上，产生同有用信号频率相近的组合频率，从而对通信系统构成干扰的现象。

发射机互调干扰：发射端产生的互调信号正好落在接收机工作频带内。

接收机互调干扰：频率不同的多个信号同时进入接收机，由接收机本身的非线性而产生的干扰。

产生互调干扰的条件是：① 存在非线性变化器件，使输入信号混频产生互调成分；② 输入信号频率必须满足其组合频率能落到接收机的通带内；③ 输入信号功率足够大，能够产生幅度较大的互调干扰成分。

举个例子：为了节约费用，两个运营商的两个 RRU 通过合路器共用一条馈线，两个不同频率的信号 f_1 和 f_2 会产生谐波 $f_3 = 2f_1 - f_2$ 和谐波 $f_4 = 2f_2 - f_1$，f_3 和 f_4 落入 f_1 和 f_2 的信道中，对 f_1 和 f_2 产生的干扰。

2）对抗措施

由于发射高频滤波器及天线馈线等元器件的接触不良或拉线天线及天线螺栓等金属构件由于锈蚀而造成的接触不良，在发射机强射频场的作用下会产生互调，因此需要采取适当的措施加强维护，使部件接触良好，避免互调干扰的产生。

此外，在系统设计规划时，合理地分配频道，选择无三阶互调的信道组，合理设置基站布局和覆盖控制，就不会产生严重的互调干扰。

需要指出的是，选用无三阶互调信道组时，三阶互调产物仍然存在，只是不落到本系统的工作频道内而已，对本系统以外的系统仍然能够构成干扰。

【想一想】移动通信系统中，为什么只需考虑三阶的互调干扰影响？

3.4.2　扫码获取答案

135

4. 杂散干扰

1）基本概念

杂散干扰主要是由于接收机的灵敏度不高造成的。发射机输出信号通常为大功率信号，产生大功率信号的过程中会在发射信号的频带之外产生较高的杂散。如果杂散落入某个系统接收频段内的幅度较高，则会导致接收系统的输入信噪比降低，通信质量恶化。杂散干扰是由发射机产生的，包括功放产生和放大的热噪声、系统的互调产物，以及接收频率范围内收到的其他干扰。

2）对抗措施

杂散干扰是一个系统频段外的杂散辐射落入到另外一个系统的接收频段内造成的干扰，直接影响了系统的接收灵敏度，要想减弱杂散干扰的影响，要么在发射机上过滤干扰，要么远离干扰。

若杂散落入某个系统接收频段内的幅度较高，被干扰系统接收机是无法滤除该杂散信号的，因此必须在发信机的输出口加滤波器来控制杂散干扰。

5. 阻塞干扰

1）基本概念

阻塞干扰一般指接收带外的无线电设备发生的强干扰信号。基站工作在非线性状态下或严重时导致接收机饱和，产生非线性失真，增益降低，也可能是基站的带外抑制度有限而直接造成的。阻塞干扰轻则降低接收灵敏度，重则导致通信中断。

【想一想】为什么接收到强干扰后，会影响基站正常工作？

_____

_____

_____

3.4.3 扫码获取答案

在多系统设计时，只要保证到达接收机输入端的强干扰信号功率不超过系统指标要求的阻塞电平，系统就可以正常工作。

可以这样简单理解，阻塞干扰是由于天线隔离度不够而产生的干扰。例如，移动的天线正对联通天线的背面发射信号，就会对联通的信号产生干扰。解决办法就是调整移动天线角度或者高低，不让其对着对方天线的背部发射。

2）对抗措施

增加接收机的带外抑制度。

【知识拓展】共址基站干扰分类

共址基站间的干扰主要分为阻塞干扰、杂散干扰和互调干扰三部分。

阻塞干扰：发射机的带内发射信号可以通过阻塞干扰接收机，如干扰信号过强，超出了接收机的线性范围，会导致接收机饱和而无法工作。

杂散干扰：发射机的带外杂散辐射落入接收机的工作信道，导致接收机的基底噪声抬高，从而降低接收机的灵敏度。

互调干扰：由于接收机的非线性，会出现与接收信号同频的干扰信号，其影响与杂散辐射一样，可将其看作杂散的影响。

6. 带内系统外干扰

1）基本概念

带内系统外干扰指当前网络制式之外的干扰源引起的干扰，常见的外部干扰有政府、军区、监狱、学校及社会考点的信号屏蔽装置或干扰装置等。

2）对抗措施

屏蔽可以用来阻止不必要的外部干扰，良好的屏蔽通常是通过金属外壳、铁葫芦罩和电子屏蔽板等部件来实现。

 **5G 干扰及对抗措施**

1. 5G 干扰的分类

5G 干扰分为内部干扰、外部干扰和其他干扰。其中内部干扰分为 NR 邻区终端干扰、LTE 邻区终端干扰、NR 帧失步干扰、LTE 帧失步干扰；外部干扰分为视频监控干扰、广电 MMDS 干扰、屏蔽器干扰、伪基站干扰；其他干扰分为隐形故障、未知外部干扰等。

1）NR/LTE 邻区终端干扰

例如，电信网络被 NR/LTE 邻区终端干扰的频段为 2.6 GHz、4.9 GHz、700 MHz。

如图 3-4-2 所示，当终端进行上行业务的时候，服务小区会同时接收到来自本小区终端（UE1）和邻区（4G 或 5G）终端（UE2）的上行发射信号，邻区终端（UE2）的上行发射信号对于服务小区来说就是无用的干扰信号，由于重叠覆盖引起的邻区终端干扰是网内干扰主要的问题。

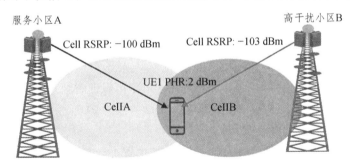

图 3-4-2　NR 邻区终端干扰

图 3-4-2 中，功率余量（PHR）是无线网络中终端（UE）发送信号之外所还剩下可传输的功率。计算公式为：功率余量（PHR）＝终端（UE）最大功率-发送功率。

如图 3-4-3 所示，现阶段 2.6 GHz 频段 5G 建设优先采用 100 MHz 组网建设方案，故 D1/D2 频段的 TD-LTE 网络与 5G 小区有 40 MHz 频率重叠，未清频区域 5G 小区会受到 LTE 邻区终端干扰。

此类干扰的典型特征：话务量高；重叠覆盖度高；LTE 与 NR 频率重叠；时间上，具有典型的闲忙时特征；频率上，NR 从两边向中间递减，LTE 为典型现网 D1/D2 位置。

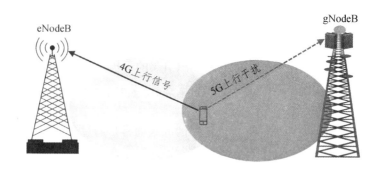

图 3-4-3　LTE 邻区终端干扰

2）NR/LTE 帧失步干扰

NR/LTE 帧失步干扰是指当 NR（5G）和 LTE（4G）系统的帧结构不同步时，导致一个系统的下行时隙落入另一个系统的上行时隙，从而产生干扰。这种干扰会影响系统的性能和用户体验。例如，电信网络被干扰频段为 2.6 GHz、4.9 GHz。

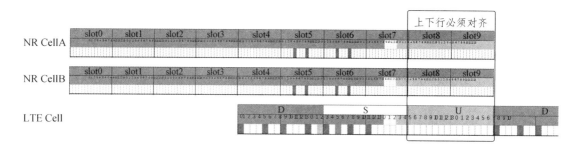

图 3-4-4　NR/LTE 帧失步干扰

如图 3-4-4 所示，NR 同频小区间及与 LTE D1、D2 小区之间上下行子帧未对齐的情况下，下行信号直接落入上行，造成较大范围的持续干扰。

2.6 GHz 频段 5G 站点帧偏置相比于 LTE 延后 3 ms，可保证时隙对齐，即 NR 帧偏置需设置为 70728TS，保证 LTE/NR 帧结构对齐。由于 700 MHz 频段为 FDD 系统，上下行使用不同频率，故不存在基站之间下行干扰上行的情况。

导致帧失步干扰的主要原因：帧偏置、时隙配比配置不一致；GPS 故障或受到干扰。

此类干扰的典型特征：范围大，通常干扰几十个基站；时间上连续；频率上与失步源基站有关。

3）视频监控干扰

例如，电信网络被干扰频段为 2.6 GHz。

视频监控干扰主要是指视频监控的无线网桥、无线回传等设备非法占用运营商频段而对 5G 产生干扰。目前主要对 2.6 GHz 频段的 D4、D5、D6 频段产生干扰。

此类干扰的典型特征：范围小，通常干扰 2~3 个基站；时间上一般较连续；频率上，常见 5/10/20/40 MHz 干扰带宽，D4/D5 居多。

4）广电 MMDS 干扰

例如，电信网络被干扰频段为 2.6 GHz、700 MHz。

多路微波分配系统（MMDS）是广电系统用微波频率以一点发射、多点接收的方式进行传输的微波系统。工作在 2 500~2 700 MHz 频率范围的 MMDS 会对 2.6 GHz 频段的 5G 系统造成严重干扰，工作在 698~806 MHz 频率范围的 MMDS 会对 700 MHz 频段的 5G 系统造成严重干扰。

此类干扰的典型特征：范围大，通常影响数十千米，以农村郊区居多；时间上，一般连续稳定出现；频率上，常见 8 MHz 带宽，不同地市频率位置可能不同；地势高，干扰源一般安装在地势高的山顶、大铁塔。

5）屏蔽器干扰

例如，电信网络被干扰频段为 2.6 GHz、4.9 GHz、700 MHz。

屏蔽器干扰通过全频段发射大功率干扰信号来阻断基站与终端的通信，主要在监狱、法院、检察院、学校等保密机构及防作弊需要的区域安装使用，对大带宽的 5G 小区干扰器干扰的典型特征是全频段底噪抬升或大宽带的底噪抬升。

此类干扰的典型特征：范围大，根据使用场景的不同，受干扰基站从几个到几十个；时间上陡升陡降，出现一段时间后消除，长期持续存在；频率上通常为全频段干扰。

6）伪基站干扰

例如，电信网络被干扰频段为 2.6 GHz。

基站通过设置与现网相同的 PCI（Physical Cell Identifier，物理小区标识）、频点来伪装成现网基站，对周边移动基站造成干扰。目前主要对 2.6 GHz 频段产生干扰，以 D6/D1/D2 为主；其干扰波形上呈现对应频段中间的 1.4 MHz、3 MHz、5 MHz、10 MHz 等带宽的干扰抬升；使用场景：公安仿真基站等，多为交通要道路口灯杆站。

此类干扰的典型特征：范围小，通常干扰 2~5 个站；时间上一般较连续；频率上常见 5 MHz 小带宽，在 D6/D1/D2 居多；符号上，具有典型的 LTE 参考信号特征。

2. 5G 干扰的特点

（1）大带宽、273PRB（Physical Resource Block，物理资源块）。NR 带宽扩展到 100 MHz，最多支持 273PRB，干扰影响带宽跨度大，带宽内外可能同时面临多种干扰问题。

（2）交叉时隙干扰概率增加。NR 空口帧结构配置更灵活，交叉时隙干扰概率增加，且需要考虑与 LTE 帧结构对齐，避免交叉时隙干扰。

（3）远距离同频干扰依旧存在。2.5 ms 双周期会让干扰检测和定位变得困难。

（4）多波束干扰协调。SSB（Synchronization Signal/PBCH，同步广播块）多波束灵活配置，可以让邻区间干扰协同更加灵活。

3. 5G 干扰的影响

目前 4G 站点多、5G 站点少，存在 4G 干扰 5G，导致 5G 下载速率降低、5G 出现吊死的问题。5G 干扰的影响有：

（1）竞争对手 D 频段退频：目前竞争对手已完成 2.6 GHz 退频，若后期再次使用，将面临被干扰的风险。

（2）4G 网络负荷较高：D1/D2 频点承载了城区较高流量，退频困难。

（3）用户感知差：5G覆盖边缘区域，4G D频段干扰导致5G速率低于1 Mb/s甚至0速率、APP出现白屏问题。

（4）网络影响大：有4G干扰情况下，拉网、定点测试速率下降50%左右。

4. 5G干扰的对抗措施

1）5G干扰处理流程

5G干扰处理流程如图3-4-5所示。

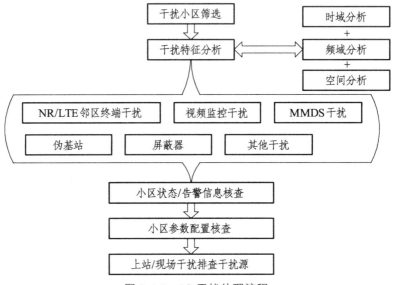

图3-4-5　5G干扰处理流程

（1）干扰小区筛选后，进入干扰特征分析，对5G干扰小区的24 h×273PRB底噪数据进行时域、频域、空间维度的干扰特征分析。

（2）小区状态/告警信息核查：核查5G干扰小区状态是否正常、有无告警，排查受扰小区是否存在设备故障如 AAU故障、GPS告警、天线通道告警等，排除小区故障原因。

（3）小区参数配置核查：核查5G干扰小区相关无线参数是否配置正确，重点关注时隙配置、帧偏置等参数，排除参数配置错误原因。

（4）上站/现场干扰排查：排除故障问题、参数等问题后，根据该小区的干扰特征分析结果上站排查，结合后台干扰波形分析与现场扫频测试等手段确定干扰源。

2）5G干扰优化措施

（1）4G/5G干扰协同优化，稳步推进退频。

（2）对齐子帧配比，避免上行干扰。

（3）波束优化，减少重叠覆盖干扰。

（4）干扰参数策略优化。

（5）逐步推进开通干扰避让特性。

（6）基于前后台数据，NR带宽差异化配置。

（7）外部干扰排查整治。

（8）载波关断。

【动一动】能快速获取自己所在小区的 SINR 值，并判断是否存在干扰。

过关训练

（1）移动通信的环境噪声大致分为（　　　　）。（单选）

    A. 自然噪声和人为噪声　　　　　B. 大气噪声和人为噪声

    C. 银河噪声和人为噪声　　　　　D. 大气噪声和系统噪声

（2）来自相邻的或相近的频道的干扰叫作（　　　　）。（单选）

    A. 互调干扰　　　　　　　　　　B. 邻道干扰

    C. 同频干扰　　　　　　　　　　D. 码间干扰

（3）当有多个不同频率的信号加到非线性器件上时，非线性变换将产生许多组合频率信号，其中的一部分可能落到接收机的通带内且有一定强度，对有用信号所形成的干扰，这种干扰叫作（　　　　）。（单选）

    A. 互调干扰　　　　　　　　　　B. 邻道干扰

    C. 同频干扰　　　　　　　　　　D. 码间干扰

（4）5G 干扰分为内部干扰、外部干扰和其他干扰，其中内部干扰分为（　　　　）。（多选）

    A. NR 邻区终端干扰　　　　　　B. LTE 帧失步干扰

    C. 视频监控干扰　　　　　　　　D. 伪基站干扰

（5）5G 干扰分为内部干扰、外部干扰和其他干扰，其中外部干扰分为（　　　　）。（多选）

    A. LTE 邻区终端干扰　　　　　　B. NR 帧失步干扰

    C. 广电 MMDS 干扰　　　　　　D. 屏蔽器干扰

任务 3.5　直放站与塔放

学习任务单

任务名称	直放站与塔放	建议课时	2 课时
知识目标： （1）掌握直放站的定义、作用、分类与组成。 （2）掌握塔放的定义、作用、分类与组成。			
能力目标： 能根据应用场景选择不同类型的直放站或塔放。			
素质目标： （1）树立技术自信和民族自豪感。 （2）树立精益求精的邮电工匠精神。			
任务资源： 3.5.1　任务 3.5 资源			

　直放站

直放站技术经历了模拟直放站、数字直放站等阶段，随着无线通信技术的不断发展，直放站技术也在不断升级和改进。目前，直放站已经广泛应用于移动通信、无线宽带接入等领域，成为无线通信网络中不可或缺的一部分。

1. 直放站概念与作用

1）概念

直放站是一种同频放大设备，是指在无线通信传输过程中起到信号增强的一种无线电发射中转设备。

2）作用

直放站在无线通信网络中起到信号增强的作用，能够有效解决因信号衰减、建筑物遮挡等因素导致的通信质量下降问题。

直放站是解决通信网络延伸覆盖能力的一种优选方案。它比基站结构简单、投资较少和安装方便，可广泛用于难于覆盖的盲区和弱区，如商场、宾馆、机场、码头、车站、体育馆、娱乐厅、地铁、隧道、高速公路、海岛等各种场所。

2. 直放站结构与分类

1）直放站的结构

直放站主要由施主天线、低噪放大器、频段选择器、滤波器、功率放大器和覆盖天线组成，如图 3-5-1 所示。

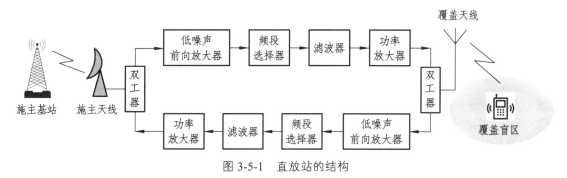

图 3-5-1　直放站的结构

2）直放站的分类

（1）按照传输方式，直放站分为无线直放站和光纤直放站。

其中，无线直放站通过无线方式接收和转发基站的信号，不需要铺设线路，建设周期短，但可能受到环境和干扰的影响。

光纤直放站利用光纤传输基站的信号，具有传输距离远、信号稳定、抗干扰能力强等优点，但需要铺设光纤线路，成本较高。

（2）按照传输带宽分类，直放站分为宽带直放站和选频直放站。

宽带直放站覆盖范围广，可以放大多个频段的信号，适用于大型建筑物或偏远地区的信号覆盖。

选频直放站只能选择特定的频段进行放大，覆盖范围相对较小，但可以避免不同频段之间的干扰。

（3）按使用频段分类，直放站分为移动通信直放站、微波接力直放站和卫星通信直放站。

移动通信直放站：主要用于放大移动通信基站的信号，包括 2G、3G、4G、5G 等制式的信号。

微波接力直放站：主要用于微波接力通信系统中，可以放大微波信号，实现远距离通信。

卫星通信直放站：主要用于卫星通信系统中，可以放大卫星信号，提高卫星通信的覆盖范围和通信质量。

3. 直放站的优缺点

1）直放站的优点

（1）同等覆盖面积时，使用直放站投资较低。

（2）一个基站基本上是圆形覆盖，多个直放站可以组织成多种覆盖，覆盖更为灵活形式。

（3）在组网初期，由于用户较少，投资效益较差，可以用一部分直放站代替基站。

（4）由于不需要土建和传输电路的施工，建网迅速。

2）直放站的缺点

（1）只能放大信号强度而不能增加系统容量。

（2）引入直放站后，会给基站增加约 3 dB 以上的噪声，使原基站工作环境恶化，覆盖半径减少。

（3）直放站只能频分不能码分，一个直放站往往将多个基站或多个扇区的信号加以放大，引入过多的直放站后，导致基站短码相位混乱，导频污染严重，优化工作困难，同时加大了不必要的软切换。

（4）直放站的网管功能和设备检测功能远不如基站，当直放站出现问题后不易察觉。

（5）由于受隔离度的要求限制，直放站的某些安装条件要比基站苛刻得多，使直放站的性能往往不能得到充分发挥。

（6）如果直放站自激或直放站附近有干扰源，将对原网造成严重影响。由于直放站的工作天线较高，会将干扰的破坏范围大面积扩大。

4. 直放站的应用

直放站的优点与缺点都比较明显，并且直放站不能替代基站进行大规模组网。二者的区别如表 3-5-1 所示。

表 3-5-1　直放站与基站的区别

设备名称	建设成本	建设速度	系统容量	应用
直放站	低	快	没有帮助	盲点
基站	高	慢	扩大	盲点、热点

与基站相比，在工程建设中，直放站的建设成本更低，速度更快，能解决信号盲点问题，但直放站缺点是无法增加网络容量，也就无法解决网络中的热点问题。

直放站不能完全替代基站的功能，在移动通信网络中，直放站主要用于移动通信网络优化、无线宽带接入、应急通信保障、物联网等。

（1）移动通信网络优化：在移动通信网络中，直放站可以用于解决信号覆盖不足、通话质量差等问题，提高用户通信体验。

（2）无线宽带接入：在无线宽带接入网络中，直放站可以用于扩大网络覆盖范围，提高网络容量和传输速率。

（3）应急通信保障：在自然灾害、事故等紧急情况下，直放站可以快速部署，为应急通信提供可靠的信号支持。

（4）物联网：在物联网应用中，直放站可以用于增强传感器节点与网关之间的通信信号，提高数据传输的可靠性和稳定性。

 知识链接2　**塔顶放大器**

1. 塔放概念与作用

1）概念

塔放即塔顶放大器（Tower Top Amplifier，TTA），是安装在塔顶部紧靠在接收天线之后的一个低噪声放大器，在接收信号进入馈线之前可将接收信号放大近 12 dB，提高上行链路信号质量，改善通话可靠性和话音质量，同时扩大小区覆盖面积。

2）作用

塔顶放大器可以分为单向放大和双向放大两类。单向放大的作用就是只放大上行（反向链路）信号／或下行（前向链路）信号；双向放大的作用就是既放大上行信号又放大下行信号，达到扩大覆盖范围的目的。

2. 塔放的组成结构

塔顶放大器主要通过放大、过滤和传输三个步骤来实现信号增强的功能。塔放的组成结构如图 3-5-2 所示。

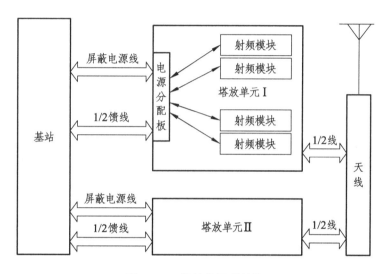

图 3-5-2　塔放的组成结构

3. 塔放的优点与应用

塔顶放大器工程应用主要用来解决链路平衡问题。应对前/反向链路参数进行设计分析和计算，然后安装调试并实际测试后，需重新调整和修正有关参数，以实现网络优化目标。

塔放可以显著改善上行覆盖，因此最适合使用在上行覆盖受限，需要增大上行覆盖范围的场合，如郊区、农村等。

【动一动】能根据网络信息，捕捉分析出产业链中的岗位需求变化。

（1）直放站的优点不包括（　　）。（单选）

    A. 同等覆盖面积时，使用直放站投资较低

    B. 覆盖更为灵活，一个基站基本上是圆形覆盖，多个直放站可以组织成多种覆盖形式

    C. 在组网初期，由于用户较少，投资效益较差，可以用一部分直放站代替基站

    D. 增加系统容量

（2）直放站可解决什么效应？（　　）。（单选）

    A. 阴影效应　　　　　　　　B. 多径效应

    C. 远近效应　　　　　　　　D. 多普勒效应

（3）（　　）直放站可产生自激。（单选）

    A. 无线　　　　　　　　　　B. 光纤

    C. 移频　　　　　　　　　　D. 干放

（4）无线直放站施主天线端输入信号不能太强，原因是（　　）。（单选）

    A. 防止前级低噪放饱和　　　　B. 防止系统自激

    C. 防止输出过大　　　　　　　D. 防止干扰信源基站

（5）直放站不具有以下哪一项作用：（　　）。（单选）

    A. 转发基站信号，扩大基站覆盖范围

    B. 盲区覆盖，改善现有网络的覆盖质量

    C. 改善接收信号质量，提高基站信号的信噪比

    D. 话务分流

（6）天线塔顶放大器的主要作用是（　　）。（单选）

    A. 放大下行信号　　　　　　B. 放大上行信号

    C. 放大双向信号　　　　　　D. 都不是

任务 3.6　移动室内覆盖技术

学习任务单

任务名称	移动室内覆盖技术	建议课时	2 课时
知识目标： 掌握室内覆盖系统的定义、作用、分类与组成。			
能力目标： 能根据实际的室内场景制定室内分布系统设计方案。			
素质目标： （1）树立技术自信和民族自豪感。 （2）树立精益求精的邮电工匠精神。			
任务资源： 3.6.1　任务 3.6 资源			

知识链接1　**室内移动信号覆盖问题及解决方案**

1. 室内存在的移动通信覆盖问题

随着城市里移动用户的快速增加以及高层建筑越来越多，对话务密度和覆盖要求也不断上升。这些建筑物规模大，对移动电话信号有很强的屏蔽作用，主要体现在：

（1）在大型建筑物的低层、地下商场、地下停车场等环境下，移动通信信号弱，手机无法正常使用，形成了移动通信的盲区和阴影区。

（2）在大型建筑物的中间楼层，来自周围不同基站信号的重叠会产生乒乓效应，手机频繁切换，甚至掉话，严重影响了手机的正常使用。

（3）在建筑物的高层，由于受基站天线的高度限制，信号无法正常覆盖，也是移动通信的盲区。

（4）在有些建筑物内，虽然手机能够正常通话，但是用户密度大，基站信道拥挤，手机上线困难。

室内移动通信的网络覆盖、容量、质量是运营商获取竞争优势的关键因素，从根本上体现了移动网络的服务水平，移动通信室内覆盖系统正是在这种背景之下产生的。

2. 建筑物内部移动信号覆盖的实现

建筑物内部实现移动信号覆盖的技术解决方案有有线接入方式、无线接入方式和直放站接入方式三种。

1）有线接入方式

微蜂窝有线接入方式是以室内微蜂窝系统作为室内覆盖系统的信号源，即有线接入方式。适用于覆盖范围较大且话务量相对较高的建筑物内，在市区中心使用较多，解决覆盖和容量问题。

2）无线接入方式

宏蜂窝无线接入方式是以室外宏蜂窝作为室内覆盖系统的信号源，即无线接入方式。适用于低话务量和较小面积的室内覆盖盲区，在市郊等偏远地区使用较多。

3）直放站接入方式

直放站接入方式在室外站存在富余容量的情况下，通过直放站（Repeater）将室外信号引入室内的覆盖盲区。

知识链接2 室内覆盖系统

1. 室内覆盖系统的定义

移动通信室内覆盖系统就是指通过室内分布系统将移动通信的无线信号均匀地分布于建筑物室内，用于改善建筑物室内移动通信网络覆盖和网络质量的系统。

2. 室内覆盖系统的作用

移动通信室内覆盖系统不仅仅是对室内盲区的改善，同时也包括对室内移动通信语音质量、网络质量、系统容量的改善。

（1）解决盲区覆盖问题。由于建筑物自身的屏蔽和吸收作用，造成了无线电波较大的传输衰耗，形成了无线信号的弱覆盖区甚至盲区。

（2）解决局部无线话路拥塞问题。对于建筑物诸如大型购物商场、会议中心，由于无线市话使用密度过大，局部网络容量不能满足用户需求，无线信道发生拥塞现象。

（3）有效解决掉话问题。建筑物高层空间极易存在无线频率干扰，服务小区信号不稳定，出现乒乓切换效应，话音质量难以保证，不时出现掉话现象。

3. 室内覆盖系统的组成

凭借成熟度高、设计阶段考虑充分全面、后期新增网络可通过直接合路完成网络覆盖等特点，室内无源分布式天线系统（Distributed Antenna System，DAS）是2G、3G时代运营商解决室内覆盖的首选，如图3-6-1所示。

（1）信号源：可以是宏蜂窝、微蜂窝网和直放站。

（2）分布系统：无源分布系统、有源分布系统、光纤分布系统。

（3）器件：功分器、耦合器、合路器、干线放大器等。

（4）室分天线：全向吸顶天线、定向吸顶天线、定向壁挂天线等。

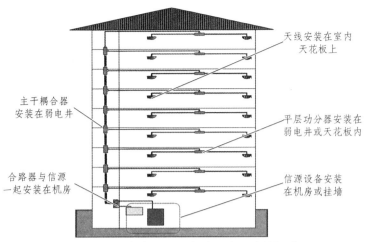

图 3-6-1　室内无源分布式天线系统的组成

在室内分布系统的设计和建设过程中，应该根据覆盖的目标、服务的类型、工程成本等方面的要求综合考虑，选取适当的信号源、元器件和传输介质。

 **知识链接3** **室内分布系统**

1. 室内无源分布式天线系统（DAS）

室内无源分布式天线系统通过无源分配器件，将微蜂窝信号分配至各个需要覆盖的区域，如图 3-6-2 所示。

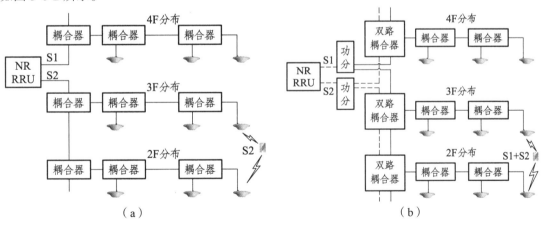

图 3-6-2　单路和双路无源室分系统

【想一想】传统无源 DAS 存在哪些问题？

_____

_____

_____

_____

3.6.2　扫码获取答案

2. 数字化有源室分系统

5G 时代 70%左右的流量会发生在室内，同时 5G 网络的覆盖场景将更加复杂，传统室内分布系统（DAS）已经无法满足 5G 在定位、时延、可靠性、覆盖程度等方面的要求，因而室分覆盖数字化是大势所趋。

相对传统室分，数字化室分的优点有：结构简单，易部署；实现了可视化运维；一次部署解决长期扩容问题；面向 5G，数字化室分未来改造最少，能有效保障工程可实施性；数字化室分工程投资略高于传统室分，但运维成本低于传统室分，所以长远来看，总成本要更低些。

以华为公司的产品为例，数字化有源室分系统分为 3 个部分：信号源 BBU（基带处理单元），RHUB 射频远端 CPRI 数据汇聚单元，pRRU（皮基站）。

如图 3-6-3 所示，BBU 和 RHUB 之间通过光纤相连，RHUB 和 pRRU 之间通过光电混合缆（网线）连接。BBU 一般被安装在建筑物的负一楼或者负二楼，然后顺着建筑物弱电井布放光缆，将 RHUB 安装在所在楼层的弱电井里，pRRU 则根据设计要求安装在楼层的相应位置。

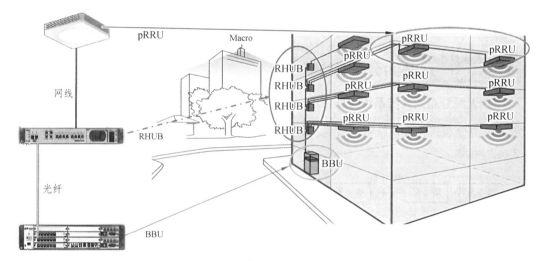

图 3-6-3　数字化有源室分系统

3. 5G 无源特殊场景（泄漏电缆–地铁/隧道方案）

泄漏电缆分布系统由设备点（开断点）、漏缆、光缆和电缆等组成，电磁波在漏缆中纵向传输的同时通过槽孔与外部电磁场互感，可以满足长距离均匀覆盖的场景需求，适合用于狭长的地铁、公路隧道场景。泄漏电缆结构如图 3-6-4 所示。

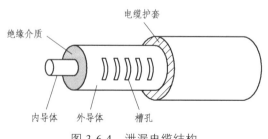

图 3-6-4　泄漏电缆结构

以电信 3.5 GHz 频段为例，鉴于原有 13/8"缆型无法支持 3.5 GHz 频段，对于隧道场景建议采用 5/4"新型漏缆（槽孔特殊设计以降低 3.5 GHz 传输损耗）。对于地铁场景，建议一次性部署至少 2 通道新型 5/4"漏缆。考虑漏缆的 3.5 GHz 频率衰减增加，建议按照链路预算增加开断点以保证覆盖。

4. 5G 室分方案应用场景建议

5G 室分方案建议分场景采用相应方案：

（1）高价值区域：建议采用高用户峰值速率体验的解决方案，如 4T4R 有源室分方案。

（2）中价值区域：建议采用可持续扩容解决方案，至少保证双通道能力。

（3）低价值区域：建议采用成本低、性价比高的解决方案，尽量考虑双通道。

【动一动】能根据实际的室内场景（如教学楼）制定室内分布系统设计方案。

过关训练

1. 选择题

（1）数字有源室分系统主要由（　　　　）部分组成。（多选）

    A. BBU　　　　　　　B. RHUB　　　　　　　C. PRRU　　　　　　　D. AAU

（2）建设室内分布覆盖系统的主要目的是（　　　　）。（单选）

    A. 吸收话务　　　　B. 网络优化　　　　　C. 信号补盲　　　　　D. 以上三者都是

（3）一个室内分布覆盖系统（DAS）主要由以下（　　　　）部分组成。（多选）

    A. 信号源　　　　　B. 分布系统　　　　　C. 天线　　　　　　　D. 器件

（4）室分系统常用无源器件有（　　　　）。（多选）

    A. 功分器　　　　　B. 耦合器　　　　　　C. 负载

    D. 合路器　　　　　E. 3 dB 电桥

2. 判断题

数字化有源室分系统分为 3 个部分：BBU、RHUB 和 pRRU，RHUB 和 pRRU 之间采用光纤连接。（　　　　）

任务 3.7　基站防雷与接地技术

任务名称	基站防雷与接地技术	建议课时	2 课时
知识目标： （1）了解雷电入侵基站的途径。 （2）掌握防雷接地工程规范。			
能力目标： 能快速找出避雷针、地排等的接地位置。			
素质目标： （1）树立技术自信和民族自豪感。 （2）树立精益求精的邮电工匠精神。			
任务资源： 3.7.1　任务 3.7 资源			

在移动通信网络的运行维护和建设过程中，基站的雷电防护是十分重要的一环。移动通信网络的基站分城区站、城郊站和高山站，其通信天线一般都由金属塔支撑。由于机房所处地势也较高，通信杆塔容易成为雷电对地放电的接闪通道，从而导致基站设备容易遭受雷击，随着基站设备的不断增多，该趋势逐年上升。因此，加强移动通信基站的防雷安全建设，减少雷击灾害损失，就显得十分重要。

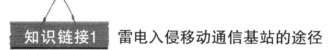 **雷电入侵移动通信基站的途径**

当移动通信基站遭受雷击时，雷电危害入侵基站途径有直击雷入侵和感应雷入侵。根据遭受雷击的基站现场勘察得出，感应雷入侵是最主要的原因，具体包括以下几个途径。

1. 经过交流电源线引入

目前，通信基站的交流电源引入大都采用架空的方式，当电力电缆附件发生雷击时，电力电缆周围产生强大的电磁场，感应出雷电过电压并会沿着电力电缆进入基站，损坏机房的用电设备。因此，交流电源电力电缆进入基站前，电缆的铠装护套未接地或接地不当以及机房配电箱未加装一级防雷箱等，都会导致雷电过电压的侵害。

2. 经过天馈线引入

当基站铁塔遭受雷击时，铁塔上会出现很高的雷电过电压，相应地会在天馈线上感应较高的雷电过电压。若天馈线在进入基站前未接地处理或接地不当，天馈线上感应出的雷电过电压就会沿天馈线窜入基站进而损坏设备。

3. 经过传输光缆的加强筋引入

当有雷击发生时，露天架空敷设的传输光缆由于光缆加强筋的存在很容易感应雷电过电压。若传输光缆进入基站前对其加强筋末端的处理不当，加强筋上感应出的雷电过电压会沿着光缆进入基站，很容易造成加强筋在机柜内部对导体拉弧放电，进而损坏通信设备。

4. 经过基站内设备接地端口引入

当雷电流沿基站附近的避雷器对地泄流时，接地电阻的存在引起基站的地电位升高，会对基站内部设备产生反击的现象。若基站内设备接地不当，设备的接地线过长，便在接地线上感应出较大的感应过电压并对设备进行破坏。此外，一级防雷箱的接地线过长，在泄流到大地中时，使得地电位迅速抬升，击坏基站机房内通信设备，也是引发雷击的一个原因。

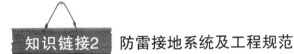
知识链接2　**防雷接地系统及工程规范**

移动基站防雷接地系统总体上由"一针一网两地排，三线入地三线进局"组成。

1. 一针

一针指 1 根避雷针，其作用是从被保护物体上方引导雷电流通过，并安全泄入大地，防止雷电直击，减小其保护范围内的设备和建筑物遭受直击雷的概率。基站天线和机房应在避雷针的 45°保护范围之内，如图 3-7-1 所示。

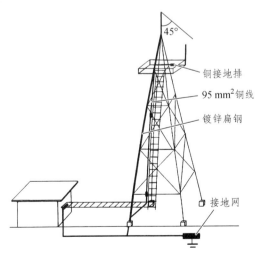

图 3-7-1　避雷针保护基站天线和机房

2. 一网

一网指 1 个联合地网，其作用是使基站内各建筑物的基础接地体和其他专设接地体互联互通形成一个公用地网，如图 3-7-2 所示。

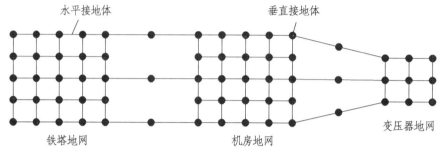

图 3-7-2　联合地网组成

（1）基站地网接地电阻建设时要求控制在 5 Ω 以内，对于年雷暴日小于 20 天的地区，接地电阻值可小于 10 Ω。

（2）基站机房地网与铁塔地网和变压器地网在地下必须通过不少于两个连接点焊接连通，地网之间超过 30 m 距离可不连通。地网网格不大于 3 m×3 m，埋深不小于 0.7 m。接地体均采用热镀锌钢材，垂直接地体采用 50 mm×50 mm×5 mm 角钢，水平接地体采用 40 mm×4 mm 扁钢。垂直接地体长度宜为 1.5 ~ 2.5 m，垂直接地体之间的间距一般为自身长度的 1.2 ~ 1.5 倍。

（3）机房地网应沿机房建筑物散水点外设环形接地装置，同时还应利用机房建筑物基础横竖梁内两根以上主钢筋共同组成机房接地网。

（4）对于利用商品房作机房的移动通信基站，应尽量找出建筑防雷接地网或其他专用地网，并就近再设一组地网，三者相互在地下焊接连通，有困难也可以在地面上可见部分焊接成一体作为机房地网。找不到原有地网时，应就近设一组地网。铁塔应与建筑物避雷带就近两处以上连通。

（5）当铁塔位于机房旁边时，铁塔地网应延伸到塔基四脚外 1.5 米远的范围，其周边为封闭式；同时还要利用塔基地桩内两根以上主钢筋作为铁塔地网的垂直接地体。

（6）地面铁塔四个脚均要连接地网。

（7）当通信铁塔位于机房屋顶时，铁塔四脚应与楼顶避雷带就近不少于两处焊接连通，同时宜在机房地网四脚设置辐射式接地体，以利雷电散流。

（8）在不了解大楼设计、施工情况时，不能利用机房内建筑钢筋作接地引入。

（9）在可能的情况下，接地网应与大楼水管、排污管等可靠连接。

（10）接地系统所有焊点均应做好防锈处理。

3. 两地排

2 个接地排是避雷排、工作保护地排。

（1）在大楼接地系统可靠的前提下，天线支撑抱柱、馈线走线架等各种金属设施，应就近分别与屋顶避雷带可靠连通，否则均应连接至室外避雷排。为安全考虑，楼顶抱杆的防雷接地应尽可能使用 40 mm（宽）×4 mm（厚）的热镀锌扁钢。

（2）机房内走线架、槽钢、配电箱、电池架等均应与工作保护地排连接。

（3）接地排的铜排应有足够的孔洞，为防止氧化，铜排须镀铬或镀锡。避雷排应靠近馈线窗并用绝缘子安装于墙面，位置不得高于此处馈线接地点。

4. 三线入地

3 个接地引下线是避雷针接地引下线、避雷地排接地引下线、保护地排接地引下线，应正确入地。

（1）避雷针接地引下线：通过 40 mm（宽）×4 mm（厚）的热镀锌扁钢将避雷针接地引下线连接到联合地网上，要求远离机房侧、馈线爬梯，沿铁塔角向下敷设。

（2）避雷地排引下线接地点和工作保护地排引下线接地点要远离塔角，3 个接地引下线入地点在地网上相互距离尽量间隔 5 m 以上。

（3）避雷地排接地引下线和工作保护地排引下线的入地连接点必须与地网可靠焊接，与地排可靠连接。

（4）接地引下线长度不宜超过 30 m，并应做防腐、绝缘处理，并不得在暖气地沟内布放，埋设时应避开污水管道和水沟。

（5）接地线宜短、直，不要有回弯或向上拐弯。

5. 三线进局

3 类引入线（电力线、馈线、光缆）应正确引入机房。

（1）基站电力线。电力线引入在条件允许情况下采用直埋方式（穿管或采用铠装电缆），直埋长度不少于 15 m，钢管或电缆金属护套两端应就近可靠接地；设备电源线、控制线应采用绝缘阻燃软电缆，零线应直接接地；在基站交流电源进线处和开关电源交流引入端之间安装多级 SPD（Surge Protective Device，电涌保护器，又名避雷器），实现多级防护，逐级限压，达到供电线防雷的目的。

（2）传输线。传输线的加强芯在终端杆处必须接地；传输线进出机房必须采用直埋的方式，埋设必须规范；传输光缆进机房前，统一采用在馈线窗口处切断光缆加强芯及金属屏蔽层，将光缆加强芯及金属屏蔽层断开处的远端接至避雷地排，进机房端的光缆加强芯及金属屏蔽层不再接地。

（3）天馈线。架设有独立铁塔的馈线应采用截面面积不小于 10 mm² 的多股铜线分别在天线处、离塔处、馈线窗入口处就近接地；当馈线长度大于 60 m 时，在铁塔中部增加一个接地点；馈线接地线的馈线端要高于接地排端，馈线与接地线接头朝下，接头紧密，走线要朝下；接地线与馈线的连接处一定要做好防水处理；馈线接地处水平走线时要求有明显的回水弯，地线最低点要低于接地点 10 cm。垂直走线不要求有回水弯；要求在机房入口馈线头处安装避雷器，避雷器的接地线采用≥10 mm² 的多股铜芯导线接至集线器，集线器采用≥35 mm² 的多股铜芯导线接至避雷地排。

知识链接3 防雷技术新探索

雷击放电是影响通信服务可靠性的重要因素，也得到了大家的广泛关注，探讨科学有效的雷击防护十分重要。移动通信基站建设中应采取一些防雷接地措施，避免基站遭受雷击影响与破坏，但每年仍有部分基站遭受雷击损坏。科学有效防雷是一项复杂的系统工程，在现有的防护基础上，采取适当的保护设备措施增强防雷的能力。

1. 传统防雷技术

传统防雷技术一般采用并联式防雷，常用的保护器件在保护中的损坏均呈短路状态，将出现保护网络的失效导致系统的"失效"状态。为了避免这种情况，保护器件需要有巨大的能量吸收能力，需要巨大的成本（最大雷击能量为 200 kA），通用的并联型保护设备，检测的残压为系统要求的残压值，而在工程安装中不可避免地会出现引线和接地线过长，线路残压很高，导致线路和保护设备串联后的总残压远远大于系统残压，从而出现"保护器不动作或者即使动作也发生设备损坏"。

2. 防雷技术新探索

1）采用串联式网络

而在串联网络防护中，反射网络不需要吸收能量，不存在因为雷击能量过大而损坏，只出现串联的负载过大的损坏情况，这可以根据不同的负载选择不同的负载容量避免；同保护设备呈串联关系，雷击电压也因等效阻抗的串联关系分压，绝大部分浪涌电压分配在保护网络上，使被保护设备上只有很小浪涌电压，实现保护可以阻断双向浪涌电压，实现两侧网络的保护。

2）系统整体防护

在整体防护的基础上，对整个网络进行全面分析，找出网络间、设备间、端口间的关系，从而实现系统全面的防护，该防护主要在端口防护的基础上解决了网络间的传导抑制问题，目前主流的发展趋势是实施"分离式接地技术"和"途径保护技术"，在联合接地网的基础上引入相应的防护设备，对防雷接地、工作接地、保护接地三种途径进行分离，对雷电冲击通道上的雷电流传播切断，彼此独立，互不干扰，保护地电位不受雷电流的影响，改善移动基局站系统的稳定性。

【动一动】能快速找出实训机房避雷针、地排等的接地位置。

1. 选择题

（1）雷电的入侵途径不包括（　　　）。（单选）

    A. 经过交流电源线引入　　　　　　　　B. 经过天馈线引入

    C. 经过传输光缆的加强筋引入　　　　　D. 经过 RRU 引入

（2）基站天线和机房应在避雷针的（　　　　）保护范围之内。（单选）

    A. 15°　　　　　　B. 30°　　　　　　　C. 45°　　　　　　D. 60°

（3）三线进局中的"三线"不包括（　　　　）。（单选）

    A. 电力线　　　　B. 馈线　　　　　　C. 光缆　　　　　　D. 天线

（4）移动基站防雷接地系统总体上由"一针一网两地排，三线入地三线进局"组成，其中"一网"指的是（　　　　）。（单选）

    A. 联合地网　　　B. 移动通信网　　　C. 因特网　　　　　D. 综合业务数字网

2. 判断题

为了保障维护人员的人身安全，所有设备机壳必须接地。（　　　　）

移动性管理

任务 4.1　移动性管理概述

学习任务单

任务名称	移动性管理概述	建议课时	2 课时
知识目标： （1）掌握移动性管理的实现、UE 的 RRC 状态迁移、移动性管理的内容。 （2）了解实施移动性管理的原因。			
能力目标： （1）能搜索下载网优测试 APP（建议 CellularZ、网优任我行等）。 （2）会使用网优测试 APP 进行基本测试。			
素质目标： （1）树立技术自信和民族自豪感。 （2）树立精益求精的邮电工匠精神。			
任务资源： 4.1.1　任务 4.1 资源			

知识链接1　为什么需要移动性管理？

在日常生活中，手机随着移动用户经常移动，因此为手机提供服务的基站/小区也在不断变换中。试想一下，当移动台从一个小区移动到另一个小区时，假设没有移动性管理，将会发生什么？根据当前移动台的状态，可以分为两种情况：（1）空闲状态下的移动台将会脱网，需要重新搜网搜索小区；（2）连接状态下的移动台将会中断当前业务，需要重新搜网搜索小区。因此，移动通信中，当移动台从一个小区移动到另一个小区时，需要进行移动性管理。

【想一想】移动通信中，当移动台从一个小区移动到另一个小区时，如果没有移动性管理将会发生什么？

_____

_____

_____

4.1.2　扫码获取答案

 如何实现对 UE 的位置区管理？

为了实现 UE 的移动性，移动通信网络需要进行位置管理，以便随时掌握 UE 的去向，方便随时找到 UE。

1. 位置区管理的演进过程

在 2G 和 3G 移动通信系统中，用户设备（UE）在电路域的位置管理是通过位置区（Location Area，LA）来实现的。而在分组域的位置管理，则是通过路由区（Routing Area，RA）来实现的。随着技术的进步，4G 和 5G 系统引入了一个新的概念——跟踪区（Tracking Area，TA），用以对用户设备进行位置管理。

2. 跟踪区（TA）及规划原则

跟踪区（Tracking Area）是 4G、5G 系统为 UE 的位置管理新设立的概念。跟踪区标识（Tracking Area Identity，TAI），用于在全球范围内标识一个跟踪区，如图 4-1-1 所示。TAI 主要由三部分组成：（1）MCC（Mobile Country Code，移动国家码）：与 IMSI（International Mobile Subscriber Identity，国际移动用户标识）中的 MCC 相同，用于标识 PLMN 所在的国家；（2）MNC（Mobile Network Code，移动网络码）：与 IMSI 中的 MNC 相同，用于标识一个国家的一个 PLMN；（3）TAC（Tracking Area Code，跟踪区码）：用于标识一个 PLMN 的一个跟踪区。

TAI		
MCC	MNC	TAC
12 b	8 or 12 b	16 b

图 4-1-1　TAI 结构

TA 是小区级的配置，多个小区可以配置相同的 TA，且一个小区只能属于一个 TA。TA 的作用：当 UE 处于空闲状态时，核心网络能够知道 UE 所在的跟踪区，同时当处于空闲状态的 UE 需要被寻呼时，必须在 UE 所注册的跟踪区的所有小区进行寻呼。

跟踪区（TA）的规划原则是什么？原则 1：TA 的面积不能太小。由于 TA 更新是需要消耗系统开销的，因此 TA 面积太小会导致 MME 信令开销负荷增加，可能产生瞬时的 TA 更新信令风暴。原则 2：TA 的面积不能太大。如果 TA 规划的面积过大，包含的站点过多，可能会导致由于寻呼容量受限而导致寻呼失败的情况，影响 TA List（跟踪区列表）的规划灵活性。原则 3：

TA 边界应处于话务量比较低的区域。边界设在话务量低或者移动性慢的区域，可以避免大量的 TA 同时更新，对用户业务造成影响。

3. 跟踪区列表（TA List）及规划原则

TA List（跟踪区列表）管理功能主要包括 MME 对 UE 分配和管理 TA List。LTE 网络通过管理 TA List 对 UE 进行位置管理。TA List 由一个或多个 TAI 组成，如图 4-1-2 所示。多个 TA 组成一个 TA List（TA 列表），同时分配给一个 UE。UE 在该 TA 列表内移动时不需要执行 TA 更新（TAU）。

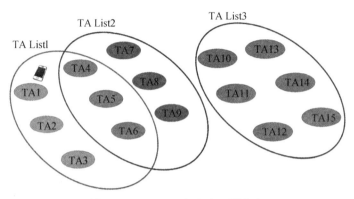

图 4-1-2　TA List（跟踪区列表）

【想一想】移动通信系统中，为什么采用 TA List 进行寻呼和位置更新？

4.1.3　扫码获取答案

TA List 的规划原则是什么？原则 1：TA List 覆盖面积不宜过大。如果覆盖面积过大会导致包含小区数量过多，导致寻呼失败的情况，从而增加系统负担。但在一些特殊的场合，比如地铁、商场等人流量大但位置相对固定场景，适合给 TA List 多绑定一些 TA，从而减小 TAU 数目。原则 2：TA List 覆盖面积不宜过小。如果覆盖范围太小，会导致 UE 在移动过程中产生大量的 TAU，在边界区域还可能产生更新，增加空中接口的负担。

 UE 的 RRC 状态及迁移

1. LTE UE 的 RRC 状态及迁移

UE 通过建立 RRC（Radio Resource Control，无线资源控制）连接才能进入连接状态，此时 UE 可以与网络进行数据的交互；当 UE 释放了 RRC 连接时，UE 就会从 RRC-CONNECTED 状态迁移到 RRC-IDLE 状态。4G RRC 的状态及其转换如图 4-1-3 所示。

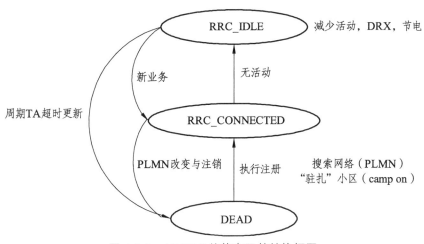

图 4-1-3　4G RRC 的状态及其转换框图

（1）RRC 空闲态时：UE 没有 RRC 连接；UE 在 E-UTRAN 中没有通信上下文；E-UTRAN 知道 UE 当前属于哪个跟踪区；网络和终端之间不能发送和接收数据；终端控制的移动性管理；可以测量邻小区；PLMN 选择；接收系统信息广播；不连续接收寻呼。

（2）RRC 连接态时：UE 有一个 RRC 连接；UE 在 E-UTRAN 中具有通信上下文；E-UTRAN 知道 UE 当前属于哪个小区；网络和终端之间可以发送和接收数据；网络控制的移动性管理；可以测量邻小区；终端可以监听控制信道以便确定网络是否为它配置了共享信道资源；基站根据终端的活动情况配置 DRX 周期。

2. 5G UE 的 RRC 状态及迁移

5G UE 的 RRC 状态分为 ACTIVE（CONNECTED）、IDLE、INACTIVE。三种状态的区别如表 4-1-1 所示。

表 4-1-1　5G UE 三种 RRC 状态的区别

5G UE 的 RRC 状态	UE 和 NG-RAN	NG-RAN 和 5GC
ACTIVE（CONNECTED）：连接模式	connected	connected
IDLE：空闲模式	released	released
INACTIVE：去激活模式	suspend	connected

5G UE 的三种 RRC 状态之间的转换关系如图 4-1-4 所示。

（1）RRC 空闲模式：可以进行 PLMN 选择；广播系统信息；小区重选移动性；移动终止数据的寻呼由 5GC 发起；移动终接数据区域的寻呼由 5GC 管理；由 NAS 配置的用于 CN 寻呼的 DRX。

（2）RRC 去激活模式：PLMN 选择；广播系统信息；小区重选移动性；寻呼由 NG-RAN（RAN 寻呼）发起；基于 RAN 的通知区域（RNA）由 NG-RAN 管理；由 NG-RAN 配置的 RAN 寻呼 DRX；为 UE 建立 5GC-NG-RAN 连接（包括控制面/用户面）；UE AS 报文存储在 NG-RAN 和 UE 中；NG-RAN 知道 UE 所属的 RNA。

（3）RRC 连接模式：PLMN 选择；广播系统信息；小区重选移动性；寻呼由 NG-RAN（RAN 寻呼）发起；基于 RAN 的通知区域（RNA）由 NG-RAN 管理；由 NG-RAN 配置的 RAN 寻呼

DRX；为 UE 建立 5GC-NG-RAN 连接（包括控制面/用户面）；UE AS 报文存储在 NG-RAN 和 UE 中；NG-RAN 知道 UE 所属的 RNA。

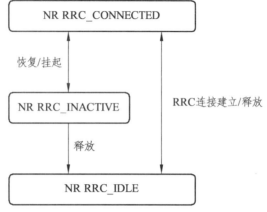

图 4-1-4　5G UE 的三种 RRC 状态之间的转换关系

【想一想】5G 移动通信系统中，为什么要引入去激活模式？

4.1.4　扫码获取答案

【知识拓展】在去激活模式下如何实现能耗降低和时延减小呢？

（1）UE 在进入 RRC INACTIVE 态时会保留核心网的上下文；直到在 RRC INACTIVE 态下出现有数据接收或发送，需要跃迁至 RRC CONNETED 态时，只需要通过恢复过程携带核心网唯一 UE 标识进行恢复即可，并且在 gNB 收到连接恢复完成后就可以接收和发送数据包了。

（2）相比于以往的 RRC IDLE 态直接跃迁 RRC CONNETED 态（需要释放核心网所申请的上下文，在申请上下文时，需要与核心网侧进行信令的交互），RRC INACTIVE 态下跃迁至 RRC CONNECTED 态则可以略去上述过程。

（3）UE 接收 gNB 的信令消息时都需要去盲检 PDCCH，以便知道信令所在的资源位置。而 RRC INACTIVE 态跃迁至 RRC CONNECTED 态时，由于 UE 并没有释放上下文，并且核心网侧也不需要再次分配上下文，因此减少了信令的接收，进而减少 UE 盲检带来的能耗以及空口传输带来的传输时间。

知识链接4　移动性管理包括哪些内容？

移动性管理是蜂窝移动通信系统必备的机制。

【想一想】移动性管理的作用有哪些？

_____

_____

_____

_____

4.1.5　扫码获取答案

　　网络对 UE 的移动性管理会根据用户状态的不同而使用不同的移动性管理方式，分为 RRC 空闲状态下和 RRC 连接状态下的移动性管理。RRC 空闲状态下的移动性管理是指小区选择/重选（注册），由 UE 控制完成；RRC 连接状态下的移动性管理是指小区切换或重定向，由网络控制 UE 协助完成。

　　【动一动】使用装有网优测试 APP 的手机进行移动性测试，请问从教室到走廊是否进行了移动性管理？如有，教室所在的小区 PCI（物理小区标识）是多少？教室外走廊所在小区的 PCI 是多少？

过关训练

1. 选择题

（1）当空闲状态的移动台从一个小区移动到另一个小区时，必须进行（　　）。（单选）

　　A. 小区重选　　　　B. 位置更新　　　　C. 小区切换　　　　D. 移动性管理

（2）当连接状态的移动台从一个小区移动到另一个小区时，必须进行（　　）。（单选）

　　A. 小区重选　　　　B. 位置更新　　　　C. 小区切换　　　　D. 移动性管理

（3）一个 TA List 最多配置（　　）个 TAC，并且一个 TAC 只能属于同一个 TA List。（单选）

　　A. 8　　　　　　　　B. 16　　　　　　　C. 32　　　　　　　D. 无限制

（4）TAI 是跟踪区标识（Tracking Area Identity），用于在全球范围内标识一个跟踪区，由三部分组成：（　　）。（多选）

　　A. MCC　　　　　　B. MNC　　　　　　C. LAC　　　　　　D. TAC

2. 判断题

（1）5G UE 的 RRC 状态分为 CONNECTED 连接模式、IDLE 空闲模式、INACTIVE 去激活模式。（　　）

（2）UE 在进入 RRC_INACTIVE 态时会保留无线接入网的上下文。（　　）

任务 4.2　小区重选

任务名称	小区重选		建议课时	2 课时
知识目标： （1）掌握小区选择 S 准则、小区重选 R 准则； （2）了解移动终端小区选择与重选的过程。				
能力目标： 会使用网优测试 APP 识别小区重选。				
素质目标： 培养精益求精、严谨细致的工匠精神。				
任务资源： 4.2.1　任务 4.2 资源				

知识链接1　移动性管理的作用与分类

移动性管理的作用包括辅助实现负载均衡、提高用户体验和提升系统整体性能等。

移动性管理的分类主要有空闲态/非激活态下的移动性管理和连接态下的移动性管理。空闲态/非激活态下的移动性管理是通过小区选择/重选实现的，由终端做决定，基站辅助配置；连接态下的移动性管理是通过小区切换实现的，由基站完全控制，终端辅助测量。

小区选择：终端开机后，还没有驻留小区，需要从众多小区中选择一个小区的过程。小区选择后，如果没有其他业务，则进入 IDLE 状态。

小区重选：处于 IDLE 态下的终端，如果已经驻留了一个小区，但有了新的更好的小区，则需要重选选择，驻留到新的小区中。

【想一想】UE 可以接入所有的小区吗？

_____

_____

_____

_____

4.2.2　扫码获取答案

164

1. 小区类型

在小区选择与重选流程中，小区可以分为5种类型。

（1）Acceptable cell：即可接受小区。如果 UE 找不到一个合适的小区，当时可以驻留在一个属于其他 PLMN 的小区，这样的小区称为可接受小区。在此小区内 UE 进入"受限服务"状态，只可以进行紧急呼叫及接收 ETWS 通知（这和 UE 内没有 USIM 的效果一样）。可以驻留到此类小区的标准为：小区没有被禁止（barred）；满足小区选择标准。

（2）Suitable cell：即合适的小区，在此类小区内 UE 可获得正常的服务。可以驻留到此类小区的标准为：小区隶属于已选 PLMN，或者已注册 PLMN，或者 EPLM 列表；小区没有被禁止；小区所处的 TA 至少有一个没有包含在"禁止漫游 TA（forbidden tracking areas for roaming）"列表中，当然该列表对应于满足第一条标准的 PLMN，满足小区选择标准；如果是 CSG（Closed Subscriber Group，闭合用户组）小区，则其 CSG ID 包含在 UE 的 CSG 白名单列表中。

（3）Barred cell：即被禁止的小区。如果小区为被禁止状态，则不允许 UE 在此小区驻留（camp on）。小区会在系统信息广播中告知 UE 其是否被禁止（即 cellBarred in SIB1）。

（4）Reserved cell：即被保留的小区。在系统信息广播中会告诉 UE 当前小区是否为保留给运营商专用的。

（5）CSG cell：即封闭用户组小区。

【想一想】被禁止的小区里面是否有用户？

_____

_____

_____

_____

4.2.3　扫码获取答案

【知识拓展】

PLMN（Public Land Mobile Network，公共陆地移动网）可以唯一标识一个通信运营商，其由移动国家代码（Mobile Country Code，MCC）和移动网络代码（Mobile Network Code，MNC）组成。ETWS（Earthquake and Tsunami Warning System，地震海啸报警系统）是一种旨在减少地震和海啸引发灾害影响的预警机制，该系统通过监测地震活动、海浪高度变化以及其他相关数据，来预测和评估海啸发生的可能性和潜在影响。一旦检测到可能引发海啸的地震或其他事件，系统会迅速发布预警信息，以便相关当局和公众采取适当的应对措施。

2. 小区选择与重选流程

UE 开机后，首先执行 PLMN 选择流程，完成 PLMN 选择后进入小区选择流程，此时有两种情况：（1）若 UE 保存有上次成功注册记录下来的频点或者小区驻留信息，则根据先验信息进行小区选择，加快选择时间；如果没有找到适合的小区，则执行初始小区选择流程；（2）若未保存上一次成功注册的小区驻留信息，则执行初始小区选择，即在 NR 所处频带内扫描所有 RF 信道，再找到合适的小区：如果找到了合适的小区则进入正常驻留状态；如果没有找到合适的小区，则进入任意小区驻留状态，继续寻找可接受的小区。

在上述两种情况下，如果 UE 根据 S 准则和其他判定条件找到合适的小区，则 UE 会马上进入正常驻留状态，以获得正常的业务提供。在正常驻留条件下，根据 R 准则触发小区重选，选择更合适的小区进入正常驻留状态。在正常驻留状态下，根据高层需求，通过随机接入过程进入 RRC 连接态，或者根据高层的指示离开连接态。UE 根据离开连接态时 RRC Release 消息的指示，选择进入空闲态还是非激活态。

小区选择与重选流程如图 4-2-1 所示。

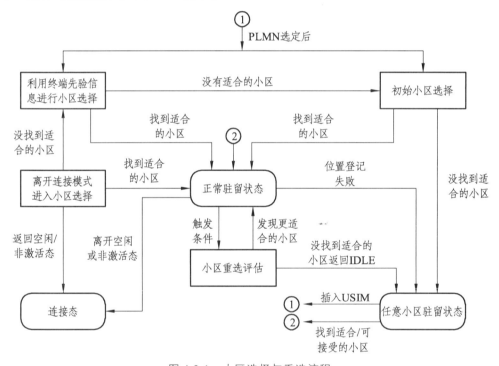

图 4-2-1　小区选择与重选流程

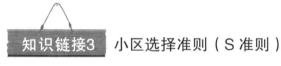 **小区选择准则（S 准则）**

1. 概念

S 准则是在小区选择过程中，终端需要对将要选择的小区进行信道测量，以便进行信道质量评估，判断其是否符合驻留的标准。当某个小区的信道质量和信号强度满足 S 准则时，就可能被选择为驻留小区。

满足 S 准则即满足 Srxlev>0 并且 Squal>0。其中，功率标准为：接收功率 Srxlev>0；质量标准为：小区搜索中接收的信号质量 Squal>0。

【想一想】UE 最大发射功率一般是多少？

_____

_____

_____

_____

4.2.4　扫码获取答案

2. S 准则计算方法

小区选择 S 准则计算方法如图 4-2-2 所示。

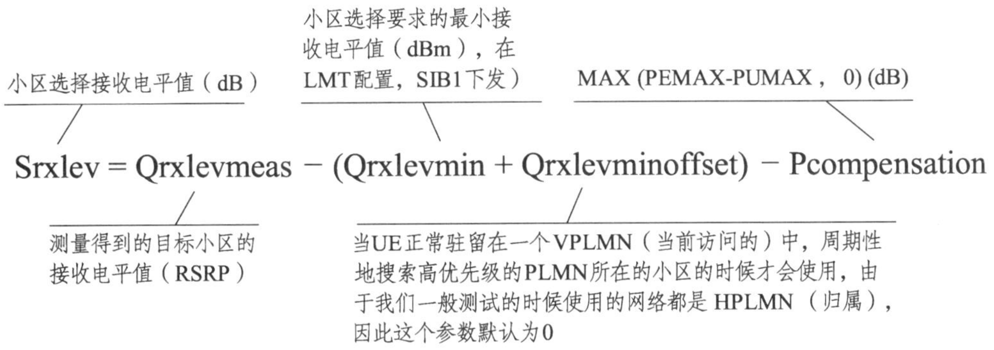

小区选择接收电平值（dB）

小区选择要求的最小接收电平值（dBm），在 LMT 配置，SIB1 下发

MAX (PEMAX-PUMAX，0)(dB)

$$Srxlev = Qrxlevmeas - (Qrxlevmin + Qrxlevminoffset) - Pcompensation$$

测量得到的目标小区的接收电平值（RSRP）

当 UE 正常驻留在一个 VPLMN（当前访问的）中，周期性地搜索高优先级的 PLMN 所在的小区的时候才会使用，由于我们一般测试的时候使用的网络都是 HPLMN（归属），因此这个参数默认为 0

图 4-2-2　小区选择 S 准则计算方法

其中，PEMAX 是小区配置的 UE 最大上行可用的发射功率（dBm），由后台配置；在 SIB1 中发送的 PUMAX 是 UE 最大发射功率，由 UE 自身的能力等级来决定，高通终端默认为 23 dBm。

知识链接4　小区重选准则

1. 概念

小区重选准则是当 UE 处于空闲态/非激活态时并且在小区选择之后，UE 需要持续地监控邻区和当前小区的信号质量，以便驻留到优先级更高或信道质量更好的小区。当邻区的信号质量及电平满足 S 准则且满足一定的重选判决准则时，UE 将接入该小区驻留。

在重选过程中，网络通过设置不同频点的优先级，可以达到控制 UE 驻留的目的；UE 在某频点上将选择信道质量最好的小区，以便提供最好的服务。

2. 小区重选准则的三种应用场景

如果最高优先级上多个邻小区符合条件，则选择最高优先级频率上的最优小区。对于同等优先级频点（或同频），采用同频小区重选的 R 准则。

（1）高优先级频点的小区重选需满足的条件：UE 驻留原小区时间超过 1 s；高优先级频率

小区的 S 值大于预设的门限（ThreshXHigh：高优先级重选门限值），且持续时间超过重选时间参数 T。

（2）同频或同优先级频点的小区重选需满足的条件：UE 驻留原小区时间超过 1 s；没有高优先级频率的小区符合重选要求条件；同频或同优先级小区的 S 值小于等于预设的门限（Sintrasearch：同频测量启动门限）且在 T 时间内持续满足 R 准则（$R_t > R_s$）。

（3）低优先级频点的小区重选需满足的条件：UE 驻留原小区的时间超过 1 s；没有高优先级（或同等优先级）频率的小区符合重选要求条件；服务小区的 S 值小于预设的门限（ThrshServLow：服务频点低优先级重选门限），并且低优先级频率小区的 S 值大于预设的门限（ThreshXLow：低优先级重选门限值），且持续时间超过重选时间参数值。

【想一想】为什么三种应用场景的小区重选准则都要求"UE 驻留原小区时间超过 1 s"？

4.2.5　扫码获取答案

【知识拓展】小区重选测量准则

小区重选测量准则如图 4-2-3 所示。其中，$S_{\text{ServingCell}}$ 代表服务小区根据 S 准则计算得到的值，S 准则中相关的参数可以在基站进行配置，在 SIB3 中下发。$S_{\text{intrasearch}}$ 为打开同频测量的门限，在 SIB3 中下发。$S_{\text{nonintrasearch}}$ 为打开异频门限（同优先级或低优先级），可以在基站中进行配置，在 SIB3 中下发。需要关注的是对高优先级频点的测量总是打开的。

启动重选搜索	EUTRAN 同频	$S_{\text{ServingCell}} > S_{\text{intrasearch}}$	不执行频内测量	
		$S_{\text{ServingCell}} <= S_{\text{intrasearch}}$	执行频内测量	
		无 $S_{\text{intrasearch}}$ 下发	执行频内测量	
	EUTRAN 异频异系统(IRAT)	优先级高于服务小区	执行频间/系统间测量	
		优先级不高于服务小区	$S_{\text{ServingCell}} > S_{\text{nonintrasearch}}$	不执行频间/系统间测量
			$S_{\text{ServingCell}} <= S_{\text{nonintrasearch}}$	执行频间/系统间测量

图 4-2-3　小区重选测量准则

3. R 准则

同频和同等优先级异频小区重选准则（R 准则）：T 时间内持续，$R_t > R_s$。对于同频小区或者异频但具有同等优先级的小区，UE 采用 R 准则对小区进行重选排序。R 准则是目标小区在

Treselection 时间内（同频和异频的 Treselection 可能不同），R_t（目标小区）持续超过 R_s（服务小区），那么 UE 就会重选到目标小区。

服务小区：$R_s = Q_{meas,s} + Q_{hyst}$

式中，$Q_{meas,s}$ 是测量小区的 RSRP 值；Q_{hyst} 是同频小区和同优先级小区重选迟滞，用于调整重选难易程度，减少乒乓效应；其他参数一定的情况下，增加迟滞，即增加同频小区或异频同优先级重选的难度，反之亦然。

目标小区：$R_t = Q_{meas,t} - Q_{offset}$

式中，$Q_{meas,t}$ 是目标小区的 RSRP 值；Q_{offset} 是本地小区与同频（或异频）邻区之间的小区偏置，用于控制小区重选的难易程度。该参数设置的越大，越不容易触发重选；该参数设置得越小，越容易触发重选。该参数设置过大或过小都会降低接入成功率。

4. UE 同频/同优先级的重选流程

LTE 同频/同优先级重选流程如图 4-2-4 所示。

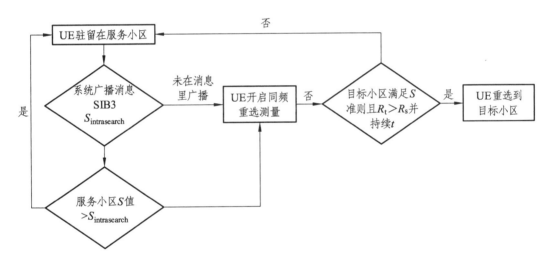

图 4-2-4　同频/同优先级重选流程

【动一动】使用装有网优测试 APP 的手机进行移动性测试，能识别一个小区重选过程？

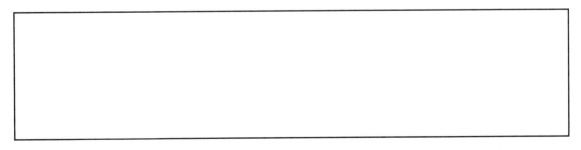

过关训练

1. 选择题

（1）移动性管理的作用包括（　　　）。（多选）

    A. 提高用户体验　　　　　　　　B. 辅助实现负载均衡

    C. 增加话务量　　　　　　　　　D. 提升系统整体性能

（2）在小区选择与重选流程中，在哪类小区内 UE 可获得正常的服务。（　　　）。（单选）

    A. 可接受小区　　　　　　　　　B. 合适的小区

    C. 被禁止的小区　　　　　　　　D. 被保留的小区

（3）高优先级频点的小区重选需满足的条件有（　　　）。（多选）

    A. UE 驻留原小区时间超过 1 s

    B. 同频或同优先级小区的 S 值小于等于预设的门限且在 T 时间内持续满足 R 准则

    C. 高优先级频率小区的 S 值大于预设的门限，且持续时间超过重选时间参数 T

    D. 服务小区的 S 值小于预设的门限，并且低优先级频率小区的 S 值大于预设的门限，且持续时间超过重选时间参数值

2. 判断题

（1）发送 PUMAX 是 UE 最大发射功率，由 UE 自身的能力等级来决定，5G 终端默认为 23 dBm。（　　　）

（2）对于同等优先级频点（或同频），采用同频小区重选的 R 准则。（　　　）

任务 4.3　位置更新

学习任务单

任务名称	位置更新（注册）	建议课时	2 课时
知识目标： （1）掌握 5G（NR）终端注册类型与作用、UE 标识。 （2）了解跟踪区位置更新流程 TAU。			
能力目标： 会使用网优测试 APP 识别位置更新。			
素质目标： （1）树立技术自信和民族自豪感。 （2）树立精益求精的邮电工匠精神。			
任务资源： 4.3.1　任务 4.3 资源			

 跟踪区与跟踪区列表的功能

1. TA 的功能

TA（Tracking Area，跟踪区）是 LTE 系统为 UE 的位置管理新设立的概念，多个基站小区组成一个跟踪区。TA 用 TAC 标识，网络运营时用 TAI 作为 TA 的唯一标识，TAI=MCC+MNC+TAC，共计 6 个字节。TA 是 UE 不需要更新位置服务的自由移动区域，是小区级的配置，多个小区可以配置相同的 TA，且一个小区只能属于一个 TA。

TA 功能包括实现对终端位置的管理，分为寻呼管理和位置更新管理。（1）位置更新管理：UE 通过跟踪区注册告知 EPC 自己的跟踪区 TA。（2）寻呼管理：当 UE 处于空闲状态时，核心网络能够知道 UE 所在的跟踪区，同时当处于空闲状态的 UE 需要被寻呼时，必须在 UE 所注册的跟踪区的所有小区进行寻呼。

2. TAL 的功能

多个 TA 组成一个 TAL（TA 列表），同时分配给一个 UE，UE 在该 TAL 内移动时不需要执行 TA 更新，以减少与网络的频繁交互；当 UE 进入不在其所注册的 TAL 中的新 TA 区域时，

需要执行 TA 更新，MME 给 UE 重新分配新的 TAL，新分配的 TAL 也可包含原有 TAL 中的一些 TA；每个小区只属于一个 TA。TAL 允许重叠，以进一步避免静态 TAL 边界处的乒乓效应。TAL 的分配由网络决定，允许核心网根据用户属性来动态分配。一个列表中 TA 的个数可变，TAL 最多可包含 16 个 TAI。

TAL 是寻呼的基本单位，TA 不是寻呼的基本单位。TAL 是 TA 更新的基本单位，并不是跟踪变化都需要发起 TAU 流程。

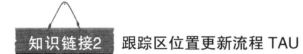

知识链接2　跟踪区位置更新流程 TAU

1. TAU 的触发条件

（1）当 UE 进入了一个新的 TA，而这个 TA 不在当前的 TAL 中时，需要发起 TAU 流程，请求核心网告诉自己新的 TA 在哪个新的 TAL 中，即请求核心网更新当前的 TAL。

（2）TAU 定时器超时。TAU 定时器超时时间为小时级别，用于防止手机关机移动后，MME 还长时间地保留给用户的信息。

（3）UE 从其他网络进入 LTE 网络。此时立即向 MME 请求当前 TA 所在的 TAL。

2. TAU 的目标和作用

（1）在网络登记新的用户位置信息。进入新的 TA，其 TAI 不在 UE 存储的 TAL 内。

（2）给用户分配新的 GUTI。核心网在同一个 MME pool（移动管理实体池）用 GUTI 唯一标识一个 UE。若 TAU 过程中更换了 MME pool，则核心网会在 TAU ACCEPT 消息中携带新 GUTI 分配给 UE。

> **【知识拓展】**
> GUTI 是 UE 在网络中的全球唯一性的标识，当 UE 进入新的 MME 所管辖的新的网络时，需要获取在新的网络中的 GUTI。

（3）使 UE 和 MME 的状态由 EMM-DEREGISTERED 变为 EMM-REGISTERED。UE 短暂进入无服务区后回到覆盖区，信号恢复，且周期性 TAU 到期。

> **【知识拓展】**
> EPS 移动性管理（EMM）用于为终端（UE）提供与网络（eNB）接入、认证和安全性相关支持。4G 网络中终端 EMM 有两个状态，分别为 EMM 注册（EMM Registered）和 EMM 注销（EMM De-registered）。

（4）IDLE 态用户可通过 TAU 过程时，如果有上行数据或者上行信令（与 TAU 无关）发送，UE 可以在 TAU request 消息中设置一个"active"标识，未请求建立用户面资源，并且在 TAU 完成后保持 NAS 信令连接。连接态不可设置该标识。

【想一想】NAS 信令连接是什么连接?

_____

_____

_____

4.3.2　扫码获取答案

3. TAU 更新的场景

TAU 更新的场景包括：（1）周期性 TAU；（2）MME 内的 TAU；（3）跨 SGW 的 MME 间的 TAU；（4）SGW 内 MME 间的 TAU，如图 4-3-1 所示。

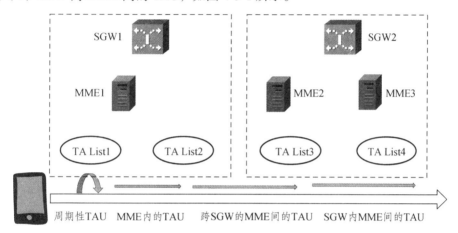

图 4-3-1　TAU 更新的场景

4. TAU 更新流程（RRC 连接态下）

TAU 更新流程分类：（1）Attach 时更新：Attach 时，在 RRC 连接请求中，捎带了 TAU 更新请求。（2）RRC 连接态下：直接通过已有的 RRC 连接上，向 MME 发起 TAU 更新流程。此时不需要向基站申请 RRC 无线信令承载。TAU 更新流程（RRC 连接态下）如图 4-3-2 所示。

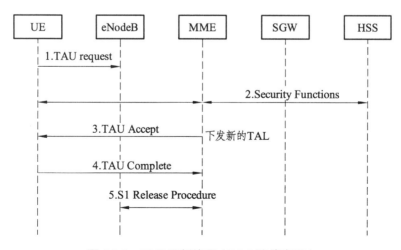

图 4-3-2　TAU 更新流程（RRC 连接态下）

步骤 1：UE 检查到 TA 或者 TAL 发生变化，手机会发起一个 TAU request，这条信令是手机直接发给 MME 的。

步骤 2：如果 UE 是第一次接入，那么 MME 会做一次鉴权，为 UE 创建一些安全相关的一些参数。

步骤 3：MME 收到请求之后（TAU request），MME 会将 TA 或者 TAL 做一个更新，更新后会给手机回复一条 TAU Accept 消息。

步骤 4：UE 收到步骤 3 后认为 TAU 已经更新完毕，UE 发起步骤 4 作为步骤 3 的一个响应。

步骤 5：更新完成后，释放资源。

【想一想】5G 在移动性管理流程上与 4G 有何区别？

4.3.3　扫码获取答案

 **知识链接3** 5G（NR）终端注册

1. 概念

在移动通信系统中设备和用户（UE）需要经历多种类型的注册程序才能连接到网络并接受其服务，这些注册类型有管理移动性、安全性和高效资源分配等。

2. 5G 终端注册类型

在 5G（NR）系统中终端（UE）有多种注册。

（1）IR（初始注册）。这是用户设备进入 5G 网络覆盖区域或开机时执行的首次注册。在此注册过程中设备建立其身份、安全凭证以及与网络初始连接，允许网络跟踪设备的位置。

（2）PR（定期注册）。初始注册后用户设备定期更新在网络中的注册，确保网络始终了解设备当前位置和状态，有助于无缝移动管理。

（3）HR（切换注册）。当用户设备在活动通信会话（例如呼叫或数据传输）中从一个小区移动到另一个小区时将会执行切换注册。此注册会更新设备与新小区的连接，确保正在进行的会话连续性。

（4）LU（位置更新）。5G 系统需要位置更新来跟踪用户设备的移动。当设备从一个跟踪区域移动到另一个跟踪区域时，它会执行位置更新以通知网络其新位置。

（5）DR（注销）。当用户设备离开 5G 网络覆盖区域或断电时启动注销流程，通知网络该设备不再可用，从而允许释放网络资源。

（6）ER（紧急注册）。在紧急情况下设备可能需要在网络上快速注册，即使没有所有必要的安全凭证。紧急注册可确保即使无法进行全面身份验证也可拨打紧急电话。

（7）附着和分离。设备还可以在连接或断开网络时执行连接和分离过程，当设备在不同的订阅配置文件或服务提供商之间切换时，通常会使用此功能。

（8）网络切片注册。在采用网络切片情况下设备可能需要专门针对特定网络切片进行注册。网络切片注册可确保设备能够访问为该切片定义的特定网络资源和服务集。

1. 5G 注册过程中，使用的 UE 标识有哪些?

（1）永久身份标识（Subscription Permanent Identifier，SUPI），是全球唯一的，全网都据此标识来识别一个用户。为了与 EPC（Evolved Packet Core，演进的分组核心网）通用，3GPP 接入时使用 IMSI，在 Non-3GPP 接入时使用 NAI。

（2）临时身份标识（Subscription Concealed Identifier，SUCI），是 5G 网络中用于标识用户订阅的唯一标识符。它是一种加密的标识符，用于保护用户的隐私和安全。

（3）永久设备标识（Permanent Equipment Identifier，PEI），是全球唯一的，唯一标识一个设备，5G 网络中是 PEI。

（4）临时身份标识（5G Globally Unique Temporary Identifier，5G GUTI），由核心网分配，用来避免在网络上传输永久身份标识，防止攻击者跟踪用户的位置及活动状况。

2. 5G-GUTI 与 EPS GUTI 的映射关系

5G 协议针对 UE 身份安全进行了优化,网络中不再直接传递 SUPI,而是使用加密后的 SUPI,即 SUCI（Subscription Concealed Identifier，订阅隐藏标识符）。AMF 在安全流程之后可以获取到 SUPI。另外，因为 5G 网络中引入了网络切片，UE 临时身份标识的格式发生了变化，当 UE 在 5GS 和 E-UTRAN 之间移动时，需要按照图 4-3-3 的映射关系将 5G-GUTI 映射成 EPS GUTI，或者将 EPS GUTI 映射成 5G GUTI，在相应的消息中带给 AMF 或 MME。

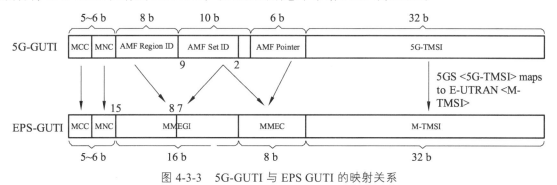

图 4-3-3　5G-GUTI 与 EPS GUTI 的映射关系

<5G-GUTI> = <GUAMI> <5G-TMSI>。其中，<GUAMI> = <MCC> <MNC> <AMF Identifier>，<AMF Identifier> = <AMF Region ID> <AMF Set ID> <AMF Pointer>。5G UE 临时身份标识中引入了 AMF Set（集合）的概念，一个 AMF 集合由一些为给定区域和网络切片服务的 AMF 组成。每个 AMF Region 由一个或多个 AMF 集合构成。5G 引入网络切片的概念后，将一个 Region 下的 AMF 按照对网络切片的支持能力划分为不同的集合，一个集合内的 AMF 对网络切片的支持能力完全相同（相当于 4G 的一个 MME Pool）。

3. 4G 和 5G 的用户身份标识对比

4G 和 5G 的用户身份标识对比如表 4-3-1 所示。

表 4-3-1　4G 和 5G 的用户身份标识对比

标识分类	5G 标识		4G 标识	
	3GPP 接入	非 3GPP 接入	3GPP 接入	非 3GPP 接入
UE 永久身份标识	SUPI	NAI	IMSI	NAI
UE 永久设备标识	PEI	不涉及	IMEI	不涉及
UE 临时分配身份标识	5G GUTI <5G-GUTI> = <GUAMI><5G-TMSI>		EPS GUTI <GUTI>=<GUMMEI><M-TMSI>	

【动一动】使用装有网优测试 APP 的手机进行移动性测试，能识别在一个小区重选过程之后是否有执行 TAU 流程？

过关训练

1. 选择题

（1）TAU 的触发流程有（　　　）。（多选）

　　A. 当 UE 进入了一个新的 TA，而这个 TA 不在当前的 TAL 中时

　　B. TAU 定时器超时

　　C. UE 从其他网络进入 5G 网络

　　D. UE 能力发生变更

（2）5G 终端的注册类型有（　　　）。（多选）

　　A. IR（初始注册）　　　　　　　　B. PR（定期注册）

　　C. HR（切换注册）　　　　　　　　D. LU（位置更新）

（3）5G SUPI 可以是（　　　）。（单选）

　　A. MSISDN　　　　　　　　　　　B. IMSI

　　C. PEI　　　　　　　　　　　　　D. IMEI

2. 判断题

（1）TA 是小区级的配置，多个小区可以配置相同的 TA，且一个小区可以属于多个 TA。

（　　　）

（2）TAL 是 TA 更新的基本单位，并不是跟踪区变化都需要发起 TAU 流程。（　　　）

任务 4.4　切换与重定向

任务名称	切换与重定向	建议课时	2 课时
知识目标： 掌握 5G 切换与重定向的类型、基本流程。			
能力目标： 会使用网优测试 APP 识别小区切换过程。			
素质目标： （1）培养精益求精、严谨细致的工匠精神。 （2）培养团队协作精神、科学精神。			
任务资源： 4.4.1　任务 4.4 资源			

 **知识链接1** 切换的概述

1. 切换的概念

切换（Hand Over）是指移动台从一个信道或小区切换到另一个信道或小区的过程。

当移动台在通话过程中从一个基站覆盖区移动到另一个基站覆盖区，或者由于外界干扰而造成通话质量下降时，其必须改变原有的话音信道而转接到一条新的空闲话音信道上去，以继续保持通话的过程。切换是移动通信系统中一项非常重要的技术，切换失败会导致通信失败，影响网络的运行质量。

2. 切换的分类

1）按无线网络覆盖范围划分

切换允许在不同的无线信道之间进行，也允许在不同的小区之间进行。根据发生切换的实体覆盖范围的不同，5G 可以分为以下几种类型切换，如图 4-4-1 所示。

（1）gNB 内切换。

当 UE 从一个小区移动到连接同一 gNB 的另一个小区时，这种类型的切换发生在 gNB 中。

由于安全终止点保持不变，因此在这类切换期间不需要更改 AS 安全算法。

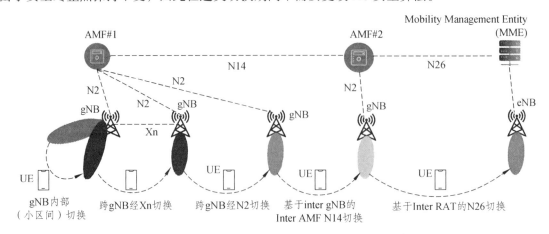

图 4-4-1   5G 的切换类型

（2）跨 gNB 经 Xn 切换。

这种类型的切换非常快，因为它只需要与 5G 核心网络的最少交互。关于安全，源 gNB 在切换请求消息中包含 UE 安全能力，其中包含源小区中使用的加密和完整性算法。

（3）跨 gNB 经 N2 切换。

这种类型的切换可以是 Intra AMF HO 或 Inter AMF HO。在这种类型的切换中，AMF 扮演着协调源 gNB 和目标 gNB 之间协调的锚角色，以使切换成功。对于 N2 切换，源 gNB 包括在源小区中使用的 AS 算法，目标是发送到目标 gNB 的透明容器。

（4）跨 gNB 跨 AMF 间经 N14 切换。

3GPP 定义了 N14 接口来连接属于两个不同运营商或服务于两个 PLMN 的两个 AMF。当 Source 和 Target gNB 连接到不同的 AMF 时，可以通过 N14 接口触发切换。默认情况下 Inter AMF 切换被视为 N2 切换，但在某些情况下 N14 接口也可用于移动性。

（5）跨 RAT 经 N26 切换。

为了支持 RAT 间（4G-5G 互通）移动性，3GPP 定义了将 5G AMF 连接到 4G MME 的 N26 接口。当运营商 5G 没有完全覆盖并且覆盖空白被 4G 覆盖填补时，跨 RAT 移动性在 SA 部署中很有用。在这种情况下 UE 可能需要执行从 5G 到 4G 的切换，反之亦然，然后它可以走 N26 接口的路径。

2）按切换处理过程划分

按照切换处理过程的不同，即按照当前链路是在新链路建立之前还是之后释放可将切换类型分为硬切换、软切换和接力切换等。

（1）硬切换。

当移动台从一个基站覆盖区进入另一个基站覆盖区时，先断掉与原基站的联系，然后再与新进入的覆盖区的基站进行联系，这种"先断后接"的切换方式称为硬切换。

硬切换技术主要用于 GSM 及一切转换载频的切换。在 3GPP 的 R15 版本的 4G（LTE）网络和 5G（NR）网络中，UE 的切换通常先与源小区断开连接，然后与目标小区建立连接，也就是硬切换。

硬切换技术的先断开后切换会造成短暂的暂时中断，通常人耳是无法察觉的。一般情况下，移动台越区时都不会发生掉话的现象。但当移动台因进入屏蔽区或信道繁忙而无法与新基站联系时，就会产生掉话。

（2）软切换。

在切换过程中，当移动台开始与目标基站进行通信时并不立即切断与原基站的通信，而是先与新的基站连通再与原基站切断联系，切换过程中移动台可能同时占用两条或两条以上的信道，这种先通后断的切换方式称为软切换。

软切换是由 MSC 完成的，提供了宏分集的作用，提高了接收信号的质量。软切换被广泛应用于 CDMA 系统中。

【知识拓展】5G 中使用了软切换技术吗？

由于硬切换会导致 UE 和基站之间的通信中出现几十毫秒的中断，这对于 5G 的 URLCC 业务和程序是非常致命的，甚至会导致重大事故。为此，3GPP R16 提出了一个解决方案"双活协议栈（DAPS）"来避免该问题。在 5G 网络的软切换——"双活协议栈（DAPS）"切换中，UE 与源小区的连接针对用户（面）数据的接收（RX）和发送（TX）保持活动，直到 UE 能够在目标小区中发送和接收用户（面）数据。在切换过程中，UE 在源小区和目标小区短时间内同时接收和传送数据。

（3）接力切换。

接力切换是利用智能天线和上行同步等技术，在对 UE 的距离和方位进行定位的基础上，根据 UE 方位和距离信息作为辅助信息来判断目前 UE 是否移动到了可进行切换的相邻基站的邻近区域。如果 UE 进入切换区，则 RNC 通知该基站做好切换的准备，从而达到快速、可靠和高效切换的目的。这个过程就像是田径比赛中的接力赛一样，因而形象地称之为"接力切换"。

接力切换是 TD-SCDMA 移动通信系统的核心技术之一，随着 TD-SCDMA 的退网，已经不再使用。

3）按切换触发的原因划分

根据切换触发的原因，切换可分为基于覆盖的切换、基于负载的切换和基于业务的切换。

（1）基于覆盖的切换。

用来保证移动期间业务的连续性，这是切换的最基本作用，每种通信制式都类似。

（2）基于负载的切换。

考虑到实际环境中由于用户及业务分布不均匀，导致有的小区负载很重，但周边小区负载较轻，这时就可以通过基于负载的切换，把业务分担到周边负载较轻的小区，实现负荷的分担。这一点和 UMTS 有些不同，UMTS 中基本不用同频负载平衡功能，更多的是通过异系统和异频负载均衡来进行负荷分担。当然，在存在异频和异系统情况下，LTE 也可以支持异频异系统的负荷分担功能。

（3）基于业务的切换。

假设 UMTS 和 LTE 共存，为了保证 LTE 系统为高速率数据业务服务，可以采用基于业务切换的功能，把语音用户切换到 UMTS 网络。这个功能在 UMTS 中也支持，可以把语音用户切换到 GSM，而 UMTS 主要提供数据业务功能。

4）根据切换间小区频点不同与小区系统属性不同划分

根据切换间小区频点不同与小区系统属性不同可以分为：同频切换、异频切换、异系统切换（协议支持向 UMTS、GSM/GPRS/EDGE 以及 CDMA2000/EvDo 的切换）。

同频切换中，目标小区与当前服务小区使用相同的射频载波频率。异频切换中，目标小区与当前服务小区使用不同的射频载波频率。这两种切换场景的邻区测量的方式不同，导致其切换的流程不同。

异系统切换是指终端从一个通信系统切换到另一个通信系统的过程。具体来说，异系统切换包括从 4G 小区切换到 5G 小区，以提高传输速率，或者从 4G 网络切换到 2G/3G 网络进行语音通话等。

3. 切换执行的原则

是否进行切换通常根据移动台处接收的平均信号强度（如 RSRP）来确定，也可以根据移动台处的信干噪比（SINR）参数来确定。切换执行的原则有以下几种，现举例说明。

假定移动台从基站 1 向基站 2 运动，其信号强度的变化如图 4-4-2 所示。

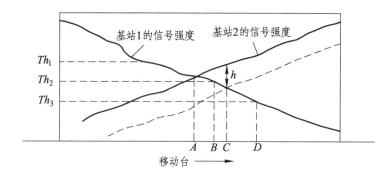

图 4-4-2　切换时信号强度的变化情况

1）原则 1：相对信号强度标准

在任何时间都选择具有最强接收信号的基站，如图 4-4-2 中的 A 处将要发生的越区切换。这种准则的缺点是：在原基站的信号强度仍满足要求的情况下，会引发太多不必要的越区切换。

2）原则 2：具有门限规定的相对信号强度标准

仅允许移动用户在当前基站的信号足够弱（低于某一门限），且新基站的信号强于本基站的信号情况下，才可以进行越区切换。如图 4-4-2 所示，在门限为 Th_2 时，在 B 点将会发生越区切换。

在该方法中，门限选择具有重要作用。例如，在图 4-4-2 中，如果门限太高（取为 Th_1），则与准则 1 相同。如果门限太低（取为 Th_3），则会引起较大的越区时延，此时可能会因链路质量较差而导致通信中断。另外，它会引起对同道用户的额外干扰。

3）原则 3：具有滞后余量的相对信号强度标准

仅允许移动用户在新的基站的信号强度比原基站信号强度强很多[即大于滞后余量（Hysteresis Margin）]的情况下进行越区切换，例如图 4-4-2 中的 C 点。该技术可以防止由于信号波动引起的移动台在两个基站之间来回重复切换，即"乒乓效应"。

4）原则 4：具有滞后余量和门限规定的相对信号强度标准

仅允许移动用户在当前基站的信号电平低于规定门限并且新基站的信号强度高于当前基站

一个给定滞后余量时进行越区切换。

知识链接2 切换的实现过程

整个切换过程可以分为 3 个阶段：测量阶段、判决阶段、执行阶段，细分为 6 个步骤，如图 4-4-3 所示。

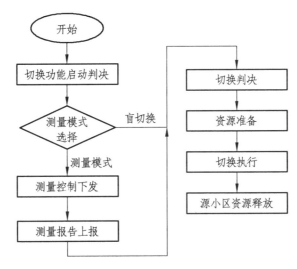

图 4-4-3　切换的过程

1. 测量阶段

UE 根据 gNB 下发的测量配置消息进行相关测量，并将测量结果上报给 gNB。

测量阶段包括测量控制下发、测量报告上报两个步骤。

2. 判决阶段

gNB 根据 UE 上报的测量结果进行评估，决定是否触发切换。

判决阶段包括切换判决、资源准备两个步骤。

3. 执行阶段

gNB 根据判决结果进行评估，决定是否触发切换。

执行阶段包括切换执行、源小区资源释放两个步骤。

【想一想】小区切换的决策者应该是谁？

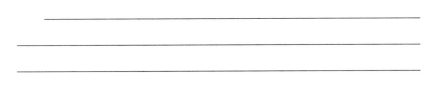

4.4.2　扫码获取答案

1. 测量模式

1）概念

测量模式是指对候选目标小区信号质量进行测量，生成测量报告的过程。

2）盲切换模式

盲切换模式不对候选目标小区信号质量进行测量，直接根据相关的优先级参数的配置选择切换目标小区的过程。这种模式，UE 在邻区接入失败的风险高。

2. 测量控制

在 UE 建立无线承载后，gNB 会根据切换功能的配置情况，通过 RRC Connection Reconfiguration（RRC 连接重配置）给 UE 下发测量配置信息。

在 UE 处于连接态或完成切换后，若测量配置信息有更新，则 gNB 也会通过 RRC Connection Reconfiguration（RRC 连接重配置）下发更新的测量配置信息。

测量配置信息包括：

（1）测量对象：由测量系统 、测量频点或测量小区等属性组成，指示 UE 测量。

（2）报告配置：包括测量事件信息、事件上报的触发量和上报量、其他信息。

（3）其他配置：包括测量 GAP、测量滤波等。

3. 报告配置

在 LTE/NR 系统中，测量报告的上报方式主要分为两种：周期性上报和事件触发上报。

周期性上报主要是定期收集和报告网络覆盖情况，而事件触发上报则是在特定事件发生时，如信号质量变化超过预设阈值，触发测量报告的发送。这两种上报方式共同确保了无线通信系统的有效运行和优化。

周期性上报：这种方式的测量报告是按照预定的时间间隔定期发送的，用于收集网络覆盖情况，帮助网络运营商了解覆盖区域的信号强度和质量。

事件触发上报：这种方式是在特定事件发生时，如信号质量下降或增强超过一定阈值，触发测量报告的发送。这有助于在网络连接出现问题时，及时调整网络配置，保证通信质量。

【想一想】哪一种测量报告的上报方式更好？

_____

_____

_____

_____

4.4.3　扫码获取答案

4. 测量事件

测量事件包括 A1~A6 和 B1~B2，如表 4-4-1 所示。不同测量事件对应不同切换功能，如

182

A3 用于同频切换，B1 和 B2 用于异系统切换。

表 4-4-1　测量事件类型

事件	描述	使用方法
A1	服务小区质量高于某个阈值	用于停止异频/异系统测量
		在基于频率优先级的切换中，用于启动异频测量
A2	服务小区质量低于某个阈值	用于启动异频/异系统测量
		在基于频率优先级的切换中，用于停止异频测量
A3	同频/异频邻区质量与服务小区质量的差值高于某个阈值 Off	用于启动同频/异频切换请求和 ICIC（Inter Cell Interference Coordination，小区间干扰协调）决策
A4	异频邻区质量高于某个阈值	用于启动异频切换请求
A5	邻区质量高于某个阈值，而服务小区质量低于某个阈值（对应 A2+A4）	用于同频/异频基于覆盖的切换
A6	邻区信号质量与辅小区（Scell）信号质量差值高于门限值	用于载波聚合场景辅小区（辅载波）切换
B1	异系统邻区质量高于某个阈值	用于启动异系统切换请求
B2	异系统邻区质量高于某个阈值，而服务小区质量低于某个阈值（对应 A2+B1）	用于启动异系统切换请求

　　表 4-4-1 中，事件 A1、A2 用于切换功能启动判决阶段，衡量服务小区信号质量，判断是否启动或停止测量；其他事件用于切换判决阶段，衡量邻区的信号质量是否满足切换条件。触发量就是触发事件上报的策略，如 RSRP、RSRQ 或 SINR，目前是基于 SSB 的 SS-RSRP。

知识链接4　重定向

1. 概念

　　1）切换（5G-4G）

　　切换是指 RRC 处于连接状态下，携带业务从一个小区变更到另一个小区。切换分同频切换、异频切换及异系统切换。同、异频切换是指在同一系统内的小区切换，异系统则是在不同的系统之间切换。

　　2）重选（4G-5G）

　　重选是属于空闲态的（未进行数据或者语音等业务），从某一个小区重选至另外一个小区。由于现网中 4G-5G 重选的配置比较少，所以能从 4G 网络重选到 5G 网络的环境不多见。

　　3）重定向（4G-5G）

　　重定向是指 RRC 处于连接态下，不携带业务从一个小区变更到另外一个小区。在连接态下，终端选择重定向还是切换，基于网络是否配置 N26 接口，以及网络端是否同时开启两种方式。

2. 类型

两种重定向方式：基于测量重定向和非基于测量重定向。

（1）基于测量重定向是指终端测量异系统邻区信息，满足条件后上报测量结果（和切换一致），网络收到后，下发 RRCRelease，指示重定向的频点信息等。

（2）非基于测量重定向又称盲重定向，是指不测量异系统邻区的信息，网络直接下发 RRCRelease，携带异系统小区信息，指示终端服务小区重定向到该小区。

3. 切换与重定向的差异

切换与重定向的差异如表 4-4-2 所示。

表 4-4-2　切换与重定向的差异

	重定向	切　换
成功率	基于重定向方式的回落，UE 选择质量较好的 LTE 小区接入，成功率与 LTE 接入成功率基本相当	基于切换方式的回落，切换的执行，在移动性场景可能会影响切换成功率；基于切换方式的回落成功率略低于重定向方式的回落成功率
时延	基于重定向方式的回落会先释放业务，然后重新建立，信令流程较多，相对于基于切换方式的回落时长多 400～1 000 ms	基于切换方式的回落业务通过 CN 转到 LTE，信令流程较少，相对于基于重定向方式的回落时长短 400～1 000 ms
数据业务影响	数据业务会中断，回落到 LTE 之后重新建立业务恢复，中断时长较长	数据业务通过 CN 转到 LTE，中断时长较短
网规要求	需要配置 LTE 邻频点与邻区，但是对邻区的准确性要求较低，网规难度较低	需要配置 LTE 邻频点与准确的 LTE 邻区，网规难度较大
对核心网要求	可不需要 N26 接口，但推荐配置	需要配置 N26 接口

【动一动】使用网优测试 APP 识别小区切换过程。

1. 选择题

（1）根据切换触发的原因，切换可分为（　　　）。（单选）

    A. 基于覆盖的切换　　　　　　　B. 基于负载的切换

    C. 基于业务的切换　　　　　　　D. 基于质量的切换

（2）测量事件包括 A1~A6 和 B1~B2，不同测量事件对应不同切换功能，用于异系统切换的事件是（　　　）。（多选）

    A. A1　　　　　　　　　　　　　B. A3

    C. B1　　　　　　　　　　　　　D. B2

（3）按照无线覆盖范围分，5G 切换类型有（　　　）。（多选）

    A. 跨 gNB 经 N2 切换　　　　B. gNB 内切换　　　　　　　C. 跨 gNB 经 Xn 切换

    D. 跨 RAT 经 N26 切换　　　　E. 跨 gNB 跨 AMF 间经 N14 切换

（4）整个切换流程可以分为（　　　）3 个阶段。（多选）

    A. 测量阶段　　　　　　　　　　B. 判决阶段

    C. 执行阶段　　　　　　　　　　D. 反馈阶段

2. 判断题

重定向是指 RRC 处于连接态下，不携带业务从一个小区变更到另外一个小区。（　　　）

4G 移动通信系统

任务 5.1 LTE 系统概述

学习任务单

任务名称	LTE 系统概述	建议课时	2 课时
知识目标： （1）掌握 LTE 的发展驱动、频段，LTE 主要指标及需求等。 （2）了解 LTE 系统的领导组织。			
能力目标： （1）能快速判断手机是否使用了 4G 网络。 （2）会使用网优测试 APP 识别手机占用 4G 小区的基本参数。			
素质目标： （1）树立技术自信和民族自豪感。 （2）树立精益求精的邮电工匠精神。			
任务资源： 5.1.1 任务 5.1 资源			

 **知识链接1** 为什么要发展 LTE？

移动通信发展迅速，从 1G 发展到 5G，基本每十年就升级一代，业务类型也随着用户需求不断丰富，如表 5-1-1 所示。

表 5-1-1　移动通信的业务发展

移动通信时代	模拟/数字	年代	主要业务	基站数量
1G	模拟通信	1980	语音	
2G	数字通信	1990	语音、短信	几万个
3G	数字通信	2000	语音、短信、社交应用	几十万个
4G	数字通信	2010	语音、短信、社交应用、在线游戏	500 多万个
5G	数字通信	2020	语音、短信、社交应用、在线游戏 智能社会、虚拟现实、"零"时延感知	1 000~2 000 万个

为什么要发展 LTE？第一，数据业务不断增长。3G 网络是一种语音业务和数据业务并重的网络制式，上网速率较低。随着数据业务的不断增长，运营商为了增加收入，迫切需要提升带宽，引入数据类新业务，以增加业务量。第二，网络成本高。3G 网络的成本较高，为了降低成本，运营商需要一种新的网络技术来降低数据业务每比特成本，增加收益。第三，WiMAX 的领先。为了应对 WiMAX 阵营的竞争，通信行业迫切需要一种具有更快上网速率的技术。另外对用户来说，可以体验相比于 3G 更好的新业务。

【知识拓展】WiMAX 是什么？为什么消失了？

　　WiMAX（World Interoperability for Microwave Access，全球微波接入互操作性），是一项基于 IEEE 802.16 标准的宽带无线接入城域网技术，又称广带无线接入（Broadband Wireless Access，BWA）标准。它是一项无线城域网（WMAN）技术，是针对微波和毫米波频段提出的一种新的空中接口标准，用于将 802.11a 无线接入热点连接到互联网，也可连接公司与家庭等环境至有线骨干线路。它可作为线缆和 DSL（数字用户线）的无线扩展技术，从而实现无线宽带接入。

　　WiMAX 消失的原因：（1）配套建设不齐全；（2）网络优化、网络运维比较困难；（3）802.16 移动切换需要配合移动 IP 技术，否则移动切换过程中必然造成掉话、数据业务中断；（4）802.16 数据链路层无法支持无缝切换；（5）终端天线尺寸偏大，没有考虑智能手机；（6）关键技术都被 LTE 吸纳了。

【想一想】通信业发展过程中，市场究竟是由需求驱动还是由技术驱动？

_____

_____

_____

_____

_____

5.1.2　扫码获取答案

 知识链接2　**中国的 4G 牌照发放情况**

4G 牌照是无线通信与国际互联网等多媒体通信结合的第 4 代移动通信技术业务经营许可权，由中华人民共和国工业和信息化部（简称工信部）许可发放。

中国一共发放了 3 次 4G 牌照。第 1 次：2013 年 12 月 4 日，工业和信息化部向中国移动通信集团公司、中国电信集团公司和中国联合网络通信集团有限公司颁发"LTE/第四代数字蜂窝移动通信业务（TD-LTE）"经营许可。第 2 次：2015 年 2 月 27 日，工业和信息化部向中国电信集团公司和中国联合网络通信集团有限公司颁发"LTE/第四代数字蜂窝移动通信业务（LTE-FDD）"经营许可。第 3 次：2018 年 4 月 3 日，工业和信息化部正式向中国移动通信集团有限公司颁发"LTE/第四代数字蜂窝移动通信业务（LTE-FDD）"经营许可。

【知识拓展】移动通信业务牌照是什么？

移动通信业务牌照是指中国国家工业和信息化部颁发的许可，允许特定的企业或机构经营移动通信业务的正式文件。这种牌照的发放涉及对企业的财务资质、业务发展和实施、网络规划建设和互联互通等内容进行严格审查，确保企业具备提供移动通信服务的能力和条件。移动通信业务牌照的种类包括 3G、4G、5G 等，每种牌照对应着不同的技术制式和通信标准。例如，3G 牌照允许企业提供基于 TD-SCDMA、CDMA2000、WCDMA 等制式的第三代移动通信服务；而 5G 牌照则允许企业提供基于 5G 技术的通信服务。这些牌照的发放标志着中国在移动通信技术发展方面的进步，同时也促进了通信行业的发展和市场竞争。

【想一想】工信部为什么要在建好 TD-LTE 之后仍然颁发 LTE FDD 牌照给中国移动？

5.1.3　扫码获取答案

 知识链接3　**LTE 系统的领导组织**

1. NGMN（Next Generation Mobile Networks，下一代移动通信网）

NGMN 是一个旨在推动下一代移动通信发展的组织，由全球七大顶级运营商于 2006 年发起成立。该组织的成立是为了引导厂商和标准化组织的工作，以提出能够反映移动运营商和终端用户需求的、高性价比的下一代宽带移动网络。

NGMN 的目标是提供一个全 IP 的网络，并希望通过运营商的推动来引导产业发展，以适应用户和运营企业发展的方向，从而创造一个和谐共赢的产业环境。此外，NGMN 也关注知识产权政策（IPR），希望通过制定更加具体和有效的 IPR 政策，以保护知识产权的同时，促进技术的发展，避免不合理的 IPR 阻碍技术进步。NGMN 的工作还包括与产业合作伙伴共同推动标准的实施，包括促进技术的成熟、测试保证互联互通以及业务开发等，以确保新技术与现有网络的平滑演进和共存。NGMN 的标识如图 5-1-1 所示。

图 5-1-1　NGMN 的标识

2. 3GPP（3rd Generation Partnership Project，第三代合作伙伴计划）

3GPP 是一个全球权威的移动通信系统标准开发组织，由欧洲的 ETSI、日本的 ARIB 和 TTC、韩国的 TTA 以及美国的 T1 在 1998 年底发起成立，旨在研究制定并推广基于演进的 GSM 核心网络的 3G 标准，如 WCDMA、TD-SCDMA、EDGE 等。3GPP 不是一个官方的标准化组织，而是由市场代表伙伴组成的，这些伙伴提供市场建议和统一意见。TD-SCDMA 技术论坛的加入使得 3GPP 合作伙伴计划市场代表伙伴的数量增加到 6 个，其他包括 GSM 协会、UMTS 论坛、IPv6 论坛、3G Americas、全球移动通信供应商协会等。中国无线通信标准研究组（CWTS）于 1999 年 6 月在韩国正式签字加入 3GPP 和 3GPP2，成为这两个主要负责第三代伙伴项目的组织伙伴。3GPP 的标识如图 5-1-2 所示。

图 5-1-2　3GPP 的标识

3GPP 的主要工作是通过全球范围内的合作伙伴开会讨论，将研究成果提炼成大多数参与者认可的技术规范，随后制定标准，并最终开发相应的软、硬件以支持移动电信市场发展。全球 5G 技术的标准制定也有赖于该组织，它主要由三个技术规范组（TSG）组成，分别是无线接入网（RAN）、业务与系统（SA）和核心网与终端（CT）。其中，SA1 是运营需求和业务组，是 3GPP 国际标准的核心子组，负责制定需求，为 TSG SA 的具体工作指明方向。3GPP 组织架构如图 5-1-3 所示。

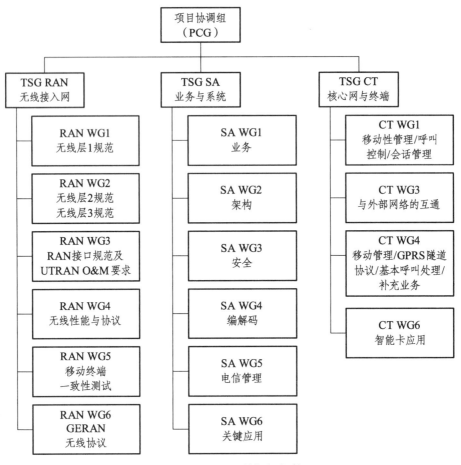

图 5-1-3　3GPP 的组织架构

3. LSTI（LTE SAE Trial Initiative，LTE/SAE 产业促进联盟）

LSTI 是一个全球组织，主要目的是推动 LTE 技术的发展。LSTI 通过组织各种测试和活动，旨在促进 LTE 技术的进步和应用。该组织由多个成员组成，包括电信设备制造商、运营商、芯片制造商等，共同致力于 LTE 技术的标准化和推广。LSTI 的测试活动包括网络优化、吞吐量、时延、移动性、覆盖、多用户调度以及用户体验等多个方面，以确保 LTE 技术的性能和质量达到最佳状态。通过这些努力，LSTI 为全球范围内的 LTE 服务提供了重要的技术支持和标准制定，促进了无线通信技术的发展和应用

4. 3GPP，NGMN 和 LSTI 的关系

3GPP、NGMN 和 LSTI 是相互协作的关系，共同推动 LTE 和相关技术的发展。

3GPP 的目标是实现由 2G 网络到 3G 网络的平滑过渡，保证未来技术的后向兼容性，支持轻松建网及系统间的漫游和兼容性。它的职能主要是制定以 GSM 核心网为基础，UTRA（FDD 为 W-CDMA 技术，TDD 为 TD-SCDMA 技术）为无线接口的第三代技术的规范。

NGMN 则是一个专注于下一代移动网络的组织，它通过成立由中国移动牵头，Vodafone、

T-Mobile、Orange 等运营商参加的"TDD 和 FDD 融合发展任务组"，来推动 TD-LTE 与 LTE FDD 的协调发展。

LSTI 负责 LTE 标准的制定和进化，包括 LTE 网络架构的设计，如 EPS（演进分组系统）、EPC（演进分组核心网）、E-UTRAN（只有一种网元 eNodeB）等。

这些组织通过各自的职能和活动，共同促进了 LTE 技术的发展和应用。3GPP 通过制定技术规范，确保了技术的兼容性和平滑过渡；NGMN 通过推动技术和标准的实际应用，促进了技术的商业化；而 LSTI 则通过制定和更新 LTE 标准，保证了技术的持续进步和适应市场需求。这些组织的合作和努力，为 LTE 技术的发展和应用提供了坚实的基础。3GPP、NGMN 和 LSTI 的关系如图 5-1-4 所示。

图 5-1-4　3GPP、NGMN 和 LSTI 的关系

 **LTE 频段有哪些？**

4G 中的频段分为 FDD 和 TDD 两种。其中，FDD 频段在上行和下行链路使用不同的频率，这样可有效地利用可用频谱；TDD 频段使用相同的频率，在不同的时隙进行上行和下行链路传输，其应用比 FDD 更灵活，但定时不精确，将会导致干扰。TDD、FDD 支持的频段如表 5-1-2、表 5-1-3 所示。

表 5-1-2　TDD 模式支持的频段

E-UTRA Band	上行链路	下行链路	双工方式
	$F_{UL\_low} \sim F_{UL\_high}$	$F_{DL\_low} \sim F_{DL\_high}$	
33	1 900 MHz~1 920 MHz	1 900 MHz~1 920 MHz	TDD
34	2 010 MHz~2 025 MHz	2 010 MHz~2 025 MHz	TDD
35	1 850 MHz~1 910 MHz	1 850 MHz~1 910 MHz	TDD
36	1 930 MHz~1 990 MHz	1 930 MHz~1 990 MHz	TDD
37	1 910 MHz~1 930 MHz	1 910 MHz~1 930 MHz	TDD
38	2 570 MHz~2 620 MHz	2 570 MHz~2 620 MHz	TDD
39	1 880 MHz~1 920 MHz	1 880 MHz~1 920 MHz	TDD
40	2 300 MHz~2 400 MHz	2 300 MHz~2 400 MHz	TDD

表 5-1-3　FDD 模式支持的频段

E-UTRA Band	上行链路	下行链路	双工方式
	$F_{UL\_low} \sim F_{UL\_high}$	$F_{DL\_low} \sim F_{DL\_high}$	
1	1 920 MHz~1 980 MHz	2 110 MHz~2 170 MHz	FDD
2	1 850 MHz~1 910 MHz	1 930 MHz~1 990 MHz	FDD
3	1 710 MHz~1 785 MHz	1 805 MHz~1 880 MHz	FDD
4	1 710 MHz~1 755 MHz	2 110 MHz~2 155 MHz	FDD

E-UTRA Band	上行链路 $F_{UL\_low} \sim F_{UL\_high}$	下行链路 $F_{DL\_low} \sim F_{DL\_high}$	双工方式
5	824 MHz~849 MHz	869 MHz~894 MHz	FDD
6	830 MHz~840 MHz	875 MHz~885 MHz	FDD
7	2 500 MHz~2 570 MHz	2 620 MHz~2 690 MHz	FDD
8	880 MHz~915 MHz	925 MHz~960 MHz	FDD
9	1 749.9 MHz~1 784.9 MHz	1 844.9 MHz~1 879.9 MHz	FDD
10	1 710 MHz~1 770 MHz	2 110 MHz~2 170 MHz	FDD
11	1 427.9 MHz~1 452.9 MHz	1 475.9 MHz~1 500.9 MHz	FDD
12	698 MHz~716 MHz	728 MHz~746 MHz	FDD
13	777 MHz~787 MHz	746 MHz~756 MHz	FDD
14	788 MHz~798 MHz	758 MHz~768 MHz	FDD
…	…	…	…
17	704 MHz~716 MHz	734 MHz~746 MHz	FDD
…	…	…	…

LTE 频段类别根据在无线频谱中的位置分类如下：Band1 ~ 33，为 700 MHz~2.6 GHz，主要用于 FDD 模式（Band33 除外，即 TDD）；Band34 ~ 44（LTE 扩展频段），为 1.9 GHz~2.3 GHz，大部分为 TDD 模式（Band39 除外，即 FDD）；Band45 ~ 66（LTE 额外频段），为 1.4 GHz~3.8 GHz，这是 FDD 和 TDD 模式的混合，其中一些与之前的类别重叠；Band71 ~ 86（LTE 新频段），为 600 MHz~8 GHz，支持 FDD 和 TDD 模式的混合，用于 LTE-M 和 NB-IoT 等新技术。

【知识拓展】我国三大运营商的 LTE 频段使用情况如表 5-1-4~表 5-1-6 所示。

表 5-1-4　中国移动的频段使用情况

运营商	频率			带宽	合计带宽	网络制式
	频段	频率范围				
中国移动	900 MHz（Band8）	上行 889~904 MHz	下行 934~949 MHz	15 MHz	TDD 频段：355 MHz FDD 频段：40 MHz	2G/NB-IOT/4G
	1 800 MHz（Band3）	上行 1 710~1 735 MHz	下行 1 805~1 830 MHz	25 MHz		2G/4G
	2 GHz（Band34）	2 010~2 025 MHz		15 MHz		3G/4G
	1.9 GHz（Band39）	1 880~1 920 MHz，实际使用 1 885~1 915 MHz，并腾退 1 880~1 885 MHz		30 MHz		4G
	2.3 GHz（Band40）	2 320~2 370 MHz，仅用于室内		50 MHz		4G
	2.6 GHz（Band41, n41）	2 515~2 675 MHz		160 MHz		4G/5G
	4.9 GHz（n79）	4 800~4 900 MHz		100 MHz		5G

表 5-1-5 中国联通的频段使用情况

运营商	频率			带宽	合计带宽	网络制式
	频段	频率范围				
中国联通	900 MHz（Band8）	上行 904~915 MHz	下行 949~960 MHz	11 MHz	TDD 频段：120 MHz FDD 频段：56 MHz	2G/NB-IOT/3G/4G
	1 800 MHz（Band3）	上行 1 735~1 765 MHz	下行 1 830~1 860 MHz	30 MHz		2G/4G
	2.1 GHz（Band1, n1）	上行 1 940~1 965 MHz	下行 2 130~2 155 MHz	25 MHz		3G/4G/5G
	2.3 GHz（Band40）	2 300~2 320 MHz，仅用于室内		20 MHz		4G
	2.6 GHz（Band41）	2 555~2 575 MHz，已重新分给中国移动，正在清频		20 MHz		4G
	3.5 GHz（n78）	3 500 MHz~3 600 MHz		100 MHz		5G

表 5-1-6 中国电信的频段使用情况

运营商	频率			带宽	合计带宽	网络制式
	频段	频率范围				
中国电信	850 MHz（Band5，BC0）	上行 824~835 MHz	下行 869~880 MHz	11 MHz	TDD 频段：100 MHz FDD 频段：51 MHz	3G/4G
	1 800 MHz（Band3）	上行 1 765~1 785 MHz	下行 1 860~1 880 MHz	20 MHz		4G
	2.1 GHz（Band1, n1）	上行 1 920~1 940 MHz	下行 2 110~2 130 MHz	20 MHz		4G
	2.6 GHz（Band41）	2 635~2 655 MHz，已重新分给中国移动，正在清频		20 MHz		4G
	3.5 GHz（n78）	3 400 MHz~3 500 MHz		100 MHz		5G

【想一想】运营商的 LTE 网络为什么使用低频段？

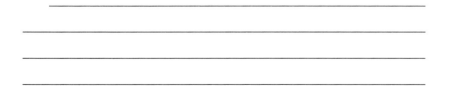

5.1.4　扫码获取答案

193

【动一动】使用装有网优测试 APP 的手机进行移动性测试，请问你的手机目前驻留的小区是 4G 小区吗？双工方式是什么？使用的频率是多少？属于哪个频段？

知识链接5　LTE 主要指标及需求

LTE 的主要指标和需求包括峰值速率、时延、控制面容量、用户吞吐量和频谱效率、移动性。

（1）峰值速率：LTE 要求支持更高的瞬时速率。具体来说，对于使用 2 个下行接收天线、1 个上行发射天线的终端，LTE 需要支持如下峰值速率：下行 100 Mb/s（20 MHz 的频率带宽）；上行 50 Mb/s（20 MHz 的频率带宽）。这一要求对于上行和下行共享频率带宽的 TDD 系统不适用。

（2）时延：用户面数据空中接口单向延时小于 5 ms，控制面延时（从空闲模式到连接模式）小于 100 ms。

（3）控制面容量：在 5 MHz 的频率带宽条件下，LTE 系统要求每小区支持至少 200 个用户同时在线，在更高的频率带宽使用情况下，要求每小区至少支持 400 个用户同时在线。

（4）用户吞吐量和频谱效率：LTE 单用户每兆赫兹平均吞吐量要求为 R6 HSDPA 的 3～4 倍，频谱效率要求为 R6 HSDPA 的 3～4 倍。这一要求适用于下行方向，即基站向用户设备发送数据的方向。对于上行方向（用户设备向基站发送数据的方向），LTE 单用户每兆赫兹平均吞吐量要求为 R6 HSUPA 的 2～3 倍，频谱效率要求为 R6 HSDPA 的 2～3 倍。

（5）移动性：LTE 对移动性也有具体要求，确保在不同移动速度下都能保持稳定的连接和服务质量。

这些指标和需求共同构成了 LTE 技术的核心，旨在提供高速、高效、稳定的无线通信服务，满足现代移动通信的需求

【想一想】LTE 主要设计目标"三高、两低、一平"是什么？

5.1.5　扫码获取答案

【知识拓展】3G 与 4G 网络制式技术性能对比

表 5-1-7　3G 与 4G 网络制式技术性能对比

	TD-SCDMA	WCDMA	FDD-LTE	TD-LTE
载波特征	1.6 MHz，TDD 多载波组网	5 MHz，FDD 单载波组网	支持多种带宽级：1.4 MHz、3 MHz、5 MHz、10 MHz、15 MHz、20 MHz	支持多种带宽等级：1.4 MHz、3 MHz、5 MHz、10 MHz、15 MHz、20 MHz
多址方式	CDMA+TDMA	CDMA+TDMA	OFDMA+TDMA	OFDMA+TDMA
调制技术	QPSK 16QAM（HSPA）	QPSK 16QAM（HSPA） 64QAM（HSPA+）	QPSK、16QAM 或 64QAM 调制方式自适应调整	QPSK、16QAM 或 64QAM 调制方式自适应调整
发射/接收技术	智能天线联合检测	发射分集 RAKE 接收机 HSPA+支持 MIMO	MIMO	Beamforming 或 MIMO
峰值速率（下行）	1.6 Mb/s	14.4 Mb/s（HSPA） 42 Mb/s（HSPA+）	150 Mb/s	75~100 Mb/s
平均速率（下行）	1 Mb/s 左右	7 Mb/s 左右（HSPA） 15 Mb/s 左右（HSPA+）	36 Mb/s	20~40 Mb/s
频谱效率	0.8~1.3	1.6~3（HSPA） 3~8（HSPA+）	1.8	1.5~6

过关训练

（1）2013 年 12 月 4 日，工信部正式向三大运营商发布 4G 牌照，中国移动、中国电信和中国联通均获得（　　　）。（单选）

　　A. TD-LTE 牌照　　　　　　　　　　　B. FDD-LTE 牌照

　　C. TD-SCDMA 牌照　　　　　　　　　D. WCDMA 牌照

（2）LTE 的全称是（　　　）。（单选）

　　A. Long Term Evolution　　　　　　　B. Long Time Evolution

　　C. Later Term Evolution　　　　　　　D. Later Time Evolution

（3）关于 LTE 的指标与需求，下列说法中正确的是（　　　）。（单选）

　　A. 上行峰值数据速率达 100 Mb/s（20 MHz，2×2 MIMO）

　　B. C-plane 时延为 5 ms

　　C. 不支持离散的频谱分配

　　D. 支持不同大小的系统带宽

（4）LTE 支持灵活的系统带宽配置，以下哪种带宽是 LTE 协议不支持的？（　　　）（单选）

　　A. 1.25 MHz　　　　　　　　　　　B. 3 MHz

　　C. 5 MHz　　　　　　　　　　　　D. 10 MHz

（5）LTE 的设计目标是（　　　）。（单选）

　　A. 高的数据速率　　　　　　　　　B. 低时延

　　C. 分组优化的无线接入技术　　　　D. 以上都正确

任务 5.2 LTE 系统结构

任务名称	LTE 系统结构	建议课时	2 课时
知识目标： （1）掌握 LTE 的系统架构、各网元的功能、S1 接口和 X2 接口。 （2）了解 LTE 无线协议结构。			
能力目标： 能快速画出 LTE 系统结构图。			
素质目标： （1）树立技术自信和民族自豪感。 （2）树立精益求精的邮电工匠精神。			
任务资源： 5.2.1　任务 5.2 资源			

 知识链接1 LTE 系统架构

在学习 LTE 系统架构之前，先让我们回顾一下 GSM（2G）、WCDMA（3G）系统结构。

1. GSM 系统架构

GSM 系统组成包括 MS（移动台）、BSS（基站子系统）、NSS（网络子系统）和 OSS（操作维护子系统）组成，如图 5-2-1 所示。

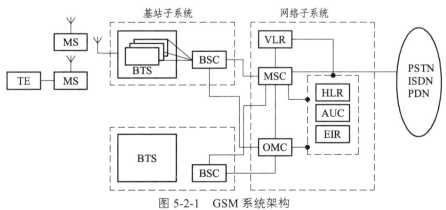

图 5-2-1　GSM 系统架构

MS 主要由两部分构成：移动设备（ME）、用户身份识别卡（SIM 卡）。移动设备（ME）是物理设备，如手机，而 SIM 卡则存储了认证用户身份的所有信息，以及与网络和用户有关的管理数据。通常，ME 是"机"的部分，而 SIM 是"身份卡"，两者合在一起，即 ME 加上 SIM 卡，构成了能够接入网络的移动终端。

BSS 主要由基站收发信台（BTS）和基站控制器（BSC）组成。基站收发信台负责无线信号的收发，通过空中接口与移动台（MS）进行通信，是直接与无线环境进行交互的部分。基站控制器控制多个 BTS，负责无线资源的管理及配置，如功率控制、信道分配等，是 BSS 中的控制中心。

NSS 由移动业务交换中心（MSC）、归属位置寄存器（HLR）、访问位置寄存器（VLR）、鉴权中心（AUC）、移动设备识别寄存器（EIR）和 SC（短消息中心）等组件组成，归纳为"3C3R"。移动业务交换中心负责处理移动用户之间的通信和移动用户与其他通信网用户之间的通信、管理交换功能。归属位置寄存器存储了所有用户的静态数据，包括用户的基本信息、服务数据等，是用户数据的中心数据库。访问位置寄存器存储了当前访问移动网络的用户的相关信息，当用户在一个服务区域访问时，VLR 会记录该用户的信息，以便进行通信管理。鉴权中心负责用户的身份鉴权和密钥的管理，确保通信的安全。移动设备识别寄存器管理移动设备的身份信息，确保只有合法的设备才能接入网络。

2. WCDMA 系统架构

WCDMA 系统主要由三部分组成：用户设备（UE）、UMTS 陆地无线接入网（UTRAN）和核心网（CN），如图 5-2-2 所示。

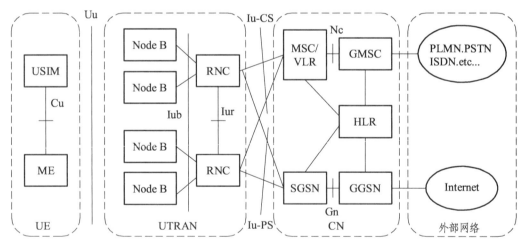

图 5-2-2　WCDMA 系统架构

UE 包括射频处理单元、基带处理单元、协议栈模块和应用层软件模块，分为两个部分：移动设备 ME 和通用用户识别模块 USIM。

UTRAN 由基站 Node B 和无线网络控制器 RNC 组成。Node B 完成扩频解扩、调制解调、信道编解码、基带信号和射频信号转换等功能；RNC 负责连接建立和断开、切换、宏分集合并、无线资源管理等功能的实现。

CN 处理所有语音呼叫和数据连接，完成对 UE 的通信和管理、与其他网络的连接等功能。核心网分为 CS 域和 PS 域。MSC/VLR：负责处理移动用户的呼叫和连接管理，包括用户的位置信息存储和访问。GMSC：网关移动交换中心，用于不同移动网络之间的通信连接。SGSN：服务 GPRS 支持节点，处理 GPRS 服务的数据包，包括数据包的路由和转发。GGSN：网关 GPRS 支持节点，作为移动网络和其他数据网络（如互联网）之间的接口。HLR：归属位置寄存器，存储用户签约信息和移动用户的数据记录。

【想一想】相比 GSM，WCDMA 的系统架构发生了什么改变？

_____

_____

_____

_____

5.2.2 扫码获取答案

3. LTE 系统架构

LTE 系统主要由三部分组成：E-UTRAN（演进的无线网）、EPC（演进的分组核心网）和 UE（用户设备），如图 5-2-3 所示。

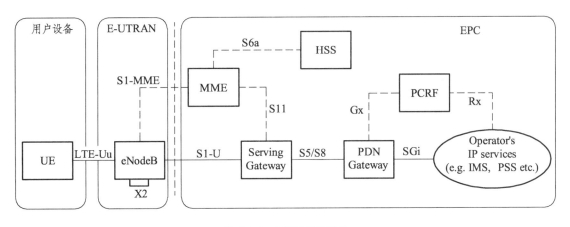

图 5-2-3　LTE 系统架构

UE 即终端设备，是 LTE 系统的用户端部分，它包括移动终端、通用集成电路卡（UICC）等，用于处理所有通信功能和终止数据流。

E-UTRAN 是 LTE 系统的接入网部分，它负责无线通信的处理，包括基站（eNodeB 或 eNB）之间的无线通信。E-UTRAN 通过 S1 接口与 EPC 连接，并通过 X2 接口在越区切换过程中进行信令和数据包转发。eNodeB 是 LTE 系统中的核心设备，负责无线接入功能，包括无线承载控制、无线许可控制、连接移动性控制、上下行 UE 的动态资源分配、IP 头压缩及用户数据流加密等。

EPC 负责处理用户业务信令和移动性管理，是 LTE 系统的核心网络部分，包括多个关键网元，如 MME（Mobility Management Entity，移动性管理实体）、SGW（Serving Gateway，服务网关）、PGW（Packet Data Network Gateway，PDN 网关）、HSS（Home Subscriber Server，归属用户服务器）、PCRF（Policy and Charging Rules Function，策略与计费规则功能单元）等，如图 5-2-4 所示。MME 负责信令处理，包括移动性管理、承载管理、用户鉴权认证、SGW 和 PGW 的选择等。S-GW 主要负责用户面处理，包括数据包的路由和转发等。P-GW 负责管理 3GPP 和非 3GPP 间的数据路由，作为 PDN 网关。HSS 存储用户标识、编号和路由信息、用户安全信息、用户位置信息等。PCRF 负责策略控制与管理、计费控制等功能。

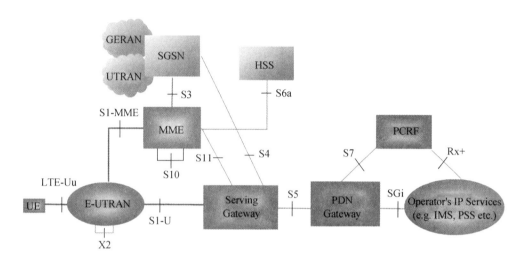

图 5-2-4　LTE 核心网架构

另外，SGSN（Serving GPRS Support Node，服务 GPRS 支持节点）负责分组数据包的路由转发、移动性管理、会话管理、逻辑链路管理等。GGSN（Gateway GPRS Support Node，网关 GPRS 支持节点）主要负责会话管理、计费数据收集，作为 GPRS 网与外网的分界线。

【想一想】相对于 3G 系统结构，LTE 的系统架构发生了什么改变？

5.2.3　扫码获取答案

4. LTE 系统架构的优点

LTE 系统架构的优点主要包括网络扁平化、网元数目减少、取消了 RNC 的集中控制、真正的网络控制和承载分离、支持多种制式共接入、网络控制的 QoS 策略控制和计费体系，如图 5-2-5 所示。

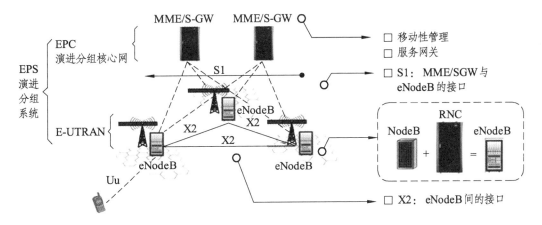

图 5-2-5　LTE 系统架构的优点

（1）网络扁平化：LTE 系统实现了基于全 IP 的网络扁平化，减少了系统时延，从而改善了用户体验，并允许开展更多业务。这种扁平化的网络结构使得系统更加高效和灵活。

（2）网元数目减少：LTE 系统中网元的数量减少，简化了网络部署和维护的过程，降低了网络的复杂性和成本。

（3）取消了 RNC 的集中控制：通过取消 RNC 的集中控制，避免了单点故障，提高了网络的稳定性和可靠性。

（4）真正的网络控制和承载分离：LTE 实现了网络控制和承载的分离，这种设计降低了系统时延，提升了核心网的处理效率。

（5）支持多种制式共接入：LTE 支持包括 LTE 在内的多种无线接入技术，如 UMTS、GSM、CDMA、WLAN、WiMAX 等，实现了不同无线制式在 EPC 平台上的大融合。

（6）网络控制的 QoS 策略控制和计费体系：LTE 核心网支持 QoS 策略控制和计费体系，能够提供更好的服务质量保证，同时也方便了网络的计费管理。

5. LTE 系统架构的各网元功能

eNodeB 的主要功能有无线资源管理功能，用户数据流的 IP 报头压缩和加密，UE 附着状态时 MME 的选择，实现 SGW 用户面数据的路由选择，执行由 MME 发起的寻呼信息和广播信息的调度和传输，完成有关移动性配置和调度的测量及测量报告等。

MME 的主要功能有移动性管理、会话管理、用户鉴权和密钥管理、NAS 层信令的加密和完整性保护、TA List 管理、P-GW/S-GW 选择等。SGW 的主要功能有分组路由和转发功能、IP 头压缩、IDLE 态终结点、下行数据缓存、基于用户和承载的计费、路由优化和用户漫游时 QoS 和计费策略实现功能等。PGW 的主要功能有分组路由和转发、3GPP 和非 3GPP 网络间的 Anchor 功能（HA 功能）、UE IP 地址分配、接入外部 PDN 的网关功能、计费和 QoS 策略执行功能、基于业务的计费等。HSS 的主要功能有归属签约用户服务器、用户识别、编号和地址信息；用户安全信息，即针对鉴权；授权的网络接入控制信息；用户定位信息，即 HSS 支持用户登记、存储位置信息；用户清单信息等。PCRF 的主要功能有策略与计费规则功能单元、QoS 策略的下发与控制、计费策略的下发与控制等。

1. EPC 与 E–UTRAN 功能划分

针对 LTE 的系统架构，网络功能划分如图 5-2-6 所示。

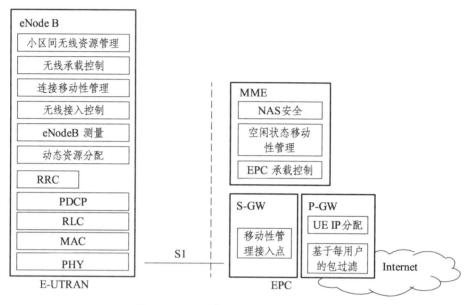

图 5-2-6　EPC 与 E-UTRAN 功能划分

eNodeB（eNB）功能：（1）无线资源管理相关的功能，包括无线承载控制、接纳控制、连接移动性管理、上/下行动态资源分配/调度等；（2）IP 头压缩与用户数据流加密；（3）UE 附着时的 MME 选择；（4）提供到 S-GW 的用户面数据的路由；（5）寻呼消息的调度与传输；（6）系统广播信息的调度与传输；（7）测量与测量报告的配置。

MME 功能：（1）寻呼消息分发，MME 负责将寻呼消息按照一定的原则分发到相关的 eNB；（2）安全控制；（3）空闲状态的移动性管理；（4）EPC 承载控制；（5）非接入层信令的加密与完整性保护。

SGW（服务网关）功能：（1）终止由于寻呼原因产生的用户平面数据包；（2）支持由于 UE 移动性产生的用户平面切换。

PGW（PDN 网关）功能：（1）基于每用户的包过滤；（2）UE IP 分配；（3）路径管理；（4）会话管理。

2. LTE 协议栈

LTE 的协议主要由控制平面和用户平面组成。控制平面负责处理系统控制信令，如寻呼、鉴权和移动性管理等；用户平面负责处理用户数据的传输。LTE 无线协议结构如图 5-2-7 所示。

LTE 无线协议结构适用于 E-UTRAN 相关的所有接口，即 S1 和 X2 接口；控制面和用户面相分离，无线网络层与传输网络层相分离。无线网络层：实现 E-UTRAN 的通信功能；传输网络层：采用 IP 传输技术对用户面和控制面数据进行传输。LTE 信令流和数据流的协议栈如图 5-2-8 所示。

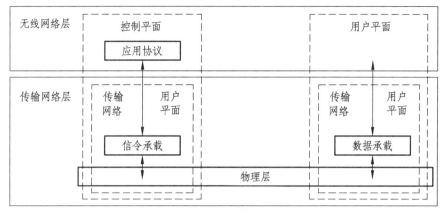

图 5-2-7　LTE 无线协议结构

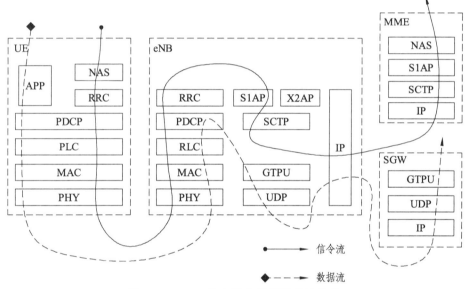

图 5-2-8　LTE 信令流和数据流的协议栈

3. S1 接口和 X2 接口

1）S1 接口与协议

S1 接口定义为 E-UTRAN 和 EPC 之间的接口。S1 接口包括两部分：控制面 S1-MME 接口和用户面 S1-U 接口。S1-MME 接口定义为 eNB 和 MME 之间的接口；S1-U 定义为 eNB 和 S-GW 之间的接口。S1 接口与协议如图 5-2-9 所示。

S1 接口是 LTE 系统中接入网和核心网之间的关键接口，主要功能包括信令传输、数据传输和负载平衡。（1）信令传输：S1 接口用于接入网和核心网之间的信令传输，这些信令传输包括用户鉴权、用户注册、用户激活等，是 LTE 系统中最重要的部分。S1 接口的传输能力决定了 LTE 系统的性能。（2）数据传输：S1 接口用于接入网和核心网之间的数据传输，包括用户的语音数据、视频数据、文件数据等。S1 接口的传输能力决定了 LTE 系统的数据传输速率。（3）负载平衡：S1 接口还可以用于接入网和核心网之间的负载平衡，通过实现动态负载分配，将用户的请求分发到不同的核心网，从而提高系统的整体性能。

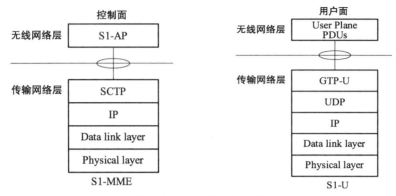

图 5-2-9　S1 接口与协议

2）X2 接口与协议

X2 接口是两个基站之间的接口，主要用于支持 LTE 网络中的信令和数据传输。它分为控制面（X2-C）和用户面（X2-U），分别用于传输控制信令和用户数据。X2-U 与 X2-C 虽然是不同的逻辑端口，但通常是同一个物理端口。X2 接口本质是一个逻辑接口，其接口与协议如图 5-2-10 所示。

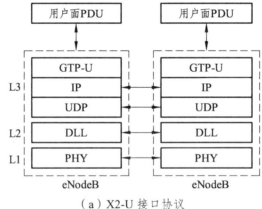

（a）X2-U 接口协议

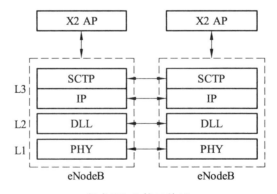

（b）X2-C 接口协议

图 5-2-10　X2 接口与协议

X2 接口的主要功能有 5 个方面：（1）支持数据和信令的直接传输：X2 接口允许 eNodeB 之间直接传输数据和信令，提高了网络效率和可靠性；（2）支持激活模式的手机移动：在 LTE 网络中，X2 接口支持手机在激活模式下移动，确保了移动过程中的通信不中断；（3）转发分组数据：X2 接口用于在基站之间转发分组数据，特别是在多小区环境中，支持无线资源管理功能；（4）支持移动性管理：X2 接口支持 LTE-ACTIVE 状态下的用户移动性管理，包括基站间的干扰管理和移动性负荷均衡管理；（5）减少协议处理：S1 接口和 X2 接口的用户面使用相同的协议栈，以便于 eNodeB 在数据传输前向时减少协议处理。

【想一想】是不是所有的 eNodeB 之间都需要做 X2 接口？

_____

_____

_____

_____

5.2.4　扫码获取答案

_____

【动一动】参观 4G 全网实训基地，画出 4G 移动通信系统的总体结构。

过关训练

1. 选择题

（1）LTE 的增强型分组核心网（EPC）由（　　　）组成。（多选）

　　　A. MME　　　　　　　B. SGW

　　　C. PCRF　　　　　　D. HSS

（2）能实现无线资源管理功能、用户数据流的 IP 报头压缩和加密、SGW 用户面数据的路由选择的网元是（　　　）。（单选）

　　　A. eNodeB　　　　　B. PGW

　　　C. SGW　　　　　　D. MME

（3）EPC 和 EUTRAN 之间的接口是（　　　）。（单选）

　　　A. S1　　　　　　　B. X1

　　　C. Xn　　　　　　　D. X2

2. 判断题

（1）LTE 系统支持 PS 域，不支持 CS 域，语音业务在 LTE 系统中主要通过 VoLTE 技术来实现。（   ）

（2）eNodeB 之间必须设置 X2 接口，通过 X2 的通信，可进行小区间优化的无线资源管理。（   ）

任务 5.3　LTE 关键技术

学习任务单

任务名称	LTE 关键技术	建议课时	4 课时
知识目标：			
掌握双工技术、多址技术、多天线技术、链路自适应技术、ARQ 与 HARQ。			
能力目标：			
会使用网优测试 APP 进行 LTE 锁网测试，并能读懂测试结果。			
素质目标：			
培养精益求精、严谨细致的工匠精神。			
任务资源：			

5.3.1　任务 5.3 资源

 **知识链接1 双工技术**

1. 通信方式类型

对于点对点之间的通信，按照消息传送的方向与时间关系，通信方式可分为单工通信、半双工通信及全双工通信三种。

单工通信（Simplex Communication）是指消息只能单方向传输的工作方式。根据收发频率的异同，单工通信可分为同频通信和异频通信，如图 5-3-1 所示。

半双工通信（Half Duplex Communication）可以实现双向的通信，但不能在两个方向上同时进行，必须轮流交替地进行。在这种工作方式下，发送端可以转变为接收端；相应地，接收端也可以转变为发送端。但是在同一个时刻，信息只能在一个方向上传输。因此，也可以将半双工通信理解为一种切换方向的单工通信，如图 5-3-2 所示。

全双工通信（Full Duplex Communication）

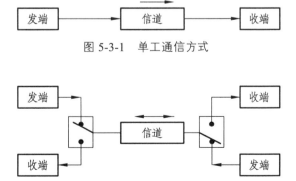

图 5-3-1　单工通信方式

图 5-3-2　半双工通信方式

是指在通信的任意时刻，线路上存在 A 到 B 和 B 到 A 的双向信号传输。全双工通信允许数据同时在两个方向上传输，又称为双向同时通信，即通信的双方可以同时发送和接收数据。在全双工方式下，通信系统的每一端都设置了发送器和接收器，因此能控制数据同时在两个方向上传送，如图 5-3-3 所示。

图 5-3-3　全双工通信方式

2. TDD 与 FDD 的区别

频分双工（Frequency Division Duplex）手机与基站间的上行、下行信号在不同频段上同时传输，时分双工（Time Division Duplex）手机与基站间的上行、下行信号在同一频段上不同时隙传输。TDD 与 FDD 的区别如图 5-3-4 所示。

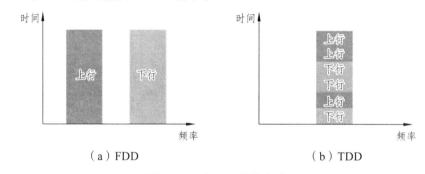

（a）FDD　　　　　　　（b）TDD

图 5-3-4　全双工通信方式

1. OFDM 与传统 FDM 的差别

为避免载波间干扰，传统 FDM 需要在相邻的载波间保留一定保护间隔，大大降低了频谱效率。OFDM 的各（子）载波重叠排列，同时保持（子）载波的正交性（通过 FFT 实现），从而在相同带宽内容纳数量更多（子）载波，提升频谱效率。OFDM 与传统 FDM 的差别如图 5-3-5 所示。

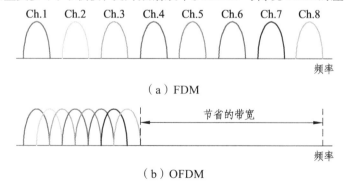

（a）FDM

（b）OFDM

图 5-3-5　OFDM 与传统 FDM 的差别

OFDM 技术通过插入保护间隔并采用循环前缀（CP）的方式，有效地对抗了 ISI（符号间干扰）和 ICI（信道间干扰）。

【知识拓展】ISI 和 ICI？

ISI，即符号间干扰，是由于多径传输造成的。在 OFDM 系统中，通过插入保护间隔（GP），特别是使用循环前缀（CP），可以有效地对抗 ISI。保护间隔的作用是允许信号在传输过程中存在由于多径传播造成的延迟，从而避免下一个 OFDM 符号的前端部分受到前一个符号的尾部影响。通过插入 CP，OFDM 系统能够在接收端准确地识别和恢复每个符号，从而减轻或减少 ISI 干扰。这里选择 CP 长度应大于通道延迟扩展。

ICI，即信道间干扰，主要是由于多径效应引起的。尽管在理论模型中 OFDM 系统的各个子载波是相互正交的，但在实际系统中，由于多径效应，这些子载波可能会失去正交性，从而导致 ICI。通过在保护间隔中加入循环前缀（CP），OFDM 系统能够对抗 ICI。循环前缀的作用是容纳前一符号的拖尾，确保接收端在去除循环前缀后，信号不会受到 ISI 的影响，从而间接地减少了 ICI。此外，OFDM 系统还会通过信道校正等技术进一步降低 ICI 的影响。

2. OFDM 与 OFDMA 的区别

正交频分复用技术（OFDM）是一种多载波调制技术，用于将宽带频率资源分割为很多个较窄的相互正交的子载波，并行地承载数据。相对其他系统来说，OFDM 具有高频谱效率、抗多径干扰能力强、灵活的带宽分配、易于实现多址接入等优点，但存在对频率偏移和相位噪声敏感、峰均功率比（PAPR）高、实现复杂度较高等缺点。

正交频分多址（OFDMA）是一种多址接入技术，是 OFDM 技术的演进，用于将 OFDM 子载波资源分配给不同的用户使用。FDMA 与 OFDMA 的区别如图 5-3-6 所示。

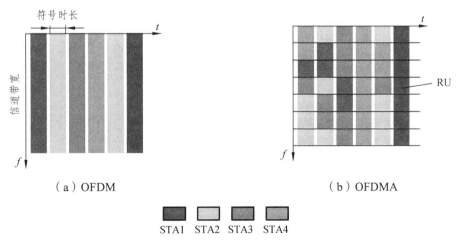

（a）OFDM　　　　　　　　　　　（b）OFDMA

STA1　STA2　STA3　STA4

图 5-3-6　OFDM 与 OFDMA 的区别

OFDM 是调制技术；OFDMA 是多址接入策略技术，强调的是在 OFDM 这种调制方式下的多址。OFDMA 系统中的多址方式可以是 FDMA、TDMA、CDMA，也可以是多种方式的结合。

【想一想】LTE 中，物理层多址接入的应用情况？

_____

_____

_____

_____

5.3.2　扫码获取答案

3. OFDMA 和 SC–FDMA 技术

LTE 下行多址方式 OFDMA（Orthogonal Frequency Division Multiple Access，正交频分多址）如图 5-3-7 所示。发送端端先进行信道编码与交织，然后进行 QAM 调制，将调制后的频域信号进行串/并变换，以及子载波映射，并对所有子载波上的符号进行逆傅里叶变换（IFFT）后生成时域信号，然后在每个 OFDM 符号前插入一个循环前缀（Cyclic Prefix，CP），以在多径衰落环境下保持子载波之间的正交性。

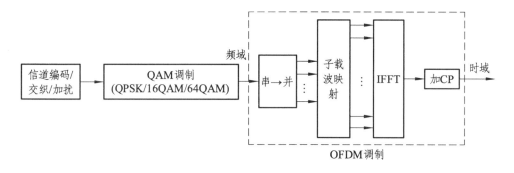

图 5-3-7　OFDM 调制

LTE 采用 DFT-S-OFDM（Discrete Fourier Transform Spread OFDM，离散傅里叶变换扩展OFDM）作为上行多址方式，如图 5-3-8 所示。DFT-SOFDM 是基于 OFDM 的一项改进技术，之所以选择 DFT-S-OFDM，即 SC-FDMA（Single Carrier FDMA，单载波 FDMA），是因为DFT-S-OFDM 具有单载波的特性，因而其发送信号峰均比较低，在上行功放要求相同的情况下，可以提高上行的功率效率，降低系统对终端的功耗要求。

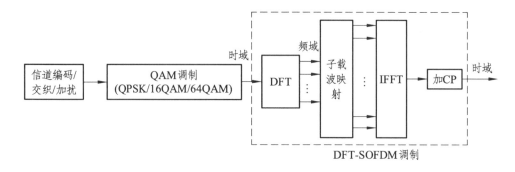

图 5-3-8　SC-FDMA 调制

OFDMA 通过将信道划分为多个正交子载波，每个子载波独立调制数据，从而实现高频谱效率的传输。OFDMA 允许在多个子载波上同时传输数据，提高了频谱利用率和传输速率。

SC-FDMA 通过在 IFFT（逆快速傅里叶变换）之前对信号进行 DFT（离散傅里叶变换）扩展，生成时域信号，从而避免了 OFDM 系统发送频域信号带来的高峰值平均功率比（PAPR）问题。

OFDMA 和 SC-FDMA 的对比如图 5-3-9 所示，SC-FDMA 输出的是单载频信号，而 OFDMA 输出的是多载频信号。

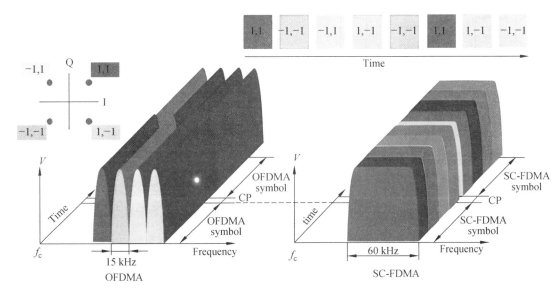

图 5-3-9　OFDMA 和 SC-FDMA 的对比

【想一想】LTE 系统的上行可以使用 OFDMA 吗？

5.3.3　扫码获取答案

 多天线技术（MIMO）

1. 概念

MIMO（Multiple-Input Multiple-Output，多输入多输出）系统，其基本思想是在收发两端采用多根天线，分别同时发射与接收无线信号，如图 5-3-10 所示。

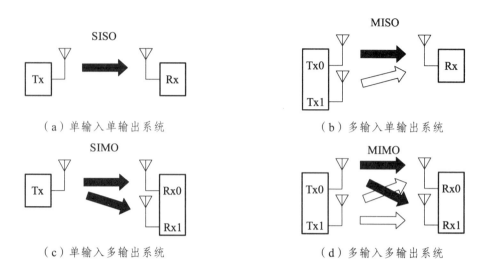

（a）单输入单输出系统 　　　　　　（b）多输入单输出系统

（c）单输入多输出系统 　　　　　　（d）多输入多输出系统

图 5-3-10　MIMO 技术

2. MIMO 原理框架

多天线技术（MIMO）支持 2 根、4 根等天线传输信号，包括空分复用（Spatial Division Multiplexing，SDM）、发射分集（Transmit Diversity）等技术，如图 5-3-11 所示。

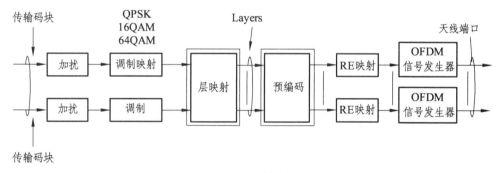

图 5-3-11　MIMO 技术原理框架

3. MIMO 的工作模式

MIMO 系统可根据不同的系统条件、变化的无线环境采用不同的工作模式，协议中定义了以下 7 种 MIMO 的工作模式：

（1）单天线工作模式：传统个无线制式的天线工作模式。

（2）开环发射分集：利用复数共轭的数学方法，在多个天线上形成了彼此正交的空间信道，发送相同的数据流，提高传输可靠性。

（3）开环空间复用：在不同的天线上人为制造"多径效应"，一个天线正常发射，其他天线引入相位偏移环节。多个天线的发射关系构成复矩阵，并行地发射不同的数据流。这个复矩阵在发射端随机选择，不依赖接收端的反馈结果，这就是开环空间复用。

（4）闭环空间复用：发射端在并行发射多个数据流的时候，根据反馈的信道估计结果，选择制造"多径效应"的复矩阵，这就是闭环空间复用。

（5）MU-MIMO：并行传输的多个数据流是由多个 UE 组合实现的，这就是多用户空间复用。

（6）Rank=1 的闭环发射分集：作为闭环空间复用的一特例，只传输一个数据流，也就是说空间信道的秩 Rank=1。这种工作模式起到了提高传输可靠性的作用，实际上是一种发射分集的方式。

（7）波束赋形：多个天线协同工作，根据基站和 UE 的信道条件，实时计算不同的相位偏移方案，利用天线之间的相位干涉叠加原理，形成指向特定 UE 的波束。

知识链接4　链路自适应技术

1. 概念

链路自适应技术可以通过两种方法实现：功率控制和速率控制。一般意义上的链路自适应都指速率控制，LTE 中即为自适应调制编码技术（Adaptive Modulation and Coding，AMC）。

应用 AMC 技术可以使得 eNodeB 能够根据 UE 反馈的信道状况及时地调整不同的调制方式（QPSK、16QAM、64QAM）和编码速率，从而使得数据传输能及时地跟上信道的变化状况，这是一种较好的链路自适应技术。

2. 功率控制

功率控制可以很好地避免小区内用户间的干扰，通过动态调整发射功率，维持接收端一定的信噪比，从而保证链路的传输质量。当信道条件较差时，需要增加发射功率；当信道条件较好时，需要降低发射功率，从而保证了恒定的传输速率。功率控制对速率的影响如图 5-3-12 所示。

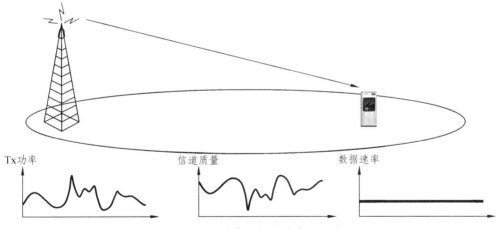

图 5-3-12　功率控制对速率的影响

3. 速率控制

AMC 是无线信道上采用的一种自适应的编码调制技术，通过动态调整无线链路传输的调制方式与编码速率，以适应信道条件的变化，从而确保链路的传输质量。

AMC 技术允许系统根据信道条件的好坏来选择合适的调制方式和编码速率，以达到最佳的传输效率和数据吞吐量。具体来说，当信道条件较差时，AMC 技术会选择较小的调制方式和较低的编码速率，以保证数据的可靠传输；而当信道条件较好时，则会选择较大的调制方式和较高的编码速率，以最大化传输速率，提高数据吞吐量。AMC 对速率的影响如图 5-3-13 所示。

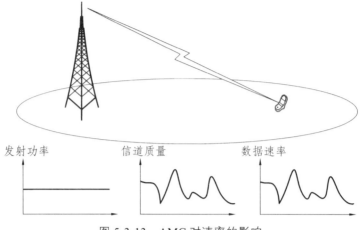

发射功率　　　　　信道质量　　　　　数据速率

图 5-3-13　AMC 对速率的影响

4. LTE 链路自适应技术的应用

1）下行链路自适应

下行链路自适应的核心技术是 AMC。该技术结合多种调制方式、信道编码速率，应用于共享数据信道。在一个 TTI 和一个流内，调度给某个用户的属于相同层 2 PDU 的所有资源块组，采用相同的编码速率和调制方式。需要特别说明的是，若采用 MIMO 技术，则 MIMO 的不同数据流之间可以采用不同的 AMC 组合。编码和调制的完整过程如图 5-3-14 所示。

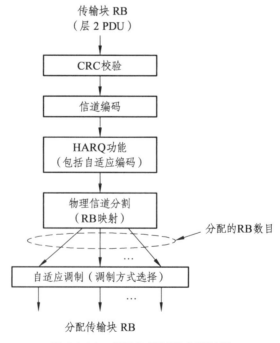

传输块 RB
（层 2 PDU）

CRC校验

信道编码

HARQ功能
（包括自适应编码）

物理信道分割
（RB映射）

分配的RB数目

自适应调制（调制方式选择）

分配传输块 RB

图 5-3-14　编码和调制的完整过程

AMC 的原理是基站在综合考虑无线信道条件、接收机特征等因素下，动态调整调制与编码格式（传输格式）。为了辅助基站估计无线信道条件，需要 UE 上报 CQI（ Channel Quality Indicator，信道质量指示 ），CQI 与调制方式、编码率、效率的对应关系如表 5-3-1 所示。

表 5-3-1　CQI 与调制方式等的对应关系

	编码方式	编码速率×1 024	效率
0	范围之外		
1	QPSK	78	0.152 3
2	QPSK	120	0.234 4
3	QPSK	193	0.377 0
4	QPSK	308	0.601 6
5	QPSK	449	0.877 0
6	QPSK	602	1.175 8
7	16QAM	378	1.476 6
8	16QAM	490	1.914 1
9	16QAM	616	2.406 3
10	64QAM	466	2.730 5
11	64QAM	567	3.322 3
12	64QAM	666	3.902 3
13	64QAM	772	4.523 4
14	64QAM	873	5.115 2
15	64QAM	948	5.554 7

但需要说明的是，表 5-3-1 所给出的 MCS（ Modulation and Coding Scheme，调制与编码策略 ）仅是在保证误码率不超过 10% 时所能支持的最高 MCS。因此，在此基础之上如何选择恰当的 MCS 仍然取决于厂家设备的实现。AMC 的引入使得靠近小区基站的用户能够分配较高码率、较高阶的调制（ 如 64QAM 等 ）。而对于靠近小区边界的用户，则分配具有较低码率的较低阶调制（ 如 QPSK 等 ），即 AMC 允许按照信道条件给不同用户分配不同的数据速率。

2）上行链路自适应

LTE 上行方向的链路自适应技术基于基站测量的上行信道质量，直接确定具体的调制与编码方式。上行链路自适应的目标是保证每个 UE 所要求的最小传输性能，如用户数据速率、误块率、延迟，同时使得系统吞吐量达到最大。

根据信道状况、UE 能力（ 如最大的发射功率、最大的传输带宽等 ）以及所要求的 QoS（ 如数据速率、延迟、误块率等 ），上行链路自适应技术包括自适应传输带宽、发射功率控制、自适应调制和信道编码码率调整。自适应传输带宽是指每个用户的传输带宽由平均信道条件（ 如路损和阴影等 ）、UE 能力和要求的数据速率等决定。自适应调制和信道编码码率调整与下行类似，上行 MCS 技术仍是基站依据上行信道质量等信息调整调制方式和信道编码码率，具体调整方式取决于厂家设备的实现。

知识链接5　ARQ 与 HARQ

1. 概念

FEC（Forward Error Correction，前向纠错编码）根据接收数据中的冗余信息来进行纠错，特点是"只纠不传"；ARQ（Automatic Repeat reQuest，自动重传请求）依靠错码检测和重发请求来保证信号质量，特点是"只传不纠"。

HARQ（Hybrid Automatic Repeat Request，混合自动重传）技术综合了 FEC 与 ARQ 的优点，避免了 FEC 需要复杂的译码设备和 ARQ 方式信息连贯性差的缺点，在信道条件比较好的情况下，HARQ 可以起到信道编码同样的作用，而且效率更高。

2. FEC 通信系统

1）基本定义

FEC 代表前向纠错，是一种错误纠正技术。它在数据传输时，通过添加一定的冗余信息，使得接收端在接收到数据后，即使原始数据存在错误，也能依据这些冗余信息进行错误检测和纠正，从而恢复原始数据。

2）工作原理

FEC 利用编码技术，在发送端将数据按照一定的算法进行编码，使得数据包含了一定的纠错码。这些纠错码在数据传输过程中携带了额外的信息，用于检测和纠正可能出现的错误。当数据到达接收端时，接收端会根据这些纠错码来检测错误并尝试纠正。FEC 通信系统如图 5-3-15 所示。

图 5-3-15　FEC 通信系统

3）实际应用

FEC 技术在现代通信系统中应用广泛，如无线通信、卫星通信、光纤通信等。在这些系统中，由于环境因素的影响，数据传输的可靠性是一个重要的问题。FEC 技术可以有效地提高数据传输的可靠性，降低误码率，从而确保通信的质量。

4）优缺点

优点：更高的系统传输效率；自动错误纠正，无须反馈及重传；低时延。缺点：可靠性较低；对信道的自适应能力较低；为保证更高的可靠性需要较长的码，因此编码效率较低，复杂度和成本较高。

3. ARQ 通信系统

1）基本定义

ARQ 是一种用于数据通信中的错误控制机制，它通过在发送端和接收端之间进行通信，检测和纠正传输中的错误，从而保证数据的可靠性和完整性。ARQ 是一种反馈机制，它允许接收端向发送端发送确认信息或重传请求，以确保数据的正确传输。

2）工作原理

（1）发送端将数据按照一定大小进行分组，并为每个分组添加一个唯一的序列号。

（2）发送端将分组发送给接收端。

（3）接收端接收到分组后，检测是否有错误发生。如果没有错误，则发送确认信息给发送端；如果有错误，则丢弃该分组。

（4）发送端在一定时间内等待确认信息。如果在超时时间内未收到确认信息，则认为分组丢失，需要重新发送。

（5）接收端根据序列号对接收到的分组进行排序，并将正确无误的分组交付给上层应用。

图 5-3-16　ARQ 通信系统

3）ARQ 协议分类

根据不同的工作方式和实现方式，ARQ 协议可以分为停止-等待 ARQ、连续 ARQ（Continuous ARQ）和自动重传请求（Automatic Repeat reQuest）三种类型。

（1）停止-等待 ARQ 是最简单的一种 ARQ 协议。发送端发送一个分组后，需要等待接收端的确认信息才能发送下一个分组。这种方式效率较低，但易于实现。

（2）连续 ARQ 允许发送端连续发送多个分组，而不需要等待每个分组的确认信息。接收端在收到分组后，将正确无误的分组交付给上层应用，并发送累积确认信息给发送端。如果接收到有错误的分组，则丢弃该分组，并请求重传。

（3）自动重传请求是 ARQ 中最常用的一种协议。它采用了一种称为"滑动窗口"的机制，允许发送端连续发送多个分组，并在接收到确认信息时移动窗口。当窗口满时，发送端需要等待确认信息再发送下一个分组。

4）实际应用

ARQ 协议在无线通信、有线通信、存储器媒体等领域都有广泛的应用。正确选择和使用 ARQ 协议可以有效地防止数据传输错误，提高数据传输的速度和可靠性。在实际应用中，需要根据具体的应用场景和系统特点来选择适合的 ARQ 协议和参数，以达到最佳的传输效果。

5）优缺点

优点：复杂性较低、可靠性较高、适应性较强；缺点：连续性和实时性较低、传输效率较低。

4. HARQ 机制

HARQ 机制如图 5-3-17 所示。依据 ARQ 的不同合并方式以及重传帧的不同，可以将 HARQ 分为 3 类。

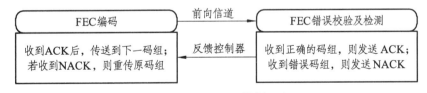

图 5-3-17　HARQ 机制示意

1）I 型 HARQ（HARQ-I）

这类 HARQ 只是简单地将 FEC 和 ARQ 进行组合起来，并没有充分将两种技术有效融合，是最为传统的 HARQ 方案。I 型 HARQ 系统框图如图 5-3-18 所示。

信源想要发送的消息首先经过需要经过 CRC 检验位的插入，然后经过 FEC 编码，再通过发射机发射出去。信号在信道中传输由于会受到噪声的影响，因此会有不同程度的失真。在经过 FEC 解码之后，如果能顺利通过 CRC 校验，则发送 ACK 信号至发射机，表示信宿已收到想要传输的信息，否则发送 NACK 信号经过 ARQ 重传机制让发射机重新发送一遍原来的信号。

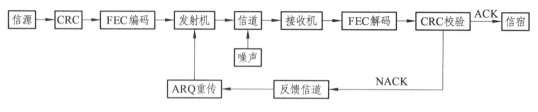

图 5-3-18　I型 HARQ 系统框图

HARQ-I型的纠检错能力主要依靠 FEC 编码来实现，没有通过 CRC 检验的信息包将由发端重发一份。因此在信道环境恶劣时，传输信息的速率将大打折扣。为了避免某个信息包一直重发的现象，我们一般会设置最大重传次数（3GPP 中是 3 次）。虽然采用 HARQ-I 型的系统在吞吐量的指数上会比较低，但系统结构简单，信令开销较少。

2）II型 HARQ（HARQ-II）

HARQ-II型也被称为完全增量冗余方式（Full IR）HARQ。它在 HARQ-I型的基础上加入了组合译码，每次重传的数据包与第一次的有所不同，不包含系统信息位，只是增加了部分冗余信息。II型 HARQ 系统框图如图 5-3-19 所示。

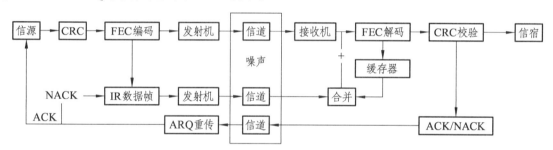

图 5-3-19　II型 HARQ 系统框图

因为不包含系统信息位，所以每次重传的数据包不能独立译码，必须结合第一次所包含的系统信息位组合译码。每次冗余信息的增加都能够提高系统的编码效益，增加了解码成功的概率。未经过 CRC 校验的数据包会被放入缓存器中保存，等待重发的数据包——IR 数据帧，并与之合并，组合译码，直到达到最大重传次数。

3）III型 HARQ（HARQ-III）

HARQ-III型同样也属于增量冗余方式的 HARQ，但与 HARQ-II型不同的是，它的重传信息包不仅包括冗余信息，还包括系统信息位，因此也被称为部分增量冗余 HARQ。正是因为重传信息包含有系统信息位，每个包都能够独立译码，所以 HARQ-III型具有两种不同的译码方式。一是多版本冗余 HARQ，这是一种类似于 HARQ-II型的组合译码，通过特殊设计使每次传输的信息包内容有所不同，因此每次的叠加都能够带来相应的编码增益，使得译码信息更加全面，有利于准确译码。二是 chase 合并 HARQ，每次传输的数据是一样的，但在译码时会以信噪比为权值，对信息包进行合并译码，从而能够获得时间分集增益。信道环境较好时，两种译码方式的效能是差不多的，但在信道环境恶劣时，多版本的 IR-HARQ 具有更好的性能，但 chase 合并 HARQ 具有信令简单、系统开销较少等优点。HARQ-III型系统框图如图 5-3-20 所示。

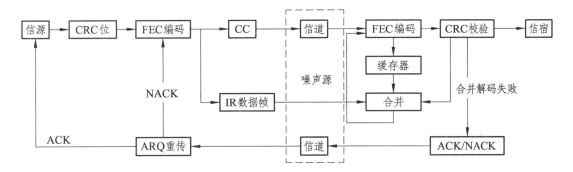

图 5-3-20 Ⅲ型 HARQ 系统框图

接收机收到数据包之后进行 FEC 解码,将解码失败的包放进缓存器中,并向发端发送 NACK 请求重传。第一次重发的 IR 数据帧和缓存器中的第一次数据帧合并再次进行 FEC 解码,如果依旧没有通过 FEC 解码,则继续存入缓存器。如果通过了 FEC 解码,但没有通过 CRC 校验,则继续以上步骤,直到达到最大重传次数。

HARQ-Ⅲ型实现复杂,对硬件和软件的要求也高,占用的资源也相应更多,但它的性能也是这三种 HARQ 系统中最为优异的,能够适应未来高速率、高可靠性的移动通信业务,提高服务质量,因此在相应领域也得到了广泛应用。

【想一想】LTE 系统中应用了哪些重传机制?

5.3.4　扫码获取答案

【动一动】会使用网优测试 APP 进行 LTE 锁网测试,并读懂测试结果?

过关训练

(1) MIMO 的广义定义是 (　　)。(单选)

　　A. 多输入单输出　　　　　　B. 单输入多输出

　　C. 多输入多输出　　　　　　D. 单输入单输出

（2）LTE 上行采用 SC-FDMA 的原因是（　　　）。（单选）

    A. 降低峰均比　　　　　　　　B. 增大峰均比

    C. 降低峰值　　　　　　　　　D. 增大均值

（3）HARQ 的信息是承载在哪个信道上的？（　　　）（单选）

    A. PDCCH　　　　　　　　　　B. PDSCH

    C. PHICH　　　　　　　　　　D. PCFICH

（4）OFDM 技术的优势包括：（　　　）。（多选）

    A. 频谱效率高　　　　　　　　B. 带宽扩展性强

    C. 抗多径衰落　　　　　　　　D. 频域调度和自适应

（5）LTE 系统支持 MIMO 技术，包括：（　　　）。（多选）

    A. 空间复用　　　　　　　　　B. 波束赋形

    C. 传输分集　　　　　　　　　D. 功率控制

任务 5.4　VoLTE 技术

任务名称	VoLTE 技术	建议课时	2 课时
知识目标： （1）掌握基本概念、LTE 语音解决方案。 （2）熟悉 VoLTE 协议栈、VoLTE 关键技术。			
能力目标： 能识别手机中的 VoLTE 功能。			
素质目标： 树立民族自豪感。			
任务资源： 5.4.1　任务 5.4 资源			

知识链接1　VoLTE 基本概念

4G 网络下实现语音通话功能的技术共有三种——VoLTE、SvLTE（CDMA/LTE 同步并发）和 CSFB（电路域回落）。简单来说，VoLTE 就是指语音数据都在 4G 通道内完成；SvLTE 是指语音走 2G/3G 通道、数据走 4G 通道；CSFB 是指手机平时在 4G 通道中待机，当需要拨打或接听电话时，网络要回落到 2G/3G 通道中。

1. SvLTE

SvLTE（Simultaneous Voice and LTE，语音与 LTE 同步）为双模手机方式，如图 5-4-1 所示。

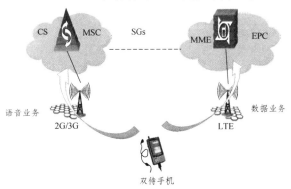

图 5-4-1　SvLTE 双模手机方式

该方式下手机同时工作在 LTE 和 CS（电路交换）方式，前者提供数据业务，后者提供语音业务。部署对网络无特别要求，无须改动网络，但手机成本高、耗电高。

2. CSFB

CSFB（CS Fall Back，CS 域回落）是一种在 LTE 网络中提供语音业务的过渡技术。LTE 只提供数据业务，当发起或者接受语音呼叫时，回落到 CS 域进行处理，如图 5-4-2 所示。运营商无须部署 IMS（IP 多媒体子系统），只需要升级 MSC 就可以支持。该部署优点是快速提供业务的方案，网络变动小；但缺点是呼叫接续速度慢，当用户需要语音业务时，用户在 LTE 网络下的业务都需要中断、切换或挂起，从而影响用户的体验。

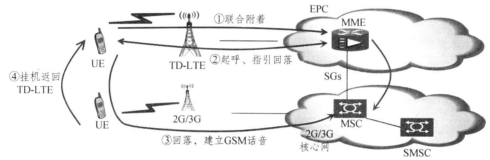

图 5-4-2　CSFB 方式

CSFB 适合作为 IMS 部署之前的过渡方案。在拜访地网络没有部署 IMS 情况下，CSFB 可以为漫游的 LTE 用户提供语音业务。

3. VoLTE

VoLTE（Voice over Long-Term Evolution，长期演进语音承载），是指基于 IMS 网络的 LTE 语音解决方案。它是架构在 LTE 网络上、全 IP 条件下、基于 IMS Server 的端到端语音方案，全部业务承载于 4G 网络上，可实现数据与语音业务在同一网络下的统一。其结构如图 5-4-3 所示。

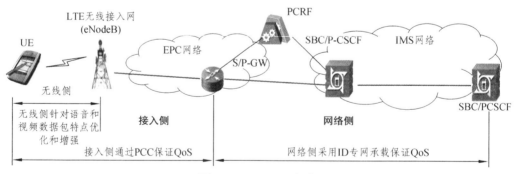

图 5-4-3　VoLTE 方式

语音会话由 IMS 网元进行控制。在 LTE 侧，语音以 IP 包的形式进行传输；VoLTE 可由运营商进行掌控，即语音业务的识别、呼叫建立、计费均在运营商控制之下；VoLTE 针对语音可提供更好的 QoS 保障，用户感知更好。相应的，各网元均有对应的 QoS 保障要求及技术。

1. VoLTE 语音解决方案

VoLTE 是通过 LTE 网络作为业务接入、IMS 网络实现业务控制的语音解决方案,如图 5-4-4 所示。

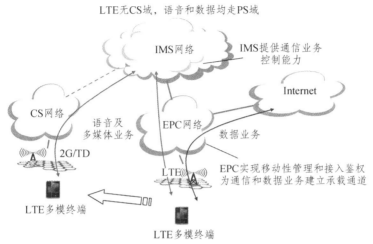

图 5-4-4　VoLTE 语音解决方案

（1）业务接入:LTE 网络是全 IP 网络,没有 CS 域,数据业务和语音多媒体业务都承载在 LTE 上。

（2）业务控制:EPC 网络不具备语音和多媒体业务的呼叫控制功能,需要通过 IMS 网络提供业务控制功能。

（3）业务切换:在 LTE 全覆盖之前,需要通过 SRVCC 技术实现 LTE 与 CS 之间的语音业务连续性。

2. 三种 LTE 语音解决方案对比

LTE 三种语音解决方案对比如表 5-4-1 所示。

表 5-4-1　三种 LTE 语音解决方案对比

方案	SvLTE	CSFB	VoLTE
特点	终端双待,语音业务由传统 2G/3G 网络提供	终端单待,当有语音业务需求时,需要回落到传统 2G/3G 网络提供	语音业务基于 IMS 提供,并支持从 LTE 切换到 2G/3G 网络的语音连续性
优势	对网络改动小,用户体验不变,语音和数据可以并发,无须切换	对终端要求较低,重用传统 2G/3G 网络	基于 LTE 的语音,音质好,频谱利用率高,语音和数据业务可以并发
劣势	终端要支持双待,对手机芯片、电池续航力都有较高要求	对传统 2G/3G 网络有改造要求,时延较长,语音和数据业务不可并发	需要部署 IMS,终端支持 SRVCC 的终端较少

【想一想】手机HD是什么意思？它的优缺点是什么？如何才能取消？

_____

_____

_____

_____

_____

5.4.2　扫码获取答案

3. CSFB 与 VoLTE 的技术参数比较

在移动通信领域，CSFB 技术在实现语音通话时，确实面临着一些挑战，特别是在接续时间方面，CSFB 的表现通常不如人意。在理想条件下，即在小范围且负载较轻的网络环境中，CSFB 的接续时间为 5~8 s。然而，在更广泛的网络覆盖和更高的网络负载下，接续时间往往会更长，接近 10 s 甚至更多。对于用户而言，拨打电话后长时间没有响应，无疑是一种不佳的体验。

相比之下，VoLTE 技术在现网测试中的表现则显著优于 CSFB。VoLTE 的接续时间仅为 1.7 s，与 CSFB 相比，这一差异非常明显。此外，CSFB 在回落到 2G 或 3G 网络进行语音通话期间，用户无法享受 LTE 网络提供的高速数据服务。通话结束后，用户必须手动重新连接到 LTE 网络，这不仅打断了用户的高速数据体验，还可能迫使用户切换到较慢的数据接入速度。这种业务中断对用户体验的影响是负面的，尤其是对于那些依赖持续数据连接的用户来说。CSFB 与 VoLTE 的技术参数比较如表 5-4-2 所示。

表 5-4-2　CSFB 与 VoLTE 的技术参数比较

	VoLTE	CSFB
呼叫时延	3 s	5~8 s
语音质量	频率：50-7 000 Hz	频率：300~3 400 Hz
	编解码：AMR-WB 23.85 kb/s	编解码：AMR-NB 12.2 kb/s
视频质量	典型分辨率：480*640	典型分辨率：176×144
	720P/1 080P	
频谱效率	仿真测试结果显示：同样承载 AMR，LTE 的频谱效率可达到 R99 3 倍以上	

知识链接3　VoLTE 的协议

1. VoLTE 协议栈

VoLTE 协议栈如图 5-4-5 所示。

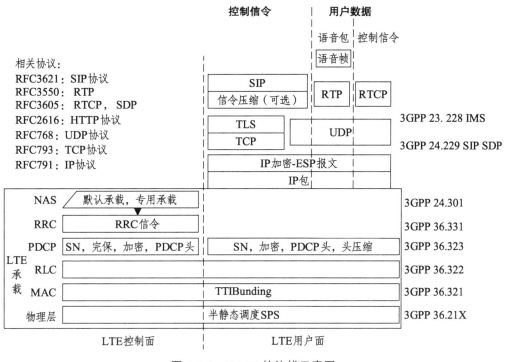

图 5-4-5　VoLTE 协议栈示意图

2. SIP 相关协议

（1）会话初始协议（Session Initiation Protocol，SIP）：一个在 IP 网络上进行多媒体通信的应用层控制协议，它被用来创建、修改和终结一个或多个参加者参加的会话进程，与 SDP、RTP/RTCP、DNS 等协议配合，共同完成 IMS 中的会话建立及媒体协商。

SIP 信令状态码分为 6 类：

1XX：临时响应。表明请求已收到，接收方正在继续处理该请求。

2XX：成功响应。请求已经成功收到、理解并被接收。

3XX：重定向响应。请求方需要采取进一步动作以完成请求。

4XX：客户端响应错误。

5XX：服务器响应错误。

6XX：全局失败响应。请求不能在任何一个服务器上得到满足，产生该响应的服务器需要知道有关用户的确切信息。

（2）会话描述协议（Session Description Protocol，SDP）：应用层的控制协议，由于会话建立过程中的媒体协商。

（3）RTP/RTCP：都为应用层的承载面协议，会话建立后，RTP 协议保证媒体流的实时传输，RTCP 协议对实时传输的媒体流进行监控。

3. VoLTE QoS 要求

4G 网络对 3G 网络所用的 QoS 参数进行了简化，实现较少的 QoS 参数组合，便于 QoS 策略控制的可操作性。VoLTE 的 QoS 参数有 6 个，包括 QCI（QoS Class Identifier，服务质量等级标识）、ARP（Allocation/Retention Priority，分配/保留优先级）、GBR（Guaranteed Bit Rate，保证比特率）、MBR（Maximum Bit Rate，最大比特率）、APN-AMBR（Access Point Name-Aggregated Maximum Bit Rate，接入点名称聚合最大比特率）和 UE-AMBR（User Equipment-Aggregated Maximum Bit Rate，用户设备聚合最大比特率）。这些参数构成了不同层次的描述级别，其中 QCI、ARP、GBR 和 MBR 是承载级别的 QoS 参数，APN-AMBR 是 PDN（Packet Data Network，分组数据网络）连接级别的 QoS 参数，而 UE-AMBR 是 UE 级别的 QoS 参数。

如表 5-4-3 所示，QCI 参数定义了 9 种标准业务类别，每种业务类别关联了标准业务的特征参数，包括资源类型、优先级别、包时延预算和包丢失率。资源类型决定了业务通过系统之前是否需要预留资源，其中 QCI 取值为 1 到 4 的业务类型需要预留资源，以保证最小带宽的 GBR 资源类型；而 QCI 为 5 到 9 的业务类型则不需要预留资源，属于 Non-GBR 类型。优先级别决定了 EPS 承载转发数据包时的先后顺序，这对于确保 VoLTE 服务的质量至关重要。

表 5-4-3　LTE QCI 参数定义

QCI 等级	资源类型	优先级	数据包时延预算	数据包丢失率	典型业务
1	GBR	2	100 ms	10^{-2}	会话语音
2		4	150 ms	10^{-3}	会话视频（直播流媒体）
3		3	50 ms	10^{-3}	实时游戏
4		5	300 ms	10^{-6}	非会话视频（缓冲流媒体）
5	Non-GBR	1	100 ms	10^{-6}	IMS 信令
6		6	300 ms	10^{-6}	视频（缓冲流媒体），基于 TCP 的业务（如 www\e-mail\chat\ftp\p2p 文件共享\逐行扫描视频）
7		7	100 ms	10^{-3}	语音，视频（直播流媒体），互动游戏
8		8	300 ms	10^{-6}	视频（缓冲流媒体），基于 TCP 的业务（如 www\e-mail\chat\ftp\p2p 文件共享\逐行扫描视频）
9		9			

4. VoLTE 业务承载

按照协议，对于语音业务需要建立 QCI = 1 承载，视频业务需要建立 QCI = 1 和 QCI = 2 的传输承载。根据延迟要求，无线侧用户面 RLC 选用 UM 模式传输，保证其实时性要求。走 SIP 信令流的 QCI = 5 承载，无线侧控制面 RLC 采用 AM 模式，保障其准确性。

从无线角度来看，VoLTE 需要建立的承载有：

（1）语音业务载组合：SRB1 + SRB2 + 2xAM DRB + 1xUM DRB，其中，UM DRB 的 QCI = 1，2 个 AM DRB 的 QCI 分别为 QCI = 5 和 QCI = 8/9。

（2）视频业务承载组合：SRB1 + SRB2 + 2xAM DRB + 2xUM DRB，其中，2 个 UM DRB 的 QCI = 1 和 QCI = 2，2 个 AM DRB 的 QCI 分别为 QCI = 5 和 QCI = 8/9。

（3）QoS 承载：QCI = 1——语音承载；QCI = 2——视频承载；QCI = 5——SIP/SDP 传输 IMS 信令承载；QCI = 8/9——一般上网业务承载。

VoLTE 通过支持头压缩、半静态调度 SPS 等无线增强技术提高系统性能和 QoS（服务质量）。

1. SPS（Semi Persistent Schedule，半静态调度）

在 LTE 系统中，对于小数据量的 VoIP 应用，制约系统容量的因素不是系统带宽，而是控制信道的容量，SPS 将资源周期性（20 ms）分配给特定 UE，具有"一次分配，多次使用"的特点，以降低对应控制信道（PDCCH）的开销。半静态调度如图 5-4-6 所示。

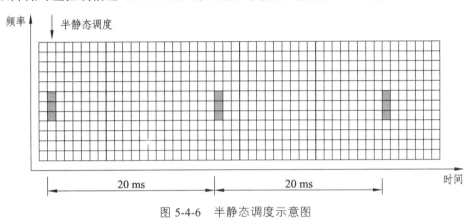

图 5-4-6　半静态调度示意图

（1）对于 VoIP 类型的业务，其数据包大小比较固定，到达时间间隔满足一定规律的实时性业务（典型的话音业务周期一般是 20 ms），针对这种特性，LTE 系统引入了半静态调度技术。SPS 是在指定子帧上按照预先分配的资源进行新传，但重传时为了降低时延，仍然采用动态调度的方式。

（2）系统资源（包括上行和下行）是通过 PDCCH 分配的，UE 通过保存相应的资源分配，而后就可以周期性重复使用相同的时频资源。不需要在每个 TTI（传输时间间隔）都为 UE 下发 DCI（Downlink Control Information,下行控制信息），从而降低了对应的 PDCCH CCE 资源开销，有效提升了系统效率及容量。

2. ROHC（Robust Header Compression，健壮性包头压缩）

ROHC 主要功能是将核心网和 UE 之间的数据报文的报文头（如 IP 头、UDP 头、RTP 头）进行压缩后，再进行传输，达到节省空口带宽资源的作用。头压缩如图 5-4-7 所示。

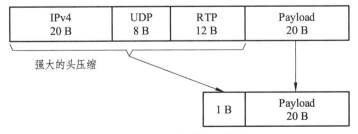

图 5-4-7　头压缩示意图

对于 VoLTE 来说，一般语音数据的平均长度只有十几个字节，但是报文头 RTP/UDP/IP 头会占到 40 B，在 IPv6 中达到 60 B。空口带宽利用率非常低（20%左右）。

ROHC 提供的头压缩算法能够在极差的信道条件下将 RTP/UDP/IP 头压缩到最小的 1 个字节，带宽利用率最高可达 97.5%，具有很高的实用价值，如表 5-4-4 所示。所以 3GPP LTE 的协议规范中明确提出了要采用 ROHC 压缩算法来实现 PDCP 层的头压缩功能。ROHC 支持的头压缩算法类型如表 5-4-5 所示。

表 5-4-4　头压缩增益

协议头	头的总长/B	头的最小压缩长度/B	压缩增益
IP4/TCP	40	4	90%
IP4/UDP	28	1	96.4%
IP4/UDP/RTP	40	1	97.5%
IP6/TCP	60	4	93.3%
IP6/UDP	48	3	93.75%
IP6/UDP/RTP	60	3	95%

表 5-4-5　ROHC 支持的头压缩算法类型

标识值	包头类型	引用的头压缩
0x0000	No compression	RFC 4995
0x0001	RTP/UDP/IP	RFC 3095，RFC 4815
0x0002	UDP/IP	RFC 3095，RFC 4815
0x0003	ESP/IP	RFC 3095，RFC 4815
0x0004	IP	RFC 3843，RFC 4815
0x0006	TCP/IP	RFC 4996
0x0101	RTP/UDP/IP	RFC 5225
0x0102	UDP/IP	RFC 5225
0x0103	ESP/IP	RFC 5225
0x0104	IP	RFC 5225

3. TTIB（TTI Bundling，TTI 捆绑）

TTIB 通过连续使用 4 个上行子帧传输同一传输块来提高小区边缘 UE 上行增益（仿真提高 4 dB），它是提高用户在小区边缘覆盖的有效方法，是小区边缘 QoS 的保障。

当 TTIB 使能时，上行调度 DCI0 一次授权后，在连续的 4 个上行子帧上传输同一传输块，且仅在第 4 次传输后有对应的 PHICH 反馈，若 TTIB 传输的数据需要重传，则重传也是 TTIB（4 个连续上行 TTI），可以充分利用 4 个上行子帧发送的数据进行数据合并，通过合并增益提升数据可靠性。由于仅在第 4 次传输后有对应的 PHICH 反馈，所以此时反馈的为底层合并后数据的接收效果，从而大大提高数据的可靠性。TTI 捆绑如图 5-4-8 所示。

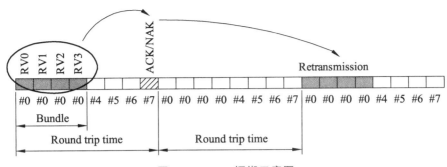

图 5-4-8　TTI 捆绑示意图

TTIB 只适用于上行，通常在远点低 SINR 下被激活，对 TDD 仅仅适用于上下行配比为 0、1、6 的情况。对于上下行 1：3 配置协议明确不适用 TTIB 技术做补偿增益。

【知识拓展】OTT 业务是什么？

OTT（Over The Top，过顶业务）是指互联网公司通过公共互联网向用户提供各种应用服务，越过传统的电信运营商。这些服务通常包括视频、音频和其他数据服务，用户可以在不依赖于运营商的基础设施的情况下直接访问这些内容。

【想一想】IMS（VoLTE）与 OTT 相比有什么优势和劣势？

5.4.3　扫码获取答案

【动一动】识别手机中的 VoLTE 功能。

过关训练

1. 选择题

（1）架构在 LTE 网络上、全 IP 条件下、基于 IMS Server 的端到端语音方案是（　　　）。（单选）

    A. VOLTE   B. SvLTE   C. CSFB   D. VONR

（2）在 IP 网络上进行多媒体通信，被用来创建、修改和终结一个或多个参加者参加的会话进程的应用层控制协议是（　　　　）。（单选）

     A. RTCP   B. SDP   C. RTP   D. SIP

（3）语音会话由（　　　　）网元进行控制。（单选）

     A. MME   B. IMS   C. SGW   D. PGW

2. 判断题

（1）CSFB 方案的工作原理是：LTE 只提供数据业务，当发起或者接受语音呼叫时，回落到 CS 域进行处理。运营商无须部署 IMS，只需要升级 MSC 就可以支持。（　　　　）

（2）EPC 网络具备语音和多媒体业务的呼叫控制功能，不需要通过 IMS 网络提供业务控制功能。（　　　　）

任务 5.5　NB-IoT 系统

任务名称	NB-IOT 系统	建议课时	2 课时
知识目标： （1）掌握 NB-IoT 的基本概念和技术特点。 （2）熟悉 NB-IoT 技术的应用及注意事项。			
能力目标： 能够识别 NB-IOT 模组。			
素质目标： 树立民族自豪感。			
任务资源： 5.5.1　任务 5.5 资源			

知识链接1　基本概念

1. IoT 概念

物联网（IoT，Internet of Things）是一项将各种物品通过信息传感设备，如传感器、二维码等，按照特定协议相连的技术。这些物品能够通过网络进行信息交换和通信，从而实现智能化的识别、定位、跟踪、监控等功能。在物联网的应用架构中，三个关键层面构成了其核心：感知层、网络传输层和应用层。

2. NB-IoT 概念

NB-IoT（Narrow Band Internet of Things，窄带物联网），是一种基于蜂窝技术的低功耗广域网络（LPWA）标准。这种技术主要用于将各种智能传感器和设备连接到无线蜂窝网络，特别适用于对功耗要求极低且需要广泛覆盖的应用场景。

NB-IoT 技术是 3GPP 在 2016 年发布的 LTE（长期演进）标准的一部分，也是 5G（第五代移动通信）标准的重要组成之一。

LPWA（Low Power Wide Area，低功耗广域网），是一种无线通信技术，旨在满足物联网设备的低功耗、广域覆盖和低成本的通信需求。LPWA 技术具有较长的通信距离、较低的功耗和较低的成本，适用于物联网应用中的大规模连接和低功耗要求。

LPWA 技术主要有三种：NB-IoT、LoRa 和 Sigfox。它们都是为满足物联网设备低功耗、长距离传输和海量连接等要求应运而生。

首先是 NB-IoT 技术，它是 3GPP 标准组织制定的一种低功耗广域网标准。NB-IoT 具有的优点：低功耗、广覆盖、高可靠性和海量连接等。它适合于需要长期运行的设备，如智能电表、智能家居设备等。

其次是 LoRa 技术，它是一种无线通信协议，通过长距离传输数据，适用于城市中范围广、设备数量多的物联网应用。LoRa 的优点有：超长距离传输、低功耗和穿透能力强等。它可以覆盖大范围的地区，如城市和乡村。

最后是 Sigfox 技术，它是一种低功耗、广域网通信解决方案。Sigfox 的特点是低功耗、低数据传输速率和长距离传输能力。它适用于需要低功耗、低数据传输频率的物联网设备，如智能水表和设备等。

3. 蜂窝物联网技术分层以及未来业务发展的趋势

蜂窝物联网技术可以根据连接速率的高低划分为高速率（大于 10 Mb/s）、中速率（小于 1 Mb/s）和一种新型的低速率（小于 200 kb/s）三种，如图 5-5-1 所示。

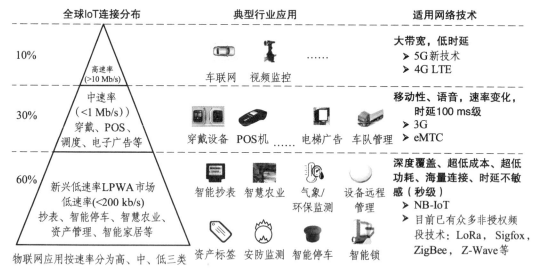

图 5-5-1　蜂窝物联网技术分层以及业务发展

（1）高速率物联网技术。一般适用于车载娱乐、自动驾驶和视频监控等，它们具有的共同特征是大带宽和低时延，即数据海量且对时延反应敏感（技术：LTE-V）。

（2）中速率物联网技术。一般适用于穿戴设备、电梯广告、车队管理和宠物跟踪等等，这类产品的特点是有一定的移动性（但速度并不是特别快），要求语音业务，速度变化，且对时延有一定的要求但要求并不那么严格（技术：eMTC）。

（3）低速率物联网技术。一般适用于智能抄表、智慧城市、气象监测或者安检安防等等，其特点为要求深度覆盖，成本和功耗都超低，有海量的连接，但对时延不敏感（秒级）（技术：NB-IOT）。

4. NB–IoT 与 eMTC 对网络关键指标需求的对比

NB-IoT 与 eMTC 对网络关键指标需求的对比如表 5-5-1 所示。

表 5-5-1　NB-IoT 与 eMTC 对网络关键指标需求的对比

物联网关键需求	速率	覆盖增强	低功耗	语音	时延	低成本	大连接	业务
eMTC	<1 Mb/s	15 dB+	5~10 年	支持	100 ms~1 s	<10 美元/模组	50K/小区（1.4 MHz）	定位 50 m 广播多播
NB-IoT	<200 kb/s	20 dB+	10 年	不支持	1~10 s	<5 美元/模组	100K/小区（200 kHz）	定位 50 m 广播多播

NB-IoT 和 eMTC 主要是面向低速物联网领域，NB-IoT 在成本、覆盖、功耗、连接数等技术参数做到了高标准。eMTC 设计上考虑 LTE 蜂窝网兼容，对要求时延、语音、移动性的物联网领域更占优势，如穿戴类设备。

5. NB–IoT 标准的演进

NB-IoT 技术标准最早是由华为和沃达丰主导提出来的，之后又吸引了高通和爱立信等一些厂家。从一开始的 NB-M2M，经过不断的演进和研究，在 2015 年的时候演进为 NB-IoT，在 2016 年的时候，NB-IoT 的标准就正式被冻结了。当然，NB-IoT 的标准依然在持续的演进当中，在 2017 年的 R14 当中就新增了许多特性，具有了更高的速率，同时也支持站点定位和多播业务了。在 2020 年 7 月 9 日最新召开的会议上，NB-IoT 这项技术已经被正式接纳为 5G 的一部分了。NB-IoT 标准的演进如图 5-5-2 所示。

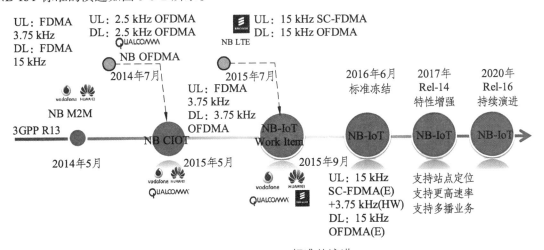

图 5-5-2　NB-IoT 标准的演进

 NB-IoT 技术特点

1. 技术特点

NB-IoT 具备覆盖广、功耗低、连接多、成本低、可靠性高等特点。

（1）覆盖广。相比传统的 GSM 网络，NB-IoT 技术可以提供 20 dB 的覆盖增益，相当于提升了 100 倍覆盖区域的能力，一个基站可以覆盖 10 km 的范围，适合于地下、室内等信号弱的场景。

（2）功耗低。NB-IoT 技术引入了省电模式和扩展空闲周期，可以使终端在大部分时间处于休眠状态，只在需要时唤醒并与基站通信，从而降低电能消耗，延长电池寿命。NB-IoT 终端模块的待机时间可长达 10 年。

（3）连接多。NB-IoT 技术可以支持每个小区内连接 10 万个设备，具有低延时敏感度、超低的设备成本、低设备功耗和优化的网络架构，满足物联网业务对大规模连接的需求。

（4）成本低。NB-IoT 技术只需要 180 kHz 的带宽，可以直接部署在现有的 GSM、UMTS 或 LTE 网络上，降低了网络建设和运维成本。同时，NB-IoT 终端的芯片和模组也比较简单和便宜，可以降低设备成本，企业预期的单个接连模块不超过 5 美元。

（5）可靠性高。NB-IoT 技术可以提供电信级的服务质量和安全性，保证数据的准确性和完整性。

2. 注意事项

（1）NB-IoT 技术虽然具有低功耗的优势，但是仍然需要定期更换或充电电池，以保证设备正常工作。

（2）NB-IoT 技术虽然具有广覆盖的优势，但是仍然受到物理环境和信号干扰的影响，可能会出现信号弱或丢失的情况。

（3）NB-IoT 技术虽然具有海量连接的优势，但是仍然需要合理规划和管理设备资源，以避免网络拥塞或冲突的情况。

（4）NB-IoT 技术虽然具有高可靠性的优势，但是仍然需要注意数据安全和隐私保护的问题，以防止数据泄露或被篡改的情况。

 NB-IoT 技术的应用

NB-IoT 技术的应用非常广泛，涵盖了多个领域，包括智能家居、智能交通、智能物流等，不仅提高了各个领域的效率和便利性，还为人们的生活带来了诸多便利和安全保障。

（1）智能家居。NB-IoT 技术可以帮助实现智能家居设备的远程控制和管理，提高家庭生活的便利性和安全性。例如，通过 NB-IoT 技术，可以实现对智能门锁、安防设备、智能照明系统等的远程控制，从而实现家居环境的舒适和安全。

（2）智能交通。NB-IoT 技术可用于智能交通管理，如智能停车、智能交通管理系统等，以

提高交通的安全性和便利性。此外，NB-IoT 还可用于智能汽车，实现远程控制，提高汽车的安全性和可靠性。

（3）智能物流。在物流领域，NB-IoT 技术可以实现实时监控与追踪、智能仓储管理、运输路线优化及预警维护，提高物流效率，增强安全保障，优化用户体验，促进供应链协同。NB-IoT 物流监控将推动物流行业智能化、高效化发展。

（4）公用事业。NB-IoT 技术适用于抄表（水、气、电、热）、智能水务（管网、漏损、质检）、智能灭火器、消防栓等应用，具有实现便捷、使用安全可靠、用户管理方便的特点。

（5）智能医疗。在医疗健康领域，NB-IoT 技术可以用于远程监测患者的心率、血压、血糖等生理指标以及药品溯源，实现医疗资源的有效分配和及时救治，为用户创造新一代智能健康生活方式。

（6）智慧城市。NB-IoT 技术在智慧城市中的应用包括智能路灯、智能停车、城市垃圾桶管理、公共安全、报警、建筑工地、城市水位监测等，大大提高了城市管理的效率、便利性，实现节能减排。

（7）消费者应用。可穿戴设备、自行车、助动车防盗、智能行李箱、VIP 跟踪（如对小孩、老人、宠物、车辆租赁的跟踪）、移动支付等，这些都是 NB-IoT 技术在消费者领域的应用。

（8）智能农业。NB-IoT 技术可以用于精准种植（环境参数如水、温、光、药、肥）、畜牧养殖（健康追踪）、水产养殖、食品安全追溯、城市环境监控（如水污染、噪声、空气质量）等。

知识链接4 **NB-IoT 基本原理与关键特性**

1. NB-IoT 解决方案总体架构

NB-IoT 解决方案总体架构如图 5-5-3 所示。其中，行业终端为传感器接口，应用驻留；NB-IoT 模块为无线连接、软 SIM、传感器接口，应用驻留；基站采用低成本站点解决方案，新空口支持 Massive IoT 连接；核心网具有移动性、安全、连接管理，无 SIM 卡终端安全接入，终端节能特性，时延不敏感终端适配，拥塞控制和流量调度，计费使能等；IoT 平台具有应用层协议栈适配，终端 SIM OTA，终端设备、事件订阅管理，API 能力开放（行业、开发者），有 OSS/BSS 自助开户及计费，大数据分析等。

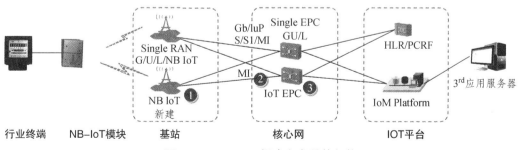

图 5-5-3 NB-IoT 解决方案总体架构

NB-IoT 解决方案的总体架构着重于优化重要站点的基础设施，以减少部署成本。通过支持接口优化，该方案能够显著降低信令开销，优化幅度超过 30%，同时支持终端节能和降低成本。

此外，基于 CloudEdge 平台的 IoT 专用核心网设计，允许与现有网络进行组网，进一步降低了每个连接的成本。这一架构不仅提升了网络效率，还为运营商带来了成本效益。

2. NB–IoT 无线空口协议栈

NB-IoT 无线空口协议栈如图 5-5-4 所示。其中，控制平面上，NB-IoT 终端只支持控制面优化方案，PDCP（分组数据汇聚协议）层透传；用户平面上，NB-IoT 通过控制面优化方案（通过 NAS 信令传输小数据包）时，不使用用户面。NB-IoT 终端同时支持控制面优化方案和用户面优化方案时，只有接入层安全激活才使用 PDCP 层。

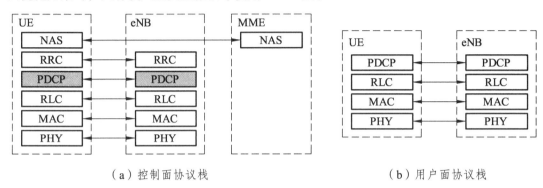

（a）控制面协议栈 　　　　　　　　　　　　　（b）用户面协议栈

图 5-5-4　NB-IoT 无线空口协议栈

3. NB–IoT 空口技术

NB-IoT 与 LTE 的关系：重新定义了物理层；L2/L3 层基于 LTE 进行了修改；简化了 S1 接口信令。

NB-IoT 空口技术特征：（1）下行，OFDMA 子载波间隔 15 kHz，共 12 个子载波；（2）上行支持 Single-tone 和 Multi-tone 传输，Single-tone 作为 UE 的必备功能，Multi-tone 为可选功能；Single-tone 支持 3.75 kHz 和 15 kHz 两种子载波间隔，覆盖优、速率低；Multi-tone 支持 15 kHz 子载波间隔，速率高、覆盖稍差。上行由终端上报支持的能力，网络侧统一调度。

4. NB–IoT 部署方式

NB-IoT 支持频带内（In Band）、保护频带（Guard Band）以及独立（Stand Alone）共三种部署方式，如图 5-5-5 所示。

独立部署：这种方式利用单独的频带，适合用于 GSM 频段的重耕。保护带部署：这种部署方式利用 LTE 系统中边缘无用频带。带内部署：这种方式可以利用 LTE 载波中间的任何资源块。这些部署方式各有特点，适应不同的应用场景和需求，使得 NB-IoT 能够在各种环境中实现高效的通信和数据传输。

GSM	GSM	GSM	GSM

⇩

GSM	GSM	100 kHz	NB-IoT 200 kHz	100 kHz

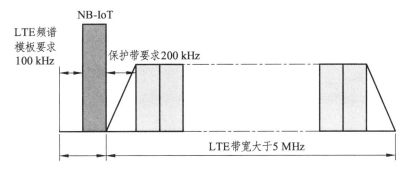

（a）Stand Alone 部署

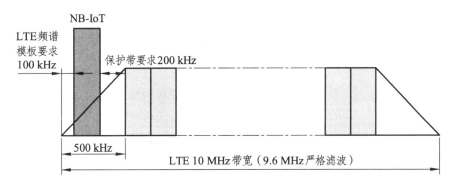

（b）Guard Band 部署

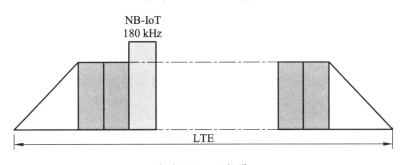

（c）In Band 部署

图 5-5-5　NB-IoT 的三种部署方式

【想一想】NB-IoT 的网络架构是什么形式的？

5.5.2　扫码获取答案

237

【动一动】能够识别 NB-IOT 模组。

过关训练

1. 选择题

（1）物联网技术有很多种，NB-IoT 是一种基于（　　　）的窄带物联网技术。（单选）

    A. 蜂窝网络　　　　B. 宽带网络　　　　C. 通信网络　　　　D. 传输网络

（2）NB-IoT 技术可以利用现有的蜂窝网络基础设施，为各种低速率、低频率、低成本的物联网应用提供可靠的数据传输服务，以下哪些属于 NB-IoT 的特征？（　　　）。（多选）

    A. 低功耗　　　　B. 广覆盖　　　　C. 海量连接　　　　D. 大带宽

（3）NB-IoT 技术的应用有（　　　）。（多选）

    A. 智能医疗　　　　B. 智能城市　　　　C. 智能家居　　　　D. 智能农业

2. 判断题

（1）NB-IoT 技术虽然具有高可靠性的优势，但是仍然需要注意数据安全和隐私保护的问题，以防止数据泄露或被篡改的情况。（　　　）

（2）带内部署方式利用单独的频带，适合用于 GSM 频段的重耕。（　　　）

5G 移动通信系统

任务 6.1 5G 系统概述

任务名称	5G 概述	建议课时	2 课时
知识目标： （1）掌握 5G 的三大场景及八个关键能力要求。 （2）了解 5G 典型业务应用。			
能力目标： 能使用手机 APP Cellular Z 进行 5G 网络测试，并读懂测试结果。			
素质目标： （1）培养精益求精、严谨细致的工匠精神。 （2）树立民族自豪感。			
任务资源： 6.1.1 任务 6.1 资源			

第五代移动通信技术（5th Generation Mobile Communication Technology，简称 5G）是一种具有高速率、低时延和大连接特点的新一代宽带移动通信技术。

知识链接1 **基本概念**

1. 电磁波频谱特性

电磁波频谱如图 1-3-3 所示。电磁波频谱特性表现为：频率越低，传播损耗越小，覆盖距离越大，但频率资源有限；频率越高，传播损耗越大，覆盖距离越小，但频率资源丰富。

目前，移动通信中主要用到的频段为：特高频，频段范围 300 ~ 3 000 MHz，分米波；超高频，频段范围 3 ~ 30 GHz，厘米波；极高频，频段范围 30 ~ 300 GHz，毫米波。

2. 电磁波传播速度一样，为什么手机通信频率越来越高？

1）无线频率越高，频率资源越多

从 1G 到 5G，移动通信系统性能在不断提高，尤其 3G 时代开始，即数据业务成了主要应用之后更是如此。越高的系统性能，就要求比原来越大的信道带宽，而低频段已无法提供足够多的频率资源。

3G 时代，TD-SCDMA 的信道带宽是 1.6 MHz，WCDMA 的信道带宽是 5 MHz，CDMA 的信道带宽是 1.25 MHz。

4G 时代，LTE 支持的信道带宽是 1.4 MHz、3 MHz、5 MHz、10 MHz、15 MHz、20 MHz。

5G 时代，Sub-6G 可以支持 5 MHz、10 MHz、15 MHz、20 MHz、25 MHz、30 MHz、40 MHz、50 MHz、60 MHz、70 MHz、80 MHz、90 MHz、100 MHz 等 13 种信道带宽，而毫米波则可以支持 50 MHz、100 MHz、200 MHz、400 MHz 等 4 种信道带宽。

2）更低频段已经使用，不得不使用更高的频率

无线频率越低，绕射能力就越强，对于相同范围可以建设更少的基站来完成覆盖，组网成本就比较低。其实对于运营商来说，如果更低的频率可以提供足够的无线频率带宽的话，其都是更倾向于低频组网的。

现在的四大运营商之中，中国广电的基础 5G 覆盖使用 700 MHz，就被其他运营商羡慕，这就可以少建设许多的 5G 基站。目前，运营商已经在对低频段进行清频重耕，想在农村等区域使用低频段来做 5G 覆盖，以减少投入。

3. 为什么要发展 5G？

移动通信延续着每十年一代技术的发展规律，已历经 1G、2G、3G、4G、5G 的发展。每一次代际跃迁，每一次技术进步，都极大地促进了产业升级和经济社会发展。目前正处在 5G 发展的中间阶段，而下一代（6G）的移动通信技术研发和标准制定工作已经开始加速，如图 6-1-1 所示。

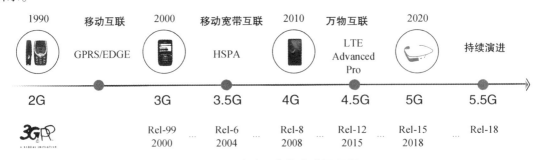

图 6-1-1　移动通信技术发展历程

2019 年 6 月 6 日，工信部正式向中国电信、中国移动、中国联通、中国广电发放 5G 商用牌照，中国正式进入 5G 商用元年。2019 年 10 月 31 日，三大运营商公布 5G 商用套餐，并于

11 月 1 日正式上线 5G 商用套餐，标志着中国正式进入 5G 商用时代。截至 2024 年 6 月 6 日，中国迎来 5G 商用牌照发放 5 周年。5 年来，中国累计建成 5G 基站超 370 万个，5G 移动电话用户超 8 亿，这一技术的广泛应用，使得万物互联的理念得以在各行各业以及社会生活的方方面面得到实现，为人们的生活带来了深远的影响。

1G 到 6G 通信技术的变化如表 6-1-1 所示。1G 主要解决语音通信的问题；2G 可支持窄带的分组数据通信，最高理论速率为 236 kb/s；3G 发展了多媒体通信，并提高了安全性，最高理论速率为 14.4 Mb/s；4G 是专为移动互联网而设计的通信技术，传输速度可达 100 Mb/s，甚至更高。

但是，4G 还存在一些技术痛点：城市化快速发展导致人口高度密集，这就暴露 4G 缺点之一——带宽小；对网络响应速度有要求的新兴科技（如自动驾驶、远程手术），4G 支持不了；相连的设备和用户都在不断增加，但 4G 每平方千米只能支持 10 万个设备，网络容纳设备的能力远远跟不上，等等。总而言之，随着社会的不断进步，对网络技术的应用需求日益增长，4G 技术已逐渐难以满足当前的需求。因此，众多领域所面临的挑战和问题迫切需要 5G 技术来提供解决方案。

表 6-1-1　　1G 到 6G 通信技术的性能、业务变化

	出现时间	主要业务	信号类型	最高速率
1G	1981 年	语音	模拟信号	2.4 kb/s
2G	1992 年	语音、短信、彩铃	数字信号	236 kb/s
3G	2001 年	语音、短信、图片、视频	数字信号	14.4 Mb/s
4G	2008 年	移动互联网	数字信号	100 Mb/s
5G	2019 年	移动物联网	数字信号	10 Gb/s
6G	2030 年	移动智联网	数字信号	100 Gb/s

【想一想】为什么要发展 6G？

6.1.2　扫码获取答案

 **5G 发展的驱动力**

1. 5G 总体愿景

5G 将渗透到社会的各个领域，为不同用户和场景提供灵活多变的业务体验，最终实现"信息随心至，万物触手及"的总体愿景，开启一个万物互联的时代，如图 6-1-2 所示。

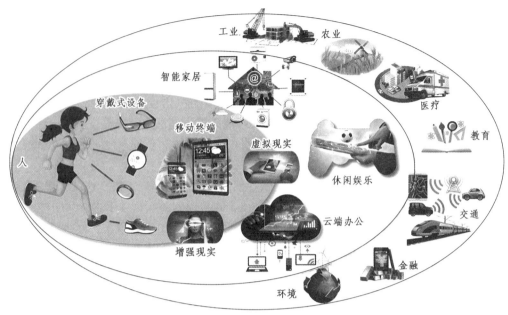

图 6-1-2　5G 总体愿景

2. ITU 对 5G 愿景的描述：3 大场景

根据国际电信联盟（ITU）的定义，目前 5G 主要包括 3 大业务应用场景：

eMBB（增强移动宽带）场景将带给我们数字化生活体验，如 VR（虚拟现实）、AR（增强现实）、高清视频、云办公和游戏等。

mMTC（大规模机器通信）场景：海量机器类通信，例如智慧城市、智慧管网（电力、天然气、水）、智慧农业、智慧家居，将使我们体验到数字化社会带来的便利。

uRLLC（超高可靠低时延通信）场景：将对工业领域产生极大的革新，比如工业自动化、自动驾驶、远程医疗都将在 5G 的作用下变成可能。

如图 6-1-3 所示，5G 将通过支持 eMBB、uRLLC 和 mMTC 3 大场景，以满足网络能力极端化、网络能力差异化以及网络融合多样化的业务需求，开启一个万物互联的新时代。

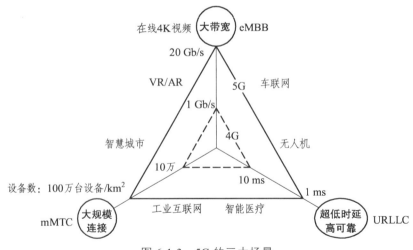

图 6-1-3　5G 的三大场景

3. ITU 对 5G 愿景的描述：关键能力要求

国际电信联盟-无线通信部（ITU-R）已于 2015 年 6 月定义了 5G 的 3 大应用场景，并从峰值速率、用户体验速率、频谱效率、移动性、空口时延、连接密度、网络能效和单位面积数据容量（流量密度）等 8 个维度定义了对 5G 网络的能力要求。IMT-2020 的 8 大关键能力要求如图 6-1-4 所示。

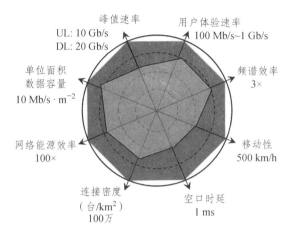

图 6-1-4 IMT-2020 的 8 大关键能力要求

具体要求为：

（1）峰值速率：5G 的峰值速率可以达到 10 Gb/s（上行）、20 Gb/s（下行），相比 4G 有显著提升。

（2）用户体验速率：5G 的用户体验速率可达 100 Mb/s~1 Gb/s，是 4G 的 10 倍以上。

（3）频谱效率：5G 的频谱效率相比 IMT-A 提升 3 倍，能够更有效地利用频谱资源。

（4）移动性：5G 支持在高达 500 km/h 的移动速度下通信，适用于高速移动场景。

（5）空口时延：5G 的空口时延低至 1 ms，是 4G 的 1/10，适用于需要低时延的应用场景。

（6）连接密度：5G 的连接数密度可达到 100 万台/km²，是 4G 的 50 倍以上。

（7）网络能量效率：5G 的网络能量效率相比 IMT-A 提升 100 倍，有助于降低运营成本。

（8）流量密度：5G 的流量密度为 10 Mb/s·m⁻²，能够满足热点区域的极高流量需求。

这些指标共同构成了 5G 技术的核心能力，使其能够支持多种应用场景，包括 eMBB、mMTC 和 uRLLC。

【想一想】业界专家总结了 5G 的特征为"一高、两低、三大"，请问具体是指什么？

_____

_____

_____

_____

_____

6.1.3 扫码获取答案

243

【知识拓展】中国的 5G 之花。

5G 是一个全球性的通信技术标准，它的颁布者是国际电信联盟（ITU）。中国 IMT-2020（5G）推进组于 2013 年 2 月由工信部、发改委和科技部联合推动成立，涵盖国内移动通信领域产学研用主要力量，是推动国内 5G 技术研究及国际交流合作的主要平台。

ITU 启动 5G 标准研究之初，曾面向全球征集 5G 的指标要求，以及各国对 5G 的需求。中国提出的是"5G 之花"，韩国提出的是"火车头模型"，最终 ITU 确认了"蜘蛛网模型"。

2015 年，ITU 采纳了"5G 之花"9 个技术指标中的 8 个。5G 之花代表着 5G 的九大核心业务指标，其中，花瓣代表 5G 的 6 个性能指标，绿叶代表 5G 的 3 项效率指标，如图 6-1-5 所示。

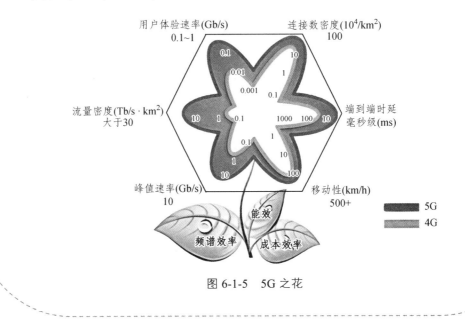

图 6-1-5　5G 之花

4. ITU 对 5G 愿景的描述–5G 业务需求差异化

网络切片技术可以让运营商在一个硬件基础设施切分出多个虚拟的网络，按需分配资源，灵活组合能力，满足各种业务的不同需求。当新需求提出而目前网络无法满足要求时，运营商只需要为此需求虚拟出一张新的切片网络，而不需要新建一个网络，以最快速度上线业务。示例如图 6-1-6 所示。

网络切片是提供特定网络能力的、端到端的逻辑专用网络，一个网络切片实例，是一个端到端网络整体所需要的所有的网络功能和网络资源的组合，主要包括无线接入网、传输网和核心网能力。网络切片既可以基于传统的专用硬件进行构建，也可以基于当下已有的 NFV\SDN 虚拟化技术进行构建。

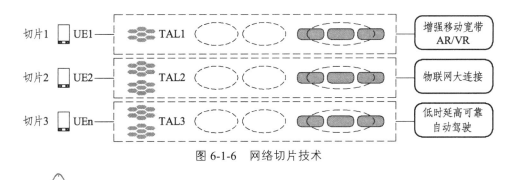

图 6-1-6　网络切片技术

 5G 的典型应用

1. eMBB 场景典型应用

eMBB（Enhanced Mobile Broadband，增强移动宽带）是指在现有移动宽带业务场景的基础上，对于用户体验和数据传输速率等性能的进一步提升，这也是最贴近我们日常生活的应用场景。eMBB 场景的典型应用包括云 VR/AR、网络直播、视频回传和移动医疗等。

1）云 VR/AR

云 VR/AR 是指利用云计算技术来提供 VR（Virtual Reality，虚拟现实）与 AR（Augmented Reality，增强现实）服务的一种技术。通过云计算，用户可以访问远程的虚拟现实和增强现实资源，而不需要在本地设备上安装和维护这些资源。

VR 与 AR 业务对带宽的需求是巨大的。随着 5G 网速的大幅提升，峰值速率能够达到 10 Gb/s，使得观看 4K 高清视频不再困难。VR/AR 业务对带宽的需求巨大，高质量的 VR/AR 内容处理走向云端，满足了用户日益增长的体验要求，同时降低了设备价格，使得 VR/AR 成为移动网络最有潜力的大流量业务。

2）网络直播和视频回传

这些应用对传输速率提出了更高的要求，5G 的 eMBB 场景能够满足这些需求，提供无缝的连续网络覆盖和极高的数据传输速率，满足用户极高的流量需求。

【知识拓展】视频回传和视频通话的区别？

（1）传输方式的区别。视频回传通常是通过移动网络或互联网实现实时视频传输，可以将画面从拍摄地即时传回指挥中心或用户终端。而视频通话则是基于互联网和移动互联网（3G-5G 互联网），通过手机之间实时传送人的语音和图像，是一种实时的交流方式。

（2）应用场景的不同。视频回传常用于应急通信、现场执法取证、远程辅助决策等应用场景中。视频通话则更常用于日常生活中的通信，如家人、朋友间的通话，以及在线会议、远程教育等应用。

（3）使用目的的区别。视频回传的主要目的是获取实时的现场画面，以支持决策和指挥。而视频通话的主要目的是进行实时的语音和图像交流，方便人们进行远距离沟通。

3）移动医疗

在移动医疗领域，5G 的 eMBB 场景能够支持高清医疗影像的快速传输，提高远程医疗服务的效率和准确性。

> **【知识拓展】移动医疗（mHealth）**
>
> 国际医疗卫生会员组织 HIMSS 给出的定义：mHealth，就是通过使用移动通信技术——例如，PDA（个人数字助理）、移动电话和卫星通信来提供医疗服务和信息，具体到移动互联网领域，则以基于安卓和 iOS 等移动终端系统的医疗健康类 APP（应用程序）应用为主。

这些应用不仅体现了 5G 技术对用户体验的显著提升，也展示了 5G 技术在不同行业中的应用潜力和价值。

2. mMTC 场景典型应用

mMTC（Massive Machine Type Communication，大规模机器通信）：针对万物互联的垂直行业，如智能家居、智能城市、智能农业和环境监测等。

1）智能家居

mMTC 可用于连接各类智能家居设备，如智能灯光、智能插座、智能门锁等，实现远程控制和智能化管理。

2）智能城市

mMTC 可用于支持智能交通、智能能源管理、智慧停车等应用，通过连接大规模的传感器和设备，实现城市基础设施的智能化管理和优化。

3）智能农业

mMTC 可用于连接农场中的传感器和无人机，用于精确的农业数据采集，远程监测土壤湿度、气象条件等，实现农业生产的智能化管理。

4）环境检测

mMTC 可用于大规模的环境检测网络，连接各类传感器和检测设备，收集环境数据并实现智能化的环境管理。

【想一想】智能城市与智慧城市分别是什么？

_____

_____

_____

_____

6.1.4　扫码获取答案

3. uRLLC 场景典型应用

uRLLC（Ultra-Reliable and Low-Latency Communications，超高可靠性与超低时延通信）针

对特殊垂直行业，通常采用专网形式，以确保数据的快速传输和高度可靠性。典型应用包括工业控制、无人驾驶、智能驾驶、智能电网等。

1）工业控制

在工业自动化和智能制造领域，uRLLC 技术能够确保生产线的实时监控和控制，提高生产效率和产品质量。例如工厂自动化技术，通过 5G 的低时延和高可靠性的特性，把生产线的设备无线连接至边缘云平台，可以集中收集数据，实时分析和管理，协作和操控机器人等，最终把生产线数码化和自动化，而整体的生产力和运作成本也可以进一步优化。

2）无人驾驶

在自动驾驶汽车中，uRLLC 技术能够确保车辆之间的实时通信和与基础设施的交互，提高行车安全，减少交通事故。

3）智能驾驶

在智能交通系统中，uRLLC 技术能够支持车辆之间的快速通信和决策，优化交通流，减少拥堵，提高交通效率。

【想一想】智能驾驶和无人驾驶是一个概念吗？

_____

_____

_____

_____

6.1.5　扫码获取答案

4）智能电网

5G 网络的超高可靠低延迟（URLLC）服务支持，确保了网络能够实现毫秒级的端到端时延，并显著降低故障率。这对于智能电网而言至关重要，因为它们对网络的低延迟和高可靠性有着更为严格的要求。5G 技术以其高可靠性、低时延和广泛的连接能力，与以新能源为核心的新型电力系统的性能需求完美契合。这使得 5G 技术能够充分满足智能电网多样化的需求，进而推动构建一个更安全、更可靠、更高效、更环保的智能电网体系。

上述这些应用场景对时延的要求极高，一般要求端到端的时延在 1 ms 以内，以确保数据的实时传输和处理。此外，高可靠性也是这些应用的基本要求，以确保数据的准确性和系统的稳定性。

【动一动】能使用手机 APP Cellular Z 进行 5G 网络测试，并读懂测试结果。

过关训练

1. 选择题

（1）中国 5G 商用元年是（　　　）。（单选）

    A. 2019 年　　　　　　　　B. 2020 年

    C. 2021 年　　　　　　　　D. 2022 年

（2）以下哪种业务属于 uRLLC?（　　　）。（单选）

    A. 远程手术　　　　　　　B. VR/AR

    C. 高清视频　　　　　　　D. 抄表业务

（3）智能电网中，以下哪些业务属于 URLLC 业务？（　　　）。（单选）

    A. 远程抄表　　　　　　　B. 自动配电

    C. 线路视频监控　　　　　D. 全网用电信息采集

（4）5G 的三大应用场景是（　　　）。（多选）

    A. eMBB　　　　　　　　B. uRLLC

    C. mMTC　　　　　　　　D. NB-IoT

2. 判断题

（1）3GPP 目前定义的 FR2 频段有 4 个，双工模式均为 TDD 模式。（　　　）

（2）自动驾驶、远程手术、机器人协助等低时延业务，要求响应的时长小于 10 ms，业务卡顿、延迟等问题将是用户所无法接受的。（　　　）

任务 6.2　5G 系统结构

 5G 网络架构及其与 4G 网络架构的对比

1. 5G 网络架构

5G 网络主要由 UE、NG-RAN、5GC 和承载网等部分组成，如图 6-2-1 所示。

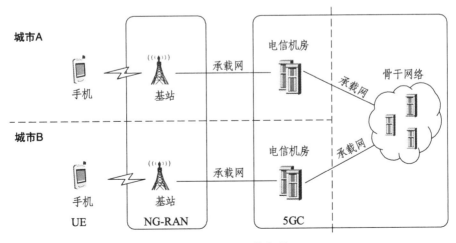

图 6-2-1　5G 网络架构

（1）UE（用户设备）是 5G 网络的终端设备，包括智能手机、物联网设备等，它们通过 5G 网络与其他设备或服务器进行通信。

（2）NG-RAN（下一代无线接入网）是 5G 网络的接入部分，主要负责无线信号的传输和接收。这些基站通过 Xn 接口相互连接，实现控制面和用户面功能。

（3）5GC（5G 核心网）是 5G 网络的核心部分，负责处理网络中的控制和会话管理等功能。5GC 包括多个网元，如 AMF（接入和移动性管理功能）、SMF（会话管理功能）、UPF（用户面功能）等。这些网元通过标准接口相互通信，确保用户设备能够高效地访问 5G 服务。

2. 4G 与 5G 网络架构对比

1）网络架构

4G 网络架构采用分层结构，核心网元集中化。它由演进分组核心（EPC）组成，可处理移动性管理、会话管理和数据路由等各种功能。

5G 网络架构采用更扁平、更分布式的方式。它引入了基于服务架构（SBA）的 5G 核心网络（5GC）。SBA 将网络功能解耦为模块化服务，从而实现可扩展性、灵活性和高效的服务交付。5GC 包括接入和移动管理功能（AMF）、用户平面功能（UPF）、会话管理功能（SMF）、策略控制功能（PCF）等组件。

2）无线接入技术

4G 网络主要利用 LTE（长期演进）技术，该技术使用正交频分复用（OFDM）来实现高效的数据传输，采用多输入多输出（MIMO）技术来提高频谱效率并增加容量。

5G 网络引入了新的无线接入技术，包括 NOMA（非正交多址接入），它可以更有效地利用无线资源。采用波束成形技术的大规模 MIMO 被广泛用于增强网络容量、扩大覆盖范围和提高可靠性。

3）频谱

4G 网络主要在较低频段运行，通常低于 6 GHz。这些频段提供良好的覆盖范围，但带宽有限。

5G 网络使用更广泛的频段，包括较低频段（<6 GHz）、中频段（1~6 GHz）和高频段（24 GHz 以上的毫米波频率）。高频段提供更高的带宽和容量，但范围更小，需要更先进的天线技术。

4）网络容量和吞吐量

4G 网络提供高速数据连接，理论峰值下载速度高达每秒数百兆比特。然而，用户体验到的实际吞吐量可能会因网络拥塞和信号质量而异。

5G 网络提供更高的数据速率和更大的网络容量。它们提供每秒数吉比特峰值数据速率，实现超快的下载和上传速度。5G 网络还支持海量设备连接，允许大量物联网设备和传感器同时连接。

5）时延

4G 网络的延迟通常为 30~50 ms。虽然这适用于许多应用程序，但它可能无法满足延迟敏感服务的严格要求。

5G 网络旨在实现超低时延，目标时延低至 1 ms。这种近乎实时的响应能力对于自动驾驶汽车、远程手术和工业自动化等应用至关重要。

6）网络切片

4G 网络不支持网络切片，网络切片允许在共享物理基础设施上创建多个虚拟网络。这限制了根据特定用例定制网络资源和性能的能力。

5G 网络引入网络切片作为关键架构概念。网络切片允许创建专用的、隔离的虚拟网络来满足不同的服务需求，提供可定制的性能、安全性和服务级别协议（SLA）。

总体而言，与 4G 网络相比，5G 网络架构旨在提供更高的数据速率、更低的延迟、更大的容量和更高的灵活性。这些性能提升支持新的技术，例如自动驾驶汽车、远程医疗、智能城市和沉浸式虚拟现实体验等。

NSA 和 SA 组网模式

1. 基本概念

根据 3GPP 定义，5G 标准分为非独立组网（Non-Standalone，NSA）和独立组网（Standalone，SA）两种模式，如图 6-2-2 所示。

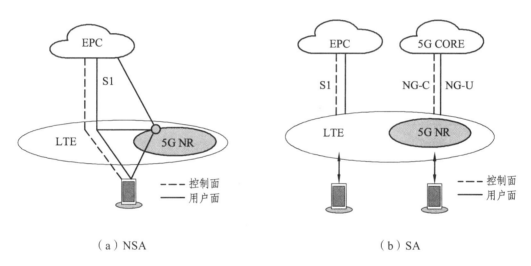

（a）NSA   （b）SA

图 6-2-2　NSA 和 SA

从网络架构的角度看，NSA 是指无线侧 4G 基站和 5G 基站并存，核心网采用 4G 核心网或 5G 核心网的组网架构；SA 是指无线侧采用 5G 基站，核心网采用 5G 核心网的组网架构，该架构是 5G 组网演进的终极目标。

NSA 特点：仅支持 eMBB；LTE 为锚点，复用 4G 核心网，快速引入 5G NR；5G 叠加于 4G 网络上，无须提供连续覆盖。SA 特点：支持 eMBB/uRLLC/mMTC 及网络切片；需要新建 5G 核心网；对 5G 的连续覆盖有较高要求。

2. NSA 和 SA 架构类型

3GPP TSG-RAN 第 72 次大会中，按照独立组网和非独立组网的思路，提出从 Option（选项）1 ~ Option 8 共 8 个选项的 5G 网络架构，供各个国家的运营商进行选择。

5G 组网方案的 8 个选项中，选项 1、2、5、6 是独立组网（SA），其中选项 1 早已在 4G 结构中实现；选项 3、4、7、8 是非独立组网（NSA）。选项 6 和选项 8 仅是理论存在的部署场景，不存在实际意义，已经被 PASS 掉。

【知识拓展】三个相关的术语：双连接、控制面锚点、分流控制点。

双连接：顾名思义，就是手机能同时跟 4G 和 5G 都进行通信，能同时下载数据。一般情况下，会有一个主连接和从连接。

控制面锚点：双连接中负责控制面的基站就叫作控制面锚点。

分流控制点：用户的数据需要分到双连接的两条路径下独立传送，这个分流的位置就叫作分流控制点，或分流锚点。

1）选项 3 系列

在选项 3 系列中，终端同时连接到 5G NR 和 4G LTE，控制面锚定于 4G，沿用 4G 核心网。在控制面，选项 3 系列完全依赖现有的 4G 系统。选项 3 系列的控制面锚点为 4G 基站，3 个细分选项的区分主要在于分流控制点的不同，如图 6-2-3 所示。

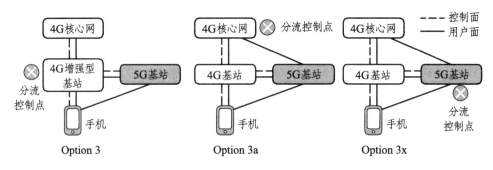

图 6-2-3　选项 3 系列网络架构

2）选项 7 系列

选项 7 也包括 7、7a 和 7x 三个子选项，类似于选项 3，可以把它看成是选项 3 系列的升级版，只是选项 3 系列连接 4G 核心网，而选项 7 系列则连接 5G 核心网，NR 和 LTE 均迁移到新的 5G 核心网。选项 7 系列的控制面锚点为 4G 基站，3 个细分选项的区分主要在于分流控制点的不同，如图 6-2-4 所示。

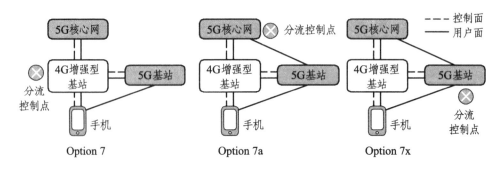

图 6-2-4　选项 7 系列网络架构

3）选项 4 系列

选项 4 系列包括 4 和 4a 两个子选项。在选项 4 系列下，4G 基站和 5G 基站共用 5G 核心网，5G 基站为主站，4G 基站为从站，如图 6-2-5 所示。

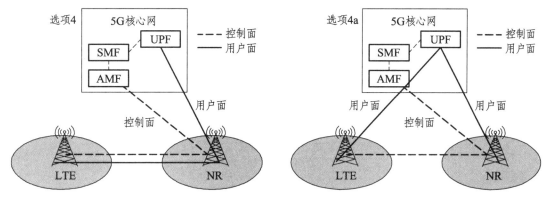

图 6-2-5　选项 5 系列网络架构

4）选项 2 系列

再往后发展，随着 4G 基站逐步退网，最终变成纯 5G 网络，也就是前面所说的独立组网的"2 系（选项 2）"。选项 2 就是 5G 基站与 5G 核心网独立组网，迈进 5G 时代，如图 6-2-6 所示。

在非独立组网下，5G 与 4G 在接入网级互通、互联更复杂。而在选项 2 独立组网下，5G 网络独立于 4G 网络，5G 与 4G 仅在核心网级互通，互联简单。

5）选项 5 系列

选项 5 将 4G 基站连接到 5G 核心网，与选项 7 类似，但没有与 NR 的双连接。选择选项 5 的运营商非常看重 5G 核心网的云原生能力，如英国运营商 Three 就计划提前将 4G 核心网迁移至 5G 核心网，以帮助一些企业专网提早接入其 5G 核心网，为它们提供灵活的网络切片服务，以及希望尽早为消费者提供云游戏服务等，如图 6-2-7 所示。

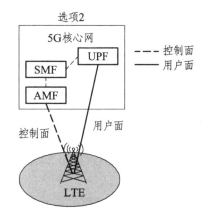

图 6-2-6　选项 2 系列网络架构

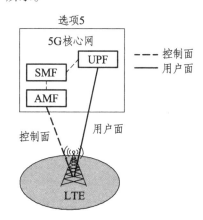

图 6-2-7　选项 5 系列网络架构

3. 5G 组网架构演进

5G 组网演进路径如图 6-2-8 所示。其中，选项 3 是运营商主推的 NSA 组网演进方案，终端、无线、核心网改动最小；选项 2 是 5G 网络长期演进的最终形态；选项 7 和选项 4 是可选组网方案。

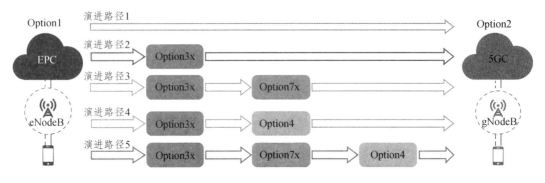

图 6-2-8　5G 组网演进路径

5G 核心网架构

1. 核心网的主要功能

核心网的主要功能：提供用户连接；移动性管理和会话管理；用户鉴权；计费管理；提供面向外部网络的接口，如图 6-2-9 所示。

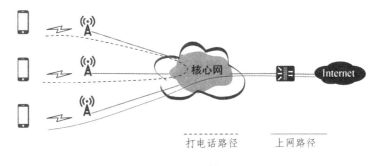

图 6-2-9　5G 核心网

2. 核心网的演进

2G/3G/4G 核心网结构如图 6-2-10 所示。在 3G 到 4G 的过程中，IMS 出现了，取代传统 CS（也就是 MSC），提供更强大的多媒体服务（语音、图片短信、视频电话等）。原来的通信专用硬件，越做越像 IT（信息技术）机房里面的 x86 通用服务器，于是虚拟化时代就到来了。

虚拟化就是指网元功能虚拟化（Network Function Virtualization，NFV）。简单地理解，就是硬件直接采用 HP、IBM 等 IT 厂家的 x86 平台通用服务器。软件上，设备商基于开源平台，开发自己的虚拟化平台，把以前的核心网网元"种植"在这个平台之上，完成网元功能软件与硬件实体资源分离。5G 核心网采用的是 SBA 架构（Service Based Architecture，即基于服务的架构），如图 6-2-11 所示。

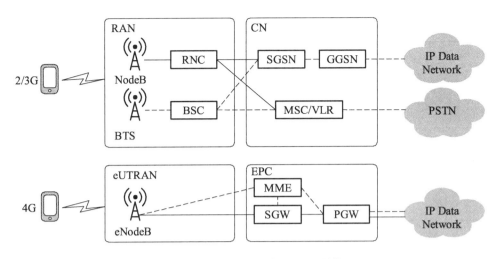

图 6-2-10　2G/3G/4G 核心网的结构

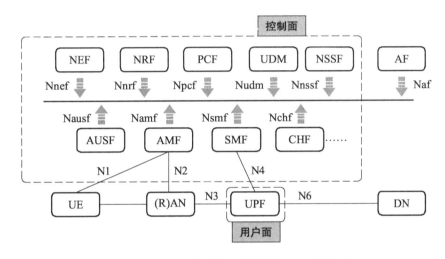

图 6-2-11　基于服务接口的非漫游 5G 系统架构

3. 核心网架构

1）基于服务接口的非漫游 5G 系统架构

非漫游参考架构如图 6-2-11 所示，基于服务的接口在控制面内使用。其中，上面虚线部分为控制面的网络功能（NF），下面的虚线部分为用户面的网络功能，Nnssf、Namf 等为网络功能之间的接口。

可以看到，5G 系统的控制功能中，接口已经不是传统意义上的一对一，而是由一个总线结构接入，每个网络功能通过接口接入这个类似于计算机的总线结构，这个变化为网络部署带来了极大便利，每个网络功能的接入或撤走，只需要按规范进行即可，而不用顾及其他网络功能的影响，相当于用总线建立了一个功能资源池。

2）基于参考点的非漫游 5G 系统架构

非漫游情况下的 5G 系统架构如图 6-2-12 所示。其使用参考点表示，显示了各种网络功能如何相互作用。

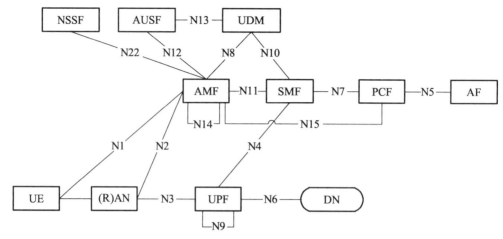

图 6-2-12　基于参考点的非漫游 5G 系统架构

5G 功能体之间的部分参考点：N1 是 UE 和 AMF 之间的参考点；N2 是 RAN 和 AMF 之间的参考点；N3 是 RAN 和 UPF 之间的参考点；N4 是 SMF 和 UPF 之间的参考点；N6 是 UPF 和数据网之间的参考点；N9 是两个 UPF 之间的参考点，等等。

3）5G 核心网的网络功能

（1）接入和移动管理功能（AMF）：负责接入控制和移动管理的功能，包括维护 UE 的上下文信息，处理 UE 的接入请求，处理 UE 的移动，提供用户鉴权和授权等。

（2）会话管理功能（SMF）：负责处理 UE 的业务和数据传输，包括业务流程控制、数据传输路由的选择、质量保障的实现、数据加密和解密等。

（3）用户面功能（UPF）：负责处理 UE 的用户数据和网络数据，包括将用户数据传输到目标端口、管理网络中的数据传输、网络数据的标记和质量保障等。

（4）认证服务功能（AUSF）：负责对 UE 进行鉴权和授权，包括验证 UE 的身份和访问权限。

（5）策略控制功能（PCF）：负责对业务流量的控制和管理，包括 QoS 的控制、业务流量的优先级分配、网络流量的限制等。

（6）网络开放功能（NEF）：负责将网络资源暴露给外部应用程序，包括向第三方应用程序提供网络资源的能力。

（7）统一数据管理（UDM）：负责存储用户数据和与 UE 相关的信息，包括账户信息、业务订购信息等。

4G 与 5G 核心网的网络功能类比如表 6-2-1 所示。例如，5G 的 AMF 与 4G 中 MME 的接入管理功能类似；5G 的 UPF 与 4G 中 SGW-U+PGW-U 功能类似。当然，5G 还有一些新增的网络功能，例如 NRF、NSSF 等。

表 6-2-1　4G 与 5G 核心网的网络功能类比

5G 网络功能	功能简介	4G 中类似的网元
AMF	接入管理功能，注册管理／连接管理／可达性管理／移动管理／访问 MME 中的接入管理功能身份验证，授权，短消息等。终端和核心网的控制面接入点	MME 中的接入管理功能

5G 网络功能	功能简介	4G 中类似的网元
AUSF	认证服务器功能，实现 3GPP 和非 3GPP 的接入认证	MME 中鉴权部分＋EPC AAA
UDM	AAA 统一数据管理功能，3GPP AKA 认证/用户识别/访问授权/注册/移动/订阅/短信管理等	HSS+SPR
PCF	策略控制功能，统一的政策框架，提供控制平面功能的策略规则	PCRF
SMF	会话管理功能，隧道维护，IP 地址分配和管理，UP 功能选择，策略实施和 Qos 中的控制部分，计费数据采集，漫游功能等	MME+SGW+PGW 中会话管理等控制面功能
UPF	用户面功能，分组路由转发，策略实施，流量报告，QOS 处理	SGW-U+PGW-U
NRF	NF 库功能，服务发现，维护可用的 NF 实例的信息以及支持的服务	无
NEF	网络开放功能，开放各网络功能的能力，内外部信息的转换	SCEF 中的能力开放部分
NSSF	网络切片选择功能，选择为 UE 服务的一组网络切片实例	无

知识链接4 5G 无线接入网

1. 5G 无线接入网架构

4G 与 5G 无线接入网架构如图 6-2-13 所示。5G 系统由 5G 核心网（5GC）和 5G 接入网（NG-RAN）组成，如图 6-2-13（b）所示。

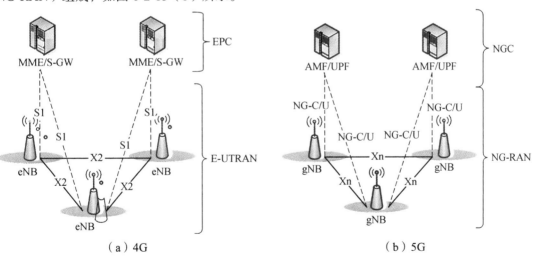

图 6-2-13 4G 与 5G 无线接入网架构

5G 网络的主要接口：① Uu 接口：UE 与 gNodeB 之间的接口，分为控制面和用户面；② NG-C：NG-RAN 与 5GC 之间的控制面接口；③ NG-U：NG-RAN 与 5GC 之间的用户面接口；④Xn 接口位于 NG-RAN 节点之间，如 gNB 和 ng-eNB 之间。

2. 5G 无线接入网的演进

如图 6-2-14（a）所示，4G 基站的设计中，RRU（远程射频单元）与天线的距离被显著缩短，这样的布局减少了馈线的使用长度，从而节约了成本，形成了由 BBU（基带处理单元）、RRU 和天线组成的 D-RAN（分布式无线接入网）。尽管如此，运营商仍须面对一系列高额的运营成本，包括电力消耗、空调设备、机房租赁等费用。这种模式在减少某些方面的成本的同时，也带来了其他方面的成本压力。

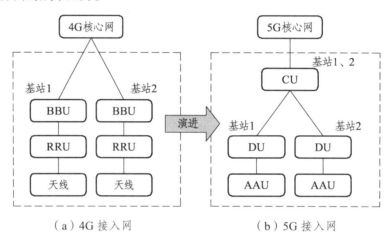

（a）4G 接入网　　　　　　　　　　（b）5G 接入网

图 6-2-14　4G 与 5G 基站系统结构

如图 6-2-14（b）所示，5G 接入网演进为 C-RAN（集中无线接入网），BBU（基带处理单元）分为 CU（集中单元）和 DU（分布单元）两个部分，其中 CU 集中放在中心机房，解决了场地租赁费用高、用电效率不高、设备维护困难的问题，同时也使资源调配更加灵活了；DU 可以放置在接近无线接入点的边缘位置以减少延迟。另外，RRU+天线也合并成 AAU（有源天线单元）了。

如图 6-2-15 所示，5G 的基站功能重构为 CU 和 DU 两个功能实体。CU 与 DU 功能的切分以处理内容的实时性进行区分。

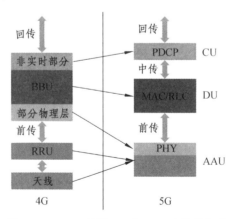

图 6-2-15　5G 基站 CU 与 DU 功能的切分

CU：原 BBU 的非实时部分分割出来的定义，负责处理非实时协议和服务。

DU：BBU 的剩余功能的重新定义，负责处理物理层协议和实时服务。

AAU：BBU 的部分物理层处理功能与原 RRU 及无源天线合并后的定义。

相比 4G、5G 核心网采用了网络功能虚拟化技术，RAN 切分后带来的 5G 多种部署方式如图 6-2-16 所示。包括 D-RAN 和 C-RAN，以及 CU 云化之后的 D-RAN 和 C-RAN。

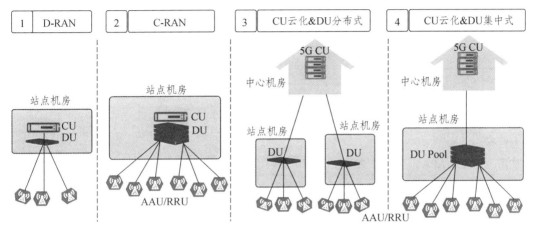

图 6-2-16　RAN 切分后带来的 5G 多种部署方式

【动一动】能快速画出 5G 核心网结构图和 5G 基站系统结构图。

过关训练

（1）5GS 中，AMF 和 gNB 之间的接口是什么？（　　　）。（单选）

　　A. N1　　　　　　B. N2　　　　　　C. N3　　　　　　D. N4

（2）（　　　）的方案就是 5G 网络架构演进的终极形态。（单选）

　　A. Option 2　　　B. Option 3　　　C. Option 4　　　D. Option 7

（3）NR 系统中，gNB 之间的接口是（　　　）。（单选）

　　A. S1　　　　　　B. X2　　　　　　C. Xn　　　　　　D. NG

（4）5G 标准中，BBU 功能被重构为（　　　）和（　　　）两个功能实体。（多选）

　　A. DU　　　　　　B. AAU　　　　　　C. CU　　　　　　D. RRU

（5）5G 核心网网元包括（　　　）。（多选）

　　A. NEF　　　　　　B. UPF　　　　　　C. AMF　　　　　　D. SMF

任务 6.3　5G 关键技术

任务名称	5G 的关键技术	建议课时	2 课时
知识目标： （1）掌握 D2D 通信、F-OFDM 与 SCMA、MEC。 （2）掌握 NFV/SDN、网络切片技术。			
能力目标： 会使用网优测试 APP 识别当前 5G 网络使用了哪些关键技术。			
素质目标： （1）培养精益求精、严谨细致的工匠精神。 （2）树立民族自豪感。			
任务资源： 　　　　　　　6.3.1　任务 6.3 资源			

知识链接1　NFV

随着云计算、大数据等尖端 IT 技术的不断融入社交网络，传统的网络架构已经难以满足新业务（电子商务、互联网+、数字媒体和 M2M 等领域）需求。为了应对这一挑战，网络架构亟须进行革新。NFV（网络功能虚拟化）技术以其灵活性和快速的业务部署能力，成了网络转型的关键。通过 NFV，网络能够更加敏捷地适应不断变化的市场需求，为用户提供更加高效和个性化的服务。

1. 为什么要发展 NFV 技术?

电信网的发展是一个不断引入新技术持续创新的过程，通信网络和业务始终在不断地进行着变革。纵观移动通信网络发展历程，在经历了模拟通信、数字通信、端到端 IP 化后，当前通信网正逐步迈向基于虚拟化、软件化等 ICT（信息和通信技术）融合技术的通信 4.0 时代，如图 6-3-1 所示。

电信网络过去十年的变革核心是 IP 化，其特征是 CT（通信技术）的设备形态及网络实质，以及 IP 化承载的外在通信方式；电信网络下一步变革的核心是 IT 化，即采用 IT 化的内在实现形式及设备形态，保留 CT 的网络内涵和品质。

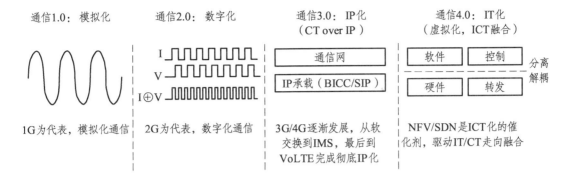

图 6-3-1　从通信 1.0 时代到通信 4.0 时代

NFV 的本质就是 IT 与 CT 融合，即 ICT，将传统封闭的电信网络转变为灵活开放的云化结构，借助云的力量完成成本控制、业务赋能和最重要的数字化转型。

2. 什么是 NFV?

1）NFV 定义

NFV 是采用虚拟化技术、基于通用硬件实现电信功能节点软件化通信网络的基础技术。

2）NFV 基本特点

NFV 基于现代化的虚拟技术提供了一个新的网络产品环境，基本特点有基于通用硬件基础设施、采用虚拟层将电信网元软件化、基于 MANO（Management and Orchestration，管理编排）的云化管理、网络自动化。

3）NFV 技术核心理念

NFV 通过软、硬件解耦及功能抽象，使电信运营商的网元功能（Network Function）不再依赖于专用硬件设备，转而使用基于行业标准的 x86 服务器、存储和交换设备等通用型硬件以及相关的计算、网络虚拟化技术来承载网元功能的虚拟化软件实现。

一方面，基于 x86 标准的 IT 设备成本低廉，能够为运营商节省巨大的投资成本；另一方面，开放的 API 接口也能帮助运营商获得更多、更灵活、更具弹性的网络能力。

NFV 可以让这些硬件资源得到充分灵活的共享，实现新业务的快速开发和部署，并基于实际业务需求进行自动部署、弹性伸缩、故障隔离和自愈。

简而言之，NFV 就是把逻辑上的网络功能从实体硬件中解耦出去，降低网络建设成本与运营成本。

3. NFV 的架构

1）架构的变化

传统烟囱结构里软件与硬件合一，在运营中会遇到成本高、部署慢、不灵活等问题。NFV 实现了软件和硬件的解耦，从而获得部署快、成本低、开放性高、灵活性高、配置容易等好处。架构的变化如图 6-3-2 所示。

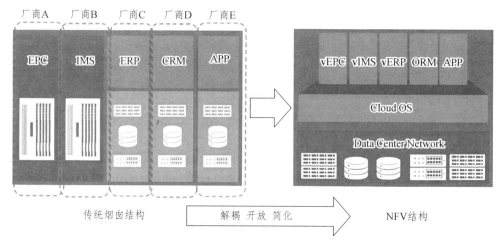

传统烟囱结构 　　解耦 开放 简化　　 NFV结构

图 6-3-2　架构的变化

2）架构的设计

NFV 本质就是重新定义网络设备架构，如图 6-3-3 所示。

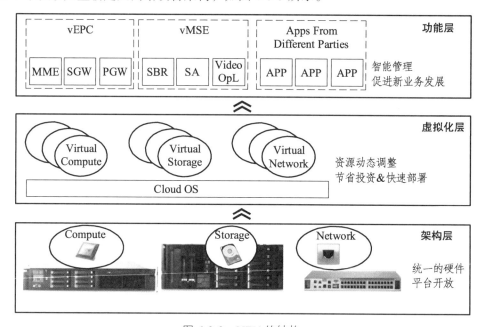

图 6-3-3　NFV 的结构

可以将 NFV 理解为基于虚拟化技术的网络功能。需要强调的是，实际上在 NFV 架构中，网络功能（单元）本身的变化并不大，变化的是网元的载体，从定制化的独占的硬件（刀片服务器）变成了虚拟资源。

在 NFV 架构中，底层为具体物理设备，如服务器、存储设备、网络设备。

计算虚拟化：即虚拟机，在一台服务器上创建多个虚拟系统；存储虚拟化：即多个存储设备虚拟化为一台逻辑上的存储设备；网络虚拟化：即网络设备的控制平面与底层硬件分离，将设备的控制平面安装在服务器虚拟机。在虚拟化的设备层面上可以安装各种服务软件。

NFV 网络与传统电信网络相比，具有更灵活和快速的业务提供能力。

 知识链接2 SDN

1. 为什么要发展 SDN 技术?

传统网络面临了网络太拥塞、设备太复杂、运维太困难、新业务部署太慢等问题。而随着 IT 技术的发展,传统的软硬件一体化大型机逐渐演化到现在的"硬件-操作系统-应用"的分层结构。

在网络上,网络生态仿效 PC(个人计算机)生态,遵循硬件底层化、软件定义、开源三要素。SDN 技术通过将网络分层和虚拟化,简化了网络架构,使得网络管理变得更加直观和高效,如图 6-3-4 所示。SDN 的引入不仅提高了网络的可编程性和自动化水平,还为网络创新和业务快速部署提供了强大的支持。

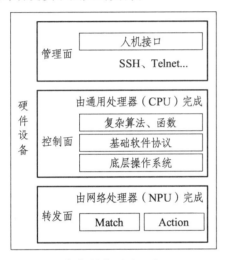
（a）传统网络设备

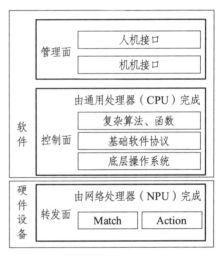
（b）SDN

图 6-3-4　网络的发展演进

2. 什么是 SDN?

1）SDN 的定义

SDN(Software Defined Network,软件定义网络)是一种新型网络架构,核心理念是将网络设备控制平面与数据平面分离,通过集中的控制器软件来管理网络流量和配置,从而实现了网络控制平面的集中控制,为网络应用的创新提供了良好的支撑。SDN 是一个更为广泛的概念而不局限于 OpenFlow。

【知识拓展】OpenFlow 的基本概念?

OpenFlow 是控制器与交换机之间的一种南向接口协议。它定义了三种类型的消息:Controller-to-Switch(控制器到交换机)、Asynchronous(异步)和 Symmetric(对称),每一种消息又包含了更多的子类型。OpenFlow 协议如图 6-3-5 所示。

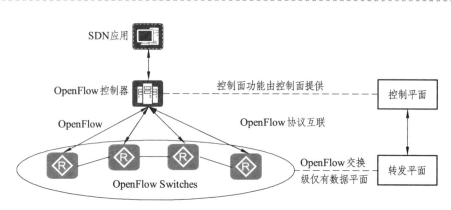

图 6-3-5　OpenFlow 协议

OpenFlow 协议与网络设备通信，向它们下发流表（Flow Table）规则，决定哪些数据包该如何处理。

2）SDN 的特征

SDN 有三个特征："转控分离""集中控制"和"开放可编程接口"。

（1）转控分离：网元的控制平面在控制器上，负责协议计算，产生流表；而转发平面只在网络设备上。

（2）集中控制：设备网元通过控制器集中管理和下发流表，这样就不需要对设备进行逐一操作，只需要对控制器进行配置即可。

（3）开放可编程接口：第三方应用只需要通过控制器提供的开放接口，通过编程方式定义一个新的网络功能，然后在控制器上运行即可。

3）SDN 的工作原理

（1）分离控制平面和数据平面：将控制逻辑从网络设备中抽象出来，集中到控制器上。

（2）控制器与网络设备的通信：通过南向接口（如 OpenFlow）进行通信，控制器根据全局视图和预定义的策略，决定数据包的最佳路径。

（3）数据包转发：网络设备根据控制器的指令进行数据包的转发。

SDN 的挑战：① 安全性问题：集中化的控制可能导致单点故障，影响整个网络的稳定性；② 兼容性问题：不同厂商的设备在实现上可能存在差异，需要标准化工作。

3. SDN 的架构

1）SDN 架构的主要核心组件

（1）控制器：作为 SDN 的大脑，负责管理网络的全局视图，并向各个网络设备下发指令。

（2）南向接口：如 OpenFlow，是控制器与网络设备之间的通信协议。

（3）北向接口：允许应用程序通过 API 与网络设备交互。

（4）数据平面：由交换机和路由器等传统网络设备构成，负责数据包的转发。

【想一想】什么是南向接口与北向接口？

_____

_____

_____

6.3.2 扫码获取答案

2）SDN 的架构的设计

SDN 网络架构分为协同应用层、控制器层和设备层，如图 6-3-6 所示。

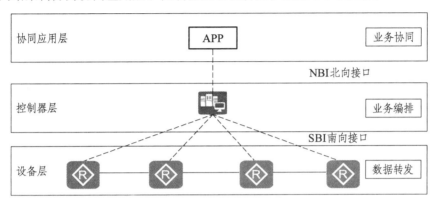

图 6-3-6 SDN 的架构

不同层次之间通过开放接口连接。以控制器层为主要视角，区分面向设备层的南向接口和面向协同应用层的北向接口。OpenFlow 属于南向接口协议的一种。

SDN 使用北向和南向应用程序接口（API）来进行层与层之间的通信，分为北向 API 和南向 API。北向 API 负责应用层和控制层之间的通信，南向 API 负责基础设施层和控制层之间的通信。

【知识拓展】SDN 与 NFV 的关系

SDN 和 NFV 是当前网络领域的两个热门技术，它们都是为了更好地满足网络的需求而产生的，且都是为了实现网络的虚拟化。

SDN 是一种网络架构，它的核心思想是将网络的控制平面和数据平面分离，通过集中式的控制器来管理网络。SDN 的本质是把网络软件化，提高网络可编程能力和易修改性。SDN 没有改变网络的功能，而是重构了网络的架构。

NFV 则是一种网络虚拟化技术，它的目的是将网络中的各种功能（如路由器、防火墙等）通过软件的方式虚拟化，从而实现网络的灵活性和可编程性。NFV 的本质是把专用硬件设备变成一个通用软件设备，共享硬件基础设施。NFV 没有改变设备的功能，而是改变了设备的形态。

SDN 是面向网络的，但它没有改变网络的功能，而是重构了网络的架构；NFV 是面向设备的，但它没有改变设备的功能，而是改变设备的形态。NFV 和 SDN 是高度互补关系，但并不互相依赖。网络功能可以在没有 SDN 的情况下进行虚拟化和部署，然而这两个理念和方案结合可以产生潜在的、更大的价值。

知识链接3　网络切片

1. 为什么5G需要网络切片？

从以往到4G网络，移动网络主要服务2C（consumer）个人用户。而在5G时代，移动网络不仅服务2C用户，更主要的是服务2B（business）企业用户，移动网络需要服务各种类型和需求的设备，需要不同类型的网络，在移动性、计费、安全、策略控制、延时、可靠性等方面有各不相同的要求，5.5G/6G网络的六大应用场景如图6-3-7所示。

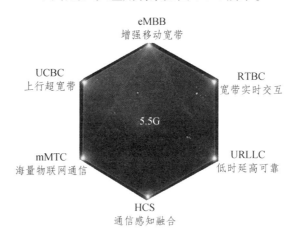

图6-3-7　5.5G/6G网络的六大应用场景

因此，5G业务需求的多样性为运营商带来了巨大的挑战，即无法通过一张网络来满足彼此之间差异巨大的业务需求。

但我们又不希望为每一个服务建设一个专用网络，于是网络切片技术应运而生，通过该技术能在一个独立的物理网络上切分出多个逻辑的网络，并分配给各种业务需求，这是一个非常节省成本的做法。

2. 什么是网络切片？

1）定义

网络切片就是在同一个物理网络上构建端到端、按需定制和隔离的逻辑网络，为不同的业务和用户群体提供差异化的网络服务。

切片的本质：提供逻辑网络以及特定的网络功能和特性。

切片实例：一组网络功能实例以及相关资源（计算、存储、网络）。

2）类型

目前定义了三种类型的网络切片：eMBB、URLLC、mMTC（高带宽、低时延、面向大连接）。

3）优势

网络切片允许共享同一基础设施的运营者为切片配置网络功能以及定义具体功能，并且可以根据运营商的策略通过 SDN、NFV 灵活地动态创造以及撤销切片，这样可以灵活地管理网络资源，通过提供必要的网络资源以满足服务需求来极大地提高网络资源的利用率。

3. 网络切片的架构

网络切片架构有利于运营商按垂直行业的需求对网络进行定制，从而优化网络性能。5G 支持端到端网络切片，包括无线接入网络、核心网控制面和核心网用户面，如图 6-3-8 所示。

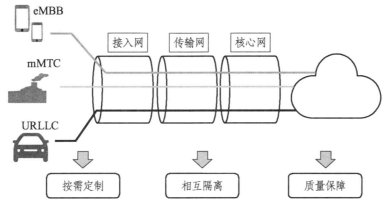

图 6-3-8   5G 支持的端到端网络切片

不同网络切片的网络功能可共享，典型的共享包括基站共享、控制面功能共享（如 AMF 共享），但核心网用户面功能不共享。UE 可同时接入共享 AMF 的多个网络切片，最多可同时接入 8 个切片。

网络切片是一种概念，可根据每个客户的请求进行差异化处理。通过切片，移动网络运营商（MNO）可以将客户视为属于不同的用户类型，每个用户具有不同的服务请求，根据服务等级协议（SLA）管理每个用户有资格使用的切片类型和业务。NSSAI（网络片选择辅助信息）包括一个或多个 S-NSSAI（单 NSSAI）。每个网络片由 S-NSSAI 唯一标识。

 **知识链接4** MEC 移动边缘计算

1. 云计算

随着移动设备的广泛普及和各类新兴应用的快速增长，对计算资源的需求日益增加，这些应用往往需要大量的计算能力来满足低延迟的要求。然而，移动设备受限于其硬件配置，如处理能力、存储空间和电池寿命，很难独立满足这些需求。因此，云计算作为一种计算卸载模式应运而生，它允许设备将计算任务传输到远程的云服务器上执行，以减轻本地设备的计算和存储压力，延长电池寿命。

尽管云计算提供了强大的计算能力，但将计算任务卸载到地理位置较远的云服务器上可能会导致不可接受的延迟，增加数据传输的能量消耗，并带来数据安全风险。这些问题限制了云计算在低延迟、高可靠性和数据安全敏感型应用中的使用。

云计算是一种基于网络的计算模型，它通过将计算资源、存储服务、应用程序等提供给用

户，使其能够通过互联网按需获得和使用这些资源。云计算的核心理念是将计算能力集中到大型数据中心，通过虚拟化技术实现资源的灵活分配和管理。

2. 移动边缘计算

1）边缘计算

边缘计算是一种分布式计算范式，它将计算、存储、网络和应用服务整合在一个开放的平台中，这个平台位于网络的边缘，即靠近数据产生的源头。这种计算模式通过在数据生成的近场环境中提供智能服务，实现了对数据处理的本地化，从而减少了数据传输的延迟，提高了响应速度，并能够更好地保护数据隐私。边缘计算通过这种方式，为各种应用提供了快速、高效和可靠的处理能力，支持实时分析、数据处理和决策制定，特别适用于对延迟敏感的应用场景。

2）移动边缘计算定义

移动边缘计算（Mobile Edge Computing，MEC）是一种新兴的计算架构，旨在将计算和存储功能从传统的云数据中心移动到网络边缘的设备和节点上。MEC 技术的引入为移动网络带来了更强大的计算能力和低延迟的服务，从而支持了许多新兴的应用场景，例如智能城市、物联网、车联网等。

3）MEC 的核心思想

MEC 的核心思想是将计算资源和服务靠近网络边缘的用户和终端设备，以便更快速地响应用户请求并提供实时的服务。相比传统的云计算模式，MEC 在网络边缘部署了一系列的边缘节点，这些节点可以是基站、路由器、智能设备等。这些边缘节点具备一定的计算和存储能力，能够在离用户更近的位置执行计算任务，从而减少了数据的传输时延和网络拥塞。

4）5G MEC 边缘云整体架构

在部署架构上，运营商 MEC 边缘云主要分为三大层级，分别为全网中心节点、区域中心/省会节点、本地核心/边缘节点。如图 6-3-9 所示。

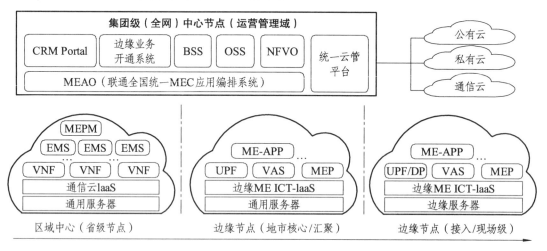

图 6-3-9　5G MEC 边缘云整体架构

MEC 的部署架构通常由三个主要组件组成：边缘节点、MEC 平台和应用程序。边缘节点是指部署在网络边缘的计算设备，它们负责执行应用程序和提供计算资源。MEC 平台是整个系统的核心，它提供了管理、协调和监控边缘节点的功能，同时还负责处理网络连接、安全性和资源分配等任务。应用程序是在 MEC 平台上执行的具体业务逻辑，如视频分析、实时数据处理等。

【知识拓展】云计算与边缘计算有什么区别？

（1）数据处理位置的差异：云计算强调将数据集中处理于远程数据中心，用户通过互联网访问和使用云提供的服务。相较之下，边缘计算将数据处理推向离数据源更近的边缘设备，以实现更低延迟和更高效的数据处理。

（2）延迟和响应时间：云计算通常涉及将数据传输到远程数据中心进行处理，因此在数据传输和处理的过程中可能会出现较高的延迟；相反，边缘计算将数据处理推向更接近数据源的地方，使得在实时性要求较高的场景中能够更快速地做出响应。

（3）可用性和稳定性：云计算通过大型数据中心提供服务，具有强大的计算和存储能力，但在某些情况下可能受到网络故障或数据中心故障的影响；边缘计算则通过分布在边缘设备上的计算资源提供服务，能够在某些情况下独立运行，提高了系统的可用性和稳定性。

（4）应用场景的不同：云计算更适用于需要大规模计算和存储的场景，例如大数据分析、人工智能训练等；而边缘计算更适用于对实时性和低延迟要求较高的场景，例如物联网、智能交通系统等。

云计算和边缘计算并非互斥，而是可以协同工作，充分发挥各自优势的。通过将数据处理分布到边缘设备和云端数据中心之间，可以实现更灵活、高效的计算架构。

3. MEC 的应用场景

ETSI 定义 MEC 的七大应用场景，包括智能移动视频加速、监控视频流分析、AR（增强现实）、密集计算辅助、在企业专网之中的应用、车联网、IoT（物联网）网关服务，并详细定义了 MEC 参考架构、端到端边缘应用移动性、网络切片支撑、合法监听、基于容器的应用部署、V2X 支撑、WiFi 与固网能力开放等，在规范层面更好地支撑 MEC 的落地。

MEC 的应用场景也可以分为本地分流、数据服务、业务优化三大类。本地分流主要应用于传输受限场景和降低时延场景，包括企业园区、校园、本地视频监控、VR/AR 场景、本地视频直播、边缘 CDN 等。数据服务包括室内定位、车联网等。业务优化：包括视频 QoS 优化、视频直播和游戏加速等。

知识链接5　D2D 通信

1. D2D 通信的定义

D2D（Device-to-Device，设备到设备）通信，即邻近终端设备之间直接进行通信的技术，如图 6-3-10 所示。在通信网络中，一旦 D2D 通信链路建立起来，传输语音或数据消息就无须基站的干预，这样可减轻通信系统中基站及核心网的数据压力，大幅提升频谱资源利用效率和吞吐量，增大网络容量，保证通信网络更为灵活、智能、高效地运行。

2. D2D 与蓝牙的区别

（1）蓝牙的工作频段为 2.4 GHz，通信覆盖范围只有 10 m 左右，且数据传输速率很慢，通常小于 1 Mb/s。而 D2D 使用通信运营商授权频段，干扰可控，直接通信覆盖范围可达 100 m，信道质量更高，传输速率更快，更能够满足 5G 的超低时延通信特点。

（2）蓝牙需要用户手动配对，D2D 则可以通过终端设备智能识别，无须用户动手配置连接对象或网络。

（3）D2D 既可以在基站控制下进行连接及资源分配，也可以在无网络基础设施的时候进行信息交互，应用场景更加广泛。

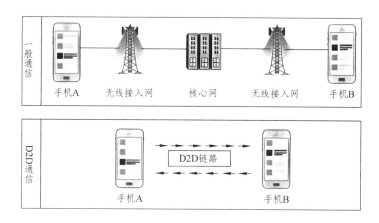

图 6-3-10　D2D 通信

3. D2D 通信存在的问题

频谱资源共享造成的干扰；通信高峰引起的通信问题；移动性引起的 D2D 链路建立、蜂窝用户的分流与干扰管理问题；D2D 同步技术问题；无线资源管理问题；功率控制和干扰协调问题。

【动一动】会使用网优测试 APP 识别当前 5G 网络使用了哪些关键技术。

过关训练

（1）5G 网络架构中 NFV 是指（　　）。（单选）

　　A. 软件定义网络　　　　　　　　　　B. 移动边缘缓存与计算

　　C. 接入云　　　　　　　　　　　　　D. 网络功能虚拟化

（2）256QAM 调制方式下，每符号承载的比特数是（　　　）。（单选）

A. 8 B. 4 C. 2 D. 6

（3）NR 系统中，SDN 架构包括（　　　）。（多选）

A. 链路层 B. 基础设施层 C. 控制层 D. 应用层

（4）5G 切片两大关键使能技术包括（　　　）。（多选）

A. NFV B. 微服务框架 C. SDN D. 基于服务的架构

（5）5G D2D 通信优势是（　　　）。（多选）

A. 无线 M2M 功能 B. 拓展网络覆盖范围

C. 短距离通信可频谱资源复用 D. 终端近距离通信，高速率低时延低功耗

任务 6.4　VoNR 技术

任务名称	VoNR 技术	建议课时	2 课时
知识目标： 掌握 5G 网络的 VoNR 技术。			
能力目标： 能进行 VoNR MOS 值测试。			
素质目标： （1）培养精益求精、严谨细致的工匠精神。 （2）树立民族自豪感。			
任务资源： 6.4.1　任务 6.4 资源			

知识链接1　语音技术的演进

从 2G、3G、4G 到 5G 的语音技术的演进，如图 6-4-1 所示。

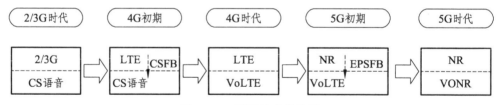

图 6-4-1　语音技术的演进

1. 2G、3G 时代的语音技术

2G、3G 时代，语音业务采用 CS（Circuited Switched，电路交换）技术，即在手机通话前需在网络中建立一条独占资源的线路，直到通话结束才拆除，这种技术存在耗资源、组网复杂、效率低等缺点。

2. 4G 时代的语音技术

1）CSFB

CSFB（CS Fallback，CS 域回落技术）是指当手机在 4G 网络中发起语音呼叫时从 LTE 网络回落到 2G/3G 网络，借助 2G/3G 网络的 CS 电路域来完成语音通话，通话结束后再返回 4G LTE。

2）VoLTE

VoLTE（Voice over LTE，基于 LTE 的语音服务）是指通过引入 IMS，LTE 网络直接提供基于 IP 的语音业务。VoLTE 也被称为由 IMS 管理的、承载于 4G LTE 网络上的 VoIP。

3. 5G 时代的语音技术

1）5G 的三种语音方案

事实上，5G 系统并没有为语音服务提供单独的技术解决方案，其设计目标主要是为了支持 VoLTE 持续演进。

众所周知，IMS 是 VoLTE 的"大脑"，VoLTE 实际上就是由 IMS 核心网控制和管理的端到端 VoIP 连接。正是因为 IMS 可对语音实现端到端的 QoS 管理，使得 VoLTE 的语音质量远远强于"尽力而为"的互联网 VoIP。5G 依然基于 IMS 提供语音业务，并确定了 5G 部署应最小化影响现有 IMS 的设计原则，这在进入 5G 时代，3GPP 在 R15 版本定义 5G 时，就明确了。

基于以上原则，根据 5G NSA 和 SA 两大部署选项，5G 语音提供了 VoLTE（前面已经学过，不再赘述）、EPSFB（EPS Fallback）、VoNR 三种部署方案。

2）EPS Fallback（SA 组网）

在 5G SA 部署早期，考虑 5G NR 网络还未形成连续广覆盖，当手机移动出 5G NR 覆盖区域时，会频繁将正在进行的 VoNR 语音切换到覆盖更好的 VoLTE 网络，从而导致用户体验较差。因此，在 5G 部署初期引入了过渡方案——EPS Fallback（EPS FB），如图 6-4-2 所示。

在这一方案中，当在 NR（New Radio，即 5G 网络的新无线接口）上发起语音通话时，系统会尝试将通话回落至 4G LTE 网络。这一回落过程不可避免地会延长语音呼叫的建立时间。此外，由于通话期间的数据流量需要通过 4G LTE 网络传输，这可能会导致数据传输速率显著下降。因此，这种回落机制可能会对用户的通信体验产生负面影响。

尽管向 4G 网络回落会增加一点呼叫延迟，但相比 CS 语音回落，VoLTE 能提供更快的呼叫建立时长，这点新增的延迟也是可以接受的。事实上，EPS Fallback 最大的缺点是除了会降低数据速率之外，还会因向 4G 回落导致短暂的语音连接中断，这比呼叫建立时延更容易被用户觉察。

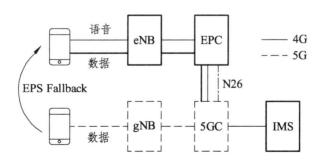

图 6-4-2　EPS Fallback（SA）语音实现

3）VoNR（SA 组网）

在 SA 组网下，5G 网络有了自己的核心网 5GC，不再依赖 4G 作为控制网络，这意味着可以通过 5G NR、5GC 和 IMS 端到端独立承载 5G 语音业务，即 VoNR（Voice over NR，NR 语音）或 Vo5G（Voice over 5GS，5G 系统语音）。

知识链接2 什么是 VoNR？

1. 定义

VoNR（Voice over New Radio，新空口承载语音）是 5G 时代的超清视话应用，是 5G 网络的目标语音解决方案。

VoNR 就是指由 5G NR、5G Core 和 IMS 端到端承载的语音业务。严格地讲，NR 只是 5G 网络的无线接入网部分，而 5GS（5G System）包含了 5G NR 和 5G Core，因此将 VoNR 叫作 Vo5G 更准确。不过，我们通常讲的 VoNR 就是指 Vo5G。

相比 EPS Fallback，VoNR 的优点：一是不必再回落到 VoLTE，呼叫建立时长更短；二是支持 5G 语音和 5G 数据业务并发，也就是说我们可以一边打电话一边高速 5G 上网。

2. VoNR 与 LTE、3G 的切换

考虑当手机移动到 5G 小区覆盖边缘时会导致 VoNR 语音质差甚至掉话，为了保证语音通话的连续性，需将正在进行的 VoNR 通话切换到 4G VoLTE。类似于 4G 时代的 SRVCC 方案，VoNR 方案还支持通过 Inter-RAT handover 机制来实现 VoNR 与 VoLTE 之间平滑切换，如图 6-4-3 所示。

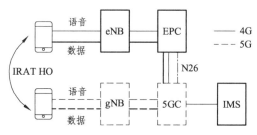
图 6-4-3　Inter-RAT handover 机制

3GPP 在 R16 版本中，基于现有的 4G 到 3G 的切换标准，增加了 5G SRVCC 功能，即可以通过 5G SRVCC 技术将语音切换到 3G CS 域。

知识链接3 VoNR 的优势

1. 用户角度的优势

从用户角度看，VoNR 具有语音通话质量好、接续时延低、可边通话边进行 5G 高速上网等优势，具体 2G～5G 语音业务指标对比如表 6-4-1 所示。表中，VoNR 的 MOS 值为 4.6，接入时延仅为 1.5～2 s；VoLTE 的 MOS 值为 4.1，接入时延为 2 s；而 2G/3G CS 语音的 MOS 值为 3.7，接入时延高达 6 s 甚至以上。

表 6-4-1 2G～5G 语音业务指标对比

语音业务类型	**MOS**（理论值）	接入时延（理论值）
VONR	4.6	1.5～2 s
EPS Fallback	4.1	3～4 s
VoLTE	4.1	2 s
2/3G CS	3.7	≥6 s

2. 运营商角度的优势

从用户角度看，VoNR 的好处主要有 3 个：

（1）VoNR 可以加快传统老旧、低效的 2G/3G CS 语音向 4G 和 5G 转移，从而能提升网络效率，降低网络运维成本，以及重耕优质的低频资源。

（2）VoNR 利于支持新的 5G 应用。目前经常提到的 AR/VR、全息等 5G 应用都离不开实时、高清的音视频通话，而有了 VoNR 后，可提供增强的媒体面来更好支撑这些新应用。

（3）VoNR 能给运营商带来新的收入来源。面向数字化转型和万物智联时代，语音和视频业务正从人与人之间的连接延伸到广阔的人与物之间的连接市场。未来在 5G 2B 或 5G 专网市场中，将有大量的场景需要实时、高质量、高稳定的音视频通信，这些场景是尽力而为的 OTT（越过运营商的内容传送服务）音视频无能为力的。

【动一动】使用装有网优测试 APP 的手机进行 VoNR MOS 值测试。

过关训练

1. 选择题

（1）根据 5G NSA 和 SA 两大部署选项，5G 语音提供的三种部署方案是（　　　）。（多选）

    A. VoLTE　　　　　　　B. EPS Fallback

    C. VoNR　　　　　　　D. CSFB

（2）在 SA 组网下，VoNR 可以通过（　　　）和 IMS 端到端独立承载 5G 语音业务。（多选）

    A. 5G NR　　　　　　　B. 5GC

    C. EPC　　　　　　　　D. E-UTRAN

（3）5G 语音 VONR 属于以下哪种语音承载类型？（　　　）。（单选）

    A. CS 语音　　　　　　B. IMS 语音

    C. OTT 语音　　　　　　D. CSFB 语音

（4）当 5G 网络无线环境较差时，可以通过（　　　）方案，将 5G VoNR 回落到（　　　），完成语音业务。（单选）

  A. CS Fallback，GSM   B. CS Fallback，LTE

  C. EPS Fallback，VoLTE   D. EPS Fallback，LTE

2. 判断题

5G 建网初期，由于 5G 覆盖网络覆盖不完善，通常使用 EPS Fallback 语音回落方案。（　　　）

参 考 文 献

[1] 宋燕辉，郭旭静，等.5G 技术及设备（新一代信息技术系列教材）[M]. 湖南：湖南教育出版社，2022.

[2] 郭宝，张阳，刘波，等.LTE 学习笔记：从无线优化到端到端优化[M]. 北京：机械工业出版社，2016.

[3] 江林华.LTE 语音业务及 VoLTE 技术详解[M]. 北京：电子工业出版社，2016.

[4] 范波勇，杨学辉.LTE 移动通信技术[M]. 北京：人民邮电出版社，2015.

[5] 陈鹏.5G 移动通信网络：从标准到实践[M]. 北京：机械工业出版社，2020.

[6] OSSEIRAN A，MONSERRAT J F，MARSCH P，著.5G 移动无线通信技术[M]. 陈明，缪庆育，刘愔，译. 北京：人民邮电出版社，2017.

[7] 张传福，赵立英，张宇.5G 移动通信系统及关键技术[M]. 北京：电子工业出版社，2018.

[8] 张敏，杨学辉，毕杨，等.LTE 无线网络优化[M]. 北京：人民邮电出版社，2015.

[9] 宋轶成，宋晓勤.5G 无线技术及部署：微课版[M]. 北京：人民邮电出版社，2020.

[10] 崔海滨，杜永生，陈巩.5G 移动通信技术[M]. 西安：西安电子科技大学出版社，2020.